普通高等教育电子信息类系列教材

数据通信原理

主　编　詹仕华

副主编　谢秀娟　薛岚燕

参　编　余国伟　蒋萌辉

U0218155

机械工业出版社

本书首先介绍了数据通信的基本概念和数据传输的基本原理，接着分析了随机过程，讨论了信道、噪声及同步的概念，然后论述了数据信号的基带传输、频带传输等基本传输方式和差错控制的基本理论及应用，继而讨论了几种数据交换方式和通信协议，最后叙述了各类数据通信网。

全书共分为 9 章：第 1 章绪论；第 2 章随机过程分析；第 3 章信道、噪声与同步；第 4 章数据信号的基带传输；第 5 章数据信号的频带传输；第 6 章差错控制；第 7 章数据交换技术；第 8 章通信协议；第 9 章数据通信网。为便于读者归纳总结和培养分析问题、解决问题的能力，在每章最后都附有本章小结和思考题与习题。

本书可作为高等院校通信、电子信息、计算机科学与技术、网络工程及其相关专业的"数据通信原理"课程的教材，也可作为从事相关专业的工程技术人员的学习参考书。

本书配有电子课件和习题答案，欢迎选用本书作教材的教师登录 www.cmpedu.com 注册下载，或发邮件至 jinacmp@163.com 索取。

图书在版编目（CIP）数据

数据通信原理/詹仕华主编. —北京：机械工业出版社，2022.8（2023.7 重印）
普通高等教育电子信息类系列教材
ISBN 978-7-111-71249-7

Ⅰ.①数…　Ⅱ.①詹…　Ⅲ.①数据通信-高等学校-教材　Ⅳ.①TN919

中国版本图书馆 CIP 数据核字（2022）第 127673 号

机械工业出版社（北京市百万庄大街 22 号　邮政编码 100037）
策划编辑：吉　玲　　　　　责任编辑：吉　玲　杨晓花
责任校对：张　征　王明欣　封面设计：张　静
责任印制：李　昂
北京捷迅佳彩印刷有限公司印刷
2023 年 7 月第 1 版第 2 次印刷
184mm×260mm · 18 印张 · 456 千字
标准书号：ISBN 978-7-111-71249-7
定价：58.00 元

电话服务　　　　　　　　　　网络服务
客服电话：010-88361066　　机 工 官 网：www.cmpbook.com
　　　　　010-88379833　　机 工 官 博：weibo.com/cmp1952
　　　　　010-68326294　　金 书 网：www.golden-book.com
封底无防伪标均为盗版　机工教育服务网：www.cmpedu.com

前　言

数据通信是 20 世纪 50 年代随着计算机技术的迅速发展而发展起来的一种新的通信方式，是计算机技术和通信技术相互渗透、相互结合的产物。数据通信已成为人们进行信息交流和交换的重要手段。

"数据通信原理"是一门理论与实践相互结合的课程。通过本课程的学习，要求学生不仅要掌握数据通信的基本原理和基本分析方法，还应该深刻理解通信的重要概念；不仅要理解所用数学工具及其分析方法，还要尽可能将分析结论与实践相结合。

本书主要介绍了数据通信的基本概念和基本原理、数据传输技术和控制技术、数据交换技术、数据通信协议和数据通信网等内容。

全书共分为 9 章。第 1 章绪论，介绍了数据通信的基本概念、数据通信系统的组成和分类、数据传输方式、多路复用、数据通信网与计算机通信网、数据通信系统的主要性能指标和数据通信系统的应用与发展等内容；第 2 章随机过程分析，首先对随机过程进行了描述，接着介绍了平稳随机过程、高斯过程和窄带随机过程，最后分析了随机过程通过线性系统和乘法器等内容；第 3 章信道、噪声与同步，首先介绍了信道的定义和数学模型，讨论了狭义信道传输，并对信道中存在的噪声及特性进行描述，接着介绍了通信传输中的信号衰减、增益和失真现象，然后分析了信道中的信道容量，最后分析了数据传输系统中的同步问题；第 4 章数据信号的基带传输，首先介绍了常用的数据基带信号及其频谱特性、基带传输系统的组成，接着讨论了无码间干扰的基带传输特性和眼图，然后分析了无码间干扰基带系统的抗噪声性能，最后提出了改善数据传输系统性能的措施；第 5 章数据信号的频带传输，首先介绍了频带传输系统的构成，接着讨论了二进制数字调制解调、多进制数字调制解调和正交幅度调制，并对二进制数字调制系统性能进行分析，最后讨论了用直接法和插入导频法提取载波的原理；第 6 章差错控制，首先讨论了差错控制的基本概念和检错纠错的基本原理，接着介绍了几种简单的差错控制编码，然后详细分析了汉明码、线性分组码和循环码，最后探讨了卷积码和交织码的相关内容；第 7 章数据交换技术，首先介绍了数据交换的必要性和类型，接着分析了电路交换、报文交换、分组交换和帧方式，最后对几种数据交换方式进行了比较；第 8 章通信协议，首先介绍了开放系统互连参考模型，接着具体阐述了物理层协议、数据链路传输控制规程、分组交换——X.25 建议和帧中继协议等内容；第 9 章数据通信网，首先介绍了数据通信网的基本知识，接着对电路交换网、分组交换网、数字数据网、ATM网、城域网、无线网络和移动通信的基本概念、组成、特点、工作原理和应用等内容进行了详细介绍。

本书第 1 章、第 6 章、第 7 章和第 9 章由詹仕华编写，第 2 章和第 5 章由谢秀娟编写，

第 3 章和第 4 章由薛岚燕编写，第 8 章、附录 A 和附录 B 由余国伟和蒋萌辉编写。全书由詹仕华统稿。

　　本书在编写过程中参阅了相关的文献和资料，在此对这些文献和资料的作者深表感谢！同时本书的出版获得福建农林大学出版基金项目资助和机械工业出版社的大力支持，在此表示衷心的感谢！

　　限于编者水平，书中难免存在缺点和错误，恳请专家和读者批评指正。

编　者

目　　录

第 1 章

绪　　论

随着计算机的广泛应用，特别是互联网的出现和发展，人们对信息技术的需求和依赖越来越大，也促进了数据通信的快速发展。数据通信是计算机技术和通信技术相结合的一种产物，已成为人们进行信息交流和交换的重要手段。本章首先介绍了数据通信的基本概念，数据通信系统的构成，接着讨论数据传输方式和多路复用技术，然后分析了数据通信系统的主要性能指标，最后论述了数据通信网和数据通信系统的应用和发展。

1.1　数据通信的基本概念

随着世界经济、技术的迅速发展，现代社会将进入一个信息化的新时代。信息化最重要的工作是建立一个现代化的信息网络，该网络的基础是电信技术和计算机技术的结合。而完成计算机之间、计算机与终端以及终端之间的信息传递的通信方式和通信业务就是数据通信。随着现代科技与计算机的飞速发展，计算机与通信技术之间的结合也日趋紧密，数据通信作为计算机技术与通信技术相结合的产物，在现代通信领域中正扮演着越来越重要的角色。目前，全球的数据通信已经为金融、财政系统、科研部门、大专院校、政府机关、企业集团提供了安全、可靠、优质的网络支持和业务服务。

通信技术的发展是伴随科技的发展和社会的进步而逐步发展起来的。早在古代，人们就寻求各种方法实现信息的传输。我国古代利用烽火传送战事警报，古希腊人用火炬的位置表示字母符号，这种光信号的传输构成最原始的光通信系统。利用击鼓鸣金可以报送时刻或传达命令，这是声信号的传输。后来又出现了信鸽、旗语、驿站等传送信息的方法。然而，这些方法无论是在距离、速度和可靠性与有效性方面仍然没有明显的改善。19 世纪，人们开始研究如何用电信号传送信息。1837 年莫尔斯发明了电报，用点、划等适当组合的代码表示字母和数字，这种代码称为莫尔斯电码。1876 年贝尔发明了电话，直接将声信号转变为电信号沿导线传送。19 世纪末，人们又致力于研究用电磁波传送电信号，赫兹、波波夫、马可尼等人在这方面都做出了贡献。开始时，传输距离仅数百米。1901 年，马可尼成功地实现了横跨大西洋的无线电通信。从此，传输电信号的通信方式得到广泛应用和迅速发展。

20 世纪 20 年代起，通信建设和应用广泛发展，开始利用铜线实现市内和长途有线通信，并利用短波实现远距离无线通信和国际通信。

20 世纪 30~40 年代起，利用铜线传输载波电话，使长途通信容量加大，电信号的频分多路技术开始步入实用阶段。

20 世纪 50~60 年代起，半导体晶体管开始在电子电路中替代电子管，其后进入集成电路以及超大规模集成电路的时代，开始建设最早的公用电话通信网。

20 世纪 60 年代起，电子计算机应用增多，数据通信开始兴起，电话编码技术得到应用，模拟通信开始向数字通信过渡。

20 世纪 70 年代起，玻璃光纤拉制成功，导致传输网络从电缆通信向光纤通信过渡。地球同步轨道运行的通信卫星发射成功，卫星通信开始服务于国际通信和电视转播，并经常在特殊地理环境下作为有线接入技术的替代与补充。

20 世纪 80 年代起，各种信息业务应用增多，通信网络开始向数字网发展。电信号的时分多路技术(PDH 和 SDH)走向成熟，公共电话交换网(PSTN)逐渐得到普及，交换方式发展出新的类型(如 ATM)。蜂窝网等各种无线移动通信业务向公众开放，导致个人通信迅速发展。第一代模拟移动通信网的代表技术为 AMPS。

20 世纪 90 年代起，国际互联网(Internet)在全世界兴起，人们可以在网上快速实现国内和国际通信并获取各种有用信息，而仅支付低廉的费用。从此，通信网络的数据业务量急剧增长。这使得以互联网协议(IP)为标志的数据通信，在通信网络中逐渐占据更为重要的地位。同时，在光纤通信技术中，波分复用技术(WDM)取得成功，与电信号的时分复用技术(TDM)相结合，线路的传输容量显著加大，足以适应通信业务量急速增长的需要。

20 世纪 90 年代中期起，蜂窝网进入第二代，即数字式无线移动通信，以适应时代发展对个人通信的需求，GSM 作为第二代移动通信系统的代表，更是得到了全球性的广泛应用。时分多址(TDMA)和码分多址(CDMA)一同向前发展。除了传送话音信号之外，还开始提供移动数据通信，让无线移动用户能像有线固定用户一样自由地访问国际互联网。

2005 年 5 月，国际电信联盟正式公布第三代移动通信(3G)标准——国际移动电话2000(IMT—2000)标准，时分同步码分多址(TD-SCDMA)、宽带码分多址(WCDMA)和码分多址(CDMA 2000)成为 3G 主流的三大标准。3G 的主要特征是可提供丰富多彩的移动多媒体业务，传输速率在高速移动环境中支持 144kbit/s，步行慢速移动环境中支持 384kbit/s，静止状态下支持 2Mbit/s，其设计目标是系统容量大、通信质量好，全球无缝漫游及话音、数据、多媒体等多种业务，同时与已有的第二代系统的良好兼容性。

2012 年 1 月，国际电信联盟正式审议通过将 LTE-Advanced 和 WirelessMAN-Advanced(802.16m)技术规范确立为 IMT-Advanced，即 4G 的国际标准，4G 通信技术是继 3G 之后的又一次无线通信技术的演进。4G 的主要特点是能够以 100Mbit/s 的速度传输高质量的视频图像数据，其终端可以实现一台便携式计算机、便携式电视机的重要功能，其通信系统具备全球漫游、接口开放、终端多样化，能够与 2G、3G 系统兼容。

2018 年 6 月，3GPP 发布了第一个 5G 标准(Release-15)，支持 5G 独立组网，重点满足增强移动宽带业务。5G 网络是具有高速率、低时延和大连接特点的新一代宽带移动通信技术，是实现人机物互联的网络基础设施，其峰值理论传输速度可达 20Gbit/s，即 2.5GB/s，比 4G 网络的传输速度快 10 倍以上。至 2022 年 7 月，我国已建成 5G 基站超过 185.4 万个，占全球 70%以上，是全球规模最大、技术最先进的 5G 独立组网网络。

目前，通信技术发展的热点是以网络多元化、宽带化、综合化和智能化为发展方向的第五代移动通信技术，以实现下一代互联网在经济社会各领域深度应用的 IPv6 技术，以及不同通信技术之间的融合。

1.1.1 消息、信号、信息和数据

在通信系统中，经常会提到消息、信号、信息、数据等概念。在日常生活中，因为它们互相之间有着密不可分的关系，一般都不会非常刻意地区分它们。但从信息科学的角度来看，它们的含义并不相同，下面分别对这几个概念进行讨论。

1. 消息

所谓消息是指通信过程中传输的具体原始对象，如电话中的语音，电视中的图像，电报中的电文，雷达中目标的距离、高度、方位，遥测系统中测量的数据等。这些消息在物理特征上各不相同，所以各种消息的组成亦不相同。目前通信中的消息可以分为离散消息和连续消息两类。所谓离散消息是指消息的状态是可数的或离散型的，如符号、文字和数据等，也称为数字消息。所谓连续消息是指状态连续变化的消息，如连续变化的语音、图像等，也称为模拟消息。消息物理特性的多样性主要是由通信信源的特性决定的，但是从通信的角度来讲，消息应具备两个特点：一是能够被通信双方理解；二是可以传递。

2. 信号

把消息转换成适合于信道传输的物理量，就是信号。信号携带着消息，它是消息的运载工具。在通信中，信号指的是电信号或光信号，即随时间变化的电压、电流或光强。信号的分类多种多样，根据不同的分类原则，可以将信号分类如下：

根据信号的取值是否确定，可以将信号分为确定信号和随机信号；根据信号的取值是否为实数，可以将信号分为实值信号和复值信号；根据信号在一定时间内是否按照某一规律重复变化，可以将信号分为周期信号和非周期信号；根据信号的功率特性，可以将信号分为能量信号和功率信号；根据信号的物理特性可以将信号分为模拟信号和数字信号。

所谓模拟信号是指信号的某一参量可以取无穷多个值，并且与原始消息直接对应的信号，如话音信号及其按照抽样定理所得的 PAM 样值信号等。模拟信号有时也称连续信号，这个"连续"是指信号的某一参量可以连续变化，或者说在某一取值范围内可以取无穷多个值，而不一定在时间上也连续，其波形如图 1-1 所示。其中，图 1-1a 为时间连续的模拟信号，图 1-1b 为时间离散的模拟信号。

图 1-1 模拟信号波形

所谓数字信号是指信号的某一参量只能取有限多个值，且与原始消息不直接对应的信号，如计算机终端输出的二进制信号及其经过 PSK、FSK 等调制方式调制后所得的信号等。数字信号有时也称离散信号，这个"离散"是指某一参量是离散变化的，而不一定在时间上也离散，其波形如图 1-2 所示。其中，图 2-1a 为二进制数字信号；图 2-1b 为四进制数字信号。

模拟信号与数字信号之间可以相互转换，模拟信号一般通过脉码调制（Pulse Code Modulation，PCM）方法量化为数字信号，即让模拟信号的不同幅度分别对应不同的二进制值，例

a) 二进制数字信号　　　　　　　b) 四进制数字信号

图 1-2　数字信号波形

如，采用 8 位编码可将模拟信号量化为 $2^8 = 256$ 个量级，实际应用中常采取 24 位或 30 位编码；数字信号一般通过对载波进行移相（Phase Shift）的方法转换为模拟信号。计算机、计算机网络中均使用二进制数字信号。

3. 信息

相对于消息，信息具有更抽象的含义，若从主观方面来讲，可以认为信息就是包含在消息中对通信方有意义的那部分内容。也就是说，假如一条消息是人人皆知的话，这条消息就不存在任何意义，就不能被称为信息。

对于信息的含义，国内外已有百余种流行的说法。人们可以从不同的研究目的、不同的角度出发，根据对信息作用的不同理解和解释对信息进行定义。各种信息定义都反映了信息的某些特征，因此难免会存在差异性和多样化。被称为是信息论之父的香农从通信的角度对信息做出了科学的定义。香农认为：信息是有秩序的量度，是人们对事物了解的不确定性的消除或减少。信息是对组织程度的一种测度，信息能使物质系统有序性增强，减小破坏、混乱和噪声。

当人们收到一封电报，或听了广播，或看了电视，到底得到多少信息呢？信息的度量反映了人们对于信息的定量认识。度量信息多少的程度就是信息量，显然，信息量与不确定性消除程度有关。根据香农对信息的定义，信息量的计算描述如下：若某事件的基本空间可能出现的元素分别为 x_1、x_2、$\cdots$、x_n，即每个元素出现的概率为 $p(x_i)$，其中 $i = 1, 2, \cdots, n$，则定义一个随机事件 x 所含的信息量（又称 x 的自信息量）度量公式为

$$I(x) = \log_a(1/p(x)) = -\log_a p(x) \tag{1-1}$$

式中，$I(x)$ 为 x 的自信息量；$p(x)$ 为事件 x 出现的概率；底数 a 为决定信息量的单位，它可以任意取值，常取 2、10、e，信息量的单位分别为比特（bit）、奈特（nat）、哈特莱（hartley）。若 $a = M$，则单位为 M 进制信息单位。一般在计算中采用 2 为底，并且为了书写简洁常将 2 省去。

数据通信中，若数据采用二进制传输，此时将二进制的每个符号"0"或"1"称为码元。当两个码元等概率出现时，每个码元包含的信息量为：$I = \mathrm{lb}\,2\,\mathrm{bit} = 1\,\mathrm{bit}$。因此通常将二进制序列称为比特流，但若两个码元出现的概率不等，此时每个码元包含的信息量已不是 1bit。

更一般的情况，当采用 M 进制传输时，此时共有 0, 1, $\cdots$, $M-1$ 个码元，且各码元出现的概率不相等，分别为 p_0, p_1, $\cdots$, p_{M-1}，此时每个码元包含的信息量并不相等，分别为

$$I_j = -\mathrm{lb}\,p_j \quad j = 0, 1, \cdots, M-1 \tag{1-2}$$

【例 1-1】　如果在不知道今天是星期几的情况下问同学"明天是星期几？"，则答案中含有的信息量是多少比特？

解：显然，有 7 种可能的答案，且出现每种答案的概率均为 1/7。因此，出现某一答案是一个随机事件，其信息量为

$$I(x) = -\mathrm{lb}p(x) = -\mathrm{lb}1/7\mathrm{bit} = \mathrm{lb}7\mathrm{bit}$$

对式(1-2)求期望，所得的期望值称为平均信息量 H，表示平均每个码元包含信息的多少，单位为 bit/符号，即

$$H = -\sum_{j=0}^{M-1} p_j \mathrm{lb}p_j \tag{1-3}$$

因为式(1-3)与热力学和统计力学中系统熵的计算公式相似，故常将平均信息量称为信息熵。可以证明式(1-3)中，当 $p_0 = p_1 = \cdots = p_{M-1}$ 时取最大值，此时

$$H = -\sum_{j=0}^{M-1} \frac{1}{M} \mathrm{lb} \frac{1}{M} = \mathrm{lb}M \tag{1-4}$$

【例 1-2】 某信源有 8 种相互独立的状态，其发生的概率分别是 1/8、1/8、0、1/4、0、0、0、1/2，则信源传递给信宿的平均信息量是多少？

解：根据式(1-3)可得

$$
\begin{aligned}
H &= -\sum_{j=0}^{M-1} p_j \mathrm{lb} p_j \\
&= -(p_1 \mathrm{lb}p_1 + p_2 \mathrm{lb}p_2 + \cdots + p_8 \mathrm{lb}p_8)\ \mathrm{bit}/\text{符号} \\
&= -\left(2 \times \frac{1}{8} \mathrm{lb} \frac{1}{8} + \frac{1}{4} \mathrm{lb} \frac{1}{4} + \frac{1}{2} \mathrm{lb} \frac{1}{2}\right) \mathrm{bit}/\text{符号} \\
&= \frac{7}{4} \mathrm{bit}/\text{符号}
\end{aligned}
$$

因此，信源传递给信宿的平均信息量为 $\frac{7}{4}$bit/符号。

4. 数据

数据就是赋予一定含义的数字、字母、文字等符号及其组合，它是消息的一种表现形式。比如说数字 0、1、2、3、4、5、6、7、8、9，字母 a、b、c、d 等，让它们事先约定具有某种含义，就都称为数据。数据通信就是用来传输这些数据，传输时一般用电信号或者是光信号。以电信号为例，如果每个数据都用电平来表示，这些数据就需要多个电平来传输，这显然是不可能实现的。而若将数据用传输代码来表示，就变成了数据信号。数据涉及事物的形式，而信息涉及的是这些数据的内容。数据又分为模拟数据和数字数据。模拟数据和数字数据都可以用模拟信号和数字信号表示和传播。而模拟信号和数字信号都可以在合适的传输介质上传输。通常，将传输过程中使用模拟信号的传输方式称为模拟数据传输(可能需要调制解调器)；将传输过程中使用数字信号的传输方式称为数字数据传输(可能需要编解码)。

1.1.2 传输代码

在数据通信中，数据常常用代码来表示。所谓代码是利用数字的一种组合来表示某一种基本数据单元，可以是文字信息中的字符、图形信息中的图符和图像信息中的像素等，这些都是最基本的数据单元。比如数字 5 可以用 0110101 来表示，字母 A 可以用 1000001 来表示。每一种数据都可以利用"0"和"1"的组合来表示，这就解决了需要多个电平来表示不同数据的矛盾。这种二进制组合就是所说的传输代码，即二进制代码。目前，常用的二进制代

码有博多码(国际电报 2 号码或 ITA2)、国际 5 号码(IA5)、EBCDIC 码和条码等。

1. 博多码

博多码(国际电报 2 号电码或 ITA2),有时也称为电传码,是第一个固定长度的字符代码。博多码由法国邮政工程师摩雷(Thomas Murray)在 1875 年开发,并以电报打印的先驱博多(Emile Baudot)命名。它使用 5 位来表示一个字符或字母。

2. 国际 5 号码

国际 5 号码(IA5)是一种 7 单位代码,采用 7 位二进制编码,可以表示 128 个字符。字符分为图形字符与控制字符两类。图形字符包括数字、字母、运算符号、商用符号等,见表 1-1。国际 5 号码是美国国家标准局最先公布的美国国家标准信息交换码(American Standard Code for Information Interchange,ASCII)。ASCII 码本来是一个信息交换编码的国家标准,后来被国际标准化组织接受,成为国际标准 ISO646。

表 1-1 国际 5 号码

列 \ 行				b7	0	0	0	0	1	1	1	1
				b6	0	0	1	1	0	0	1	1
				b5	0	1	0	1	0	1	0	1
b4	b3	b2	b1		0	1	2	3	4	5	6	7
0	0	0	0	0	NUL	TC7(DLE)	SP	0	@	P	`	p
0	0	0	1	1	TC1(SOH)	DC1	!	1	A	Q	a	q
0	0	1	0	2	TC2(STX)	DC2	"	2	B	R	b	r
0	0	1	1	3	TC3(ETX)	DC3	#	3	C	S	c	s
0	1	0	0	4	TC4(EOT)	DC4	¤	4	D	T	d	t
0	1	0	1	5	TC5(ENQ)	TC8(NAK)	%	5	E	U	e	u
0	1	1	0	6	TC6(ACK)	TC9(SYN)	&	6	F	V	f	v
0	1	1	1	7	BEL	TC10(ETB)	'	7	G	W	g	w
1	0	0	0	8	FE0(BS)	CAN	(	8	H	X	h	x
1	0	0	1	9	FE1(HT)	EM	)	9	I	Y	i	y
1	0	1	0	10	FE2(LF)	SUB	*	:	J	Z	j	z
1	0	1	1	11	FE3(VT)	ESC	+	;	K	[	k	{
1	1	0	0	12	FE4(FF)	IS4(FS)	,	<	L	\	l	|
1	1	0	1	13	FE5(CR)	IS3(GS)	-	=	M	]	m	}
1	1	1	0	14	SO	IS2(RS)	.	>	N	^	n	—
1	1	1	1	15	SI	IS1(US)	/	?	O	-	o	DEL

3. EBCDIC 码

EBCDIC 码是 IBM 开发的一种扩展的二-十进制交换码,它是一种 8 位码,有 28 种或 256 种组合,是最强大的字符集,但只选用其中一部分。0~9 十个数字符的高 4 位编码为 1111,低 4 位仍为 0000~1001。大、小写英文字母的编码同样满足正常的排序要求,而且有简单的对应关系,即同一个字母的大小写的编码值仅最高的第 2 位的值不同,易于识别与变换。

4. 条码

条码在商店里几乎每件商品上都可以看到。条码是一系列由白色间隔分隔的黑条。黑条的宽度以及它们的反光能力代表二进制的"1"和"0",用来识别商品的品种和价格。

1.1.3 模拟通信、数字通信和数据通信

按照传统的理解,所谓通信(Communication)就是信息的传输与交换,是把消息从一地传送到另一地。

通信系统中传输的具体对象是消息,但通信的最终目的是传递信息;信道则是指信号的传输媒介,如电缆、光缆、双绞线、微波等。

以点对点通信模型为例,一个通信系统由三部分组成:发送端、接收端和介于两者之间的信道,如图 1-3 所示。

信息源(即信源)出来的信号称为基带信号,即没有经过调制的原始电信号,如电话系统中的电话机。基带信号的频率成分较低,有模拟基带信号与数字基带信号之分。为了使原始信号能够在信道上传输,通信系统中需要经过两种变换。在发送端将消息变换成原始电信号,那么原始电信号又需要变换成其频道适合信道传输的信号,这个过程由发送设备来完成,再送入信道。所谓信道是指信号传输的通道。在

图 1-3 一般通信系统的模型

接收端,接收设备的功能正好与发送设备相反,它将接收到的信号恢复成相应的原始电信号,受信者最终将复原的原始电信号转换成相应的消息,比如电话机将对方传来的电信号还原成声音。信号在信道传递过程中,难免会受到噪声源的干扰,这里所说的噪声源是指信道中的所有噪声以及分散在通信系统中其他各处噪声的集合。

1. 模拟通信

所谓模拟通信指的是信源和信道上的信号都是模拟信号。将一般通信系统略加改变便可以得到一个模拟通信系统,其模型如图 1-4 所示。

比较模拟通信系统和一般通信系统模型图,可以看出在模拟通信系统中发送设备和接收设备是由调制器和解调器来充当。在模拟通信系统中,同样需要两种变换。首先,发送端所发送的连续消息要变换成原始电信号,接收端收到信号后要反变换成原始的连续信号。这里所说的原始电信号指的就是基带信号,即具有频率较低的频谱分量,一般不适于在信道中直接传输。可见,在模拟通信系统中还需要第二种变换,这种变换由调制器和解调器来完成。将原始电信号变换成其频带适合信道传输的信

图 1-4 模拟通信系统的模型

号,这个过程称为调制,经过调制后的信号称为频带信号,在接收端进行反变换,即恢复成原始电信号,这个过程称为解调。

需要说明的是,在信号传输中,以上两种变换使信号起决定性变化,但在模拟通信系统

中并非只经过以上两种变换，可能还有滤波、放大、天线辐射与接收、控制等过程。这些过程对信号不起决定性作用，只是对信号进行放大和改善信号特性，一般不做讨论。

2. 数字通信

所谓数字通信指信源发出的是模拟信号，而在信道上传输的是数字信号。相对于模拟通信系统而言，在数字通信系统中，发送端需要一个模/数转换装置，在接收端需要一个数/模转换装置。

数字通信中存在以下几个突出问题：①在数字信号传输过程中，由于信道噪声或者干扰会引起差错，这些差错可以通过差错控制编码来控制，因此，在发送端需要增加一个编码器，相应的在接收端就需要一个解码器；②假如在数字信号传输过程中需要实现保密通信，那么就需要对数字基带信号进行扰乱，即加密，相应的在接收端就必须进行解密；③由于数字通信传输是一个接一个按一定节拍来传送数字信号，因此在接收端就必须有一个与发送端相同的节拍，否则，就会因为收发步调不一致而引起混乱。另外，为了表述消息内容，基带信号都是按消息特征进行编组的，于是，在收发之间每组的编码规律也必须一致，否则接收时消息的真正内容将无法恢复。在数字通信中，将节拍称为位同步或码元同步，而称编组为群同步或帧同步。在数字通信中必须重视同步问题，有关同步问题将在第3章详细介绍。

在数字通信中，信号进入调制前，还必须经过信源编码与信道编码，信源编码用以提高信道传输的有效性，信道编码用以提高信道传输的可靠性。一般通信系统中的发送设备和接收设备可以由以下几个设备来组合完成，分别如图1-5和图1-6所示。

图1-5 发送设备   图1-6 接收设备

综上所述，对一般通信系统模型加以改变得到点对点的数字通信系统模型如图1-7所示。图中并没有同步环节，这是因为同步的位置往往不是固定的。需要注意的是，实际的数字通信系统并非一定包括图1-7中所有的环节。比如调制与解调、加密与解密、编码与解码等环节究竟是否采用，还取决于具体设计方法及要求。但在一个系统中，如果发送端有调制/加密/编码，则接收端必须有解调/解密/译码。通常把有调制器/解调器的数字通信系统称为数字频带传输通信系统。

图1-7 数字通信系统的模型（数字频带传输通信系统）

与数字频带传输通信系统相对应，把没有调制器/解调器的数字通信系统称为数字基带传输通信系统，如图 1-8 所示。

图 1-8 数字基带传输通信系统

图 1-8 中的基带信号形成器可能包括编码器、加密器以及波形变换等，接收滤波器也可能包括译码器、解密器等。这些具体内容将在第 4 章详细介绍。

相对于模拟通信而言，数字通信存在以下优点：

1）抗干扰能力强，尤其是数字信号通过中继再生后可消除噪声积累。

2）数字信号通过差错控制编码，可以提高通信的可靠性。

3）由于数字通信传输一般采用二进制编码，所以可以使用计算机对数字信号进行处理，实现复杂的远距离大规模自动控制系统和自动数据处理系统，实现以计算机为中心的通信网。

4）在数字通信中，各种消息（模拟的和离散的）都可以变成统一的数字信号进行传输。在系统中对数字信号传输的监控信号、控制信号及业务信号都可以采用数字信号。数字传输和数字交换技术结合起来组成的 ISDN 对于来自不同信源的信号自动地进行变换、综合、传输、处理、存储和分离，实现各种综合业务。

5）数字信号易于加密处理，使数字通信保密性增强。

数字通信的缺点是比模拟信号多占带宽，以电话为例，一路模拟电话通常只占据 4kHz 带宽，而一路传输质量相同的数字电话则可能要占用数十千赫兹的带宽。在系统频带紧张的场合下，数字通信的这一缺点显得很突出，但由于毫米波和光纤通信的出现，带宽已不成问题。

3. 数据通信

与模拟通信系统和数字通信系统不同，在数据通信系统中，信源是数字信号（数据信号），不管广义信道上信号为何种形式，都称为数据通信。所谓的数据通信是指按照一定的通信协议，利用数据传输技术在两个终端之间传递数据信息的一种通信方式和通信业务。它可以实现计算机和计算机、计算机和终端以及终端与终端之间的数据信息传递，是继电报、电话业务之后的第三种最大的通信业务。数据通信中传递的信息均以二进制数据形式来表现。

数字通信与数据通信的区别主要有两点：①数字通信中需要将模拟信号进行模/数转换后变成数字信号进行传输，而数据通信中在数据终端产生的直接就是数字形式的信号；②数字通信与数据通信当中都有基带传输和频带传输，其中基带传输表面上看来概念一样，但是它们所用的设备是不一样的，也就是它们的构成是有区别的，而频带传输二者的概念就有很大区别，数字通信中需要将基带数字信号搬移到微波、卫星等无线信道上传输，而数据通信中则是将基带数据信号的频带搬移到话音频带上传输。

1.1.4 数据通信的特点

从数据传输的角度来讲，数据通信中数据都是经过编码后以二进制或者多进制的形式传输的，所以数据通信可以认为是数字通信的一种形式。但和传统的数字通信（如 PCM 数字电话通信）相比，具有以下特点：

1）计算机终端作为主体直接参与通信。

2）数据终端发出的数据是离散信号（数字信号），既可利用现有的 PSTN，又可利用数据网络来完成。

3）需要建立通信控制规程，也就是要制定出严格的通信协议或标准。

4）数据传输的可靠性要求高，即误码率要低。

5）数据通信的业务量呈突发性，即数据通信速率的平均值和高峰值差异较大。

6）数据通信要求有灵活的接口能力。

7）不同的数据通信业务对通信时延的要求也不同，且时延要求的变化范围大。

8）数据通信每次呼叫平均持续时间短，数据通信要求接续和传输响应时间快。

9）容易加密，且加密技术、加密手段优于传统通信方式。

10）数据通信从面向终端发展到今天的面向网络，而且总是与远程信息处理相联系，包括科学计算、过程控制和信息检索等广义的信息处理。

1.1.5 数据通信研究的内容

数据通信是通过计算机与通信技术相结合，来完成编码信息的传输、转接、存储和处理加工，及时、准确地向对方提供数据的通信技术。数据通信传输和处理的是离散数字信号，而不是连续模拟信号；它是计算机或其他终端间的通信；速度快，可靠性高。从通信内容上看，数据通信不限于单一的语音，还包括图像、文件等数据；从信道上看，数据通信不限于某种具体的传输媒介。可见，数据通信研究的内容比较复杂，范围较广，具体归纳为以下几个部分：

1）数据传输：主要解决如何为数据提供一个可靠而有效的传输通路，有基带传输和频带传输之分。

2）差错控制：主要是抗干扰编码，使数据传输有较高的可靠性。

3）通信协议：是通信网络中的"大脑"，它与网络操作系统、网络管理软件共同控制和管理着数据网络的运行。

4）数据交换：在网络通信中，数据交换是完成数据传输的关键。交换描述了网络中各节点之间的信息交互方式，可以分为电路交换、报文交换和分组交换等。

5）同步：数据通信的一个重要方面，主要有码元同步、帧同步和网同步。

除此之外，数据通信还研究有关网络管理、网络安全等相关技术。

1.2 数据通信系统

1.2.1 数据通信系统的组成

数据通信系统是通过数据电路将分布在远端的数据终端设备与中央计算机系统连接起来，实现数据传输、交换、存储和处理功能的一个系统。由数据终端设备（DTE）、数据电路以及中央计算机系统三大部分组成，如图 1-9 所示。

（1）数据终端设备（Data Terminal Equipment，DTE）

数据终端设备由数据输入设备（信源）、数据输出设备（信宿）和传输控制器组成。

图 1-9 数据通信系统的基本组成

数据 I/O 设备是操作人员和终端之间的界面；传输控制器主要执行通信网络中的通信控制，包括对数据进行差错控制、实施通信协议等。可见，DTE 相当于人机之间的接口。但是并非每一个 DTE 都包含以上三部分，如打印机就是一个简单的 DTE。一般，DTE 就是一台计算机，传输控制器相当于计算机内相应的控制软/硬件。

（2）数据电路（Data Circuit，DC）

数据电路由传输信道和数据电路设备（Data Circuit Equipment，DCE）组成。数据电路位于 DTE 和 DTE 之间，或 DTE 与中央计算机系统之间，为数据通信提供传输信道。

DCE 是 DTE 与传输信道之间的接口设备，主要功能是完成信号变换，即将 DTE 输出的信号变换为适合于在信道中传输的信号，或者反之，使信道中传输的信号变换为适合于 DTE 接收的信号，以适应具体的传输信道要求。

如果传输信道是模拟信道（调制信道），则 DCE 就是调制解调器（Modem），如果传输信道是数字信道，则 DCE 就是一个数字接口适配器，作用是对数据信号进行码型变换、电平变换、抽样、定时、信号再生等，以便能可靠、有效地传输数据信号。

（3）中央计算机系统（Centre Computer System，CCS）

中央计算机系统由通信控制器、主机及外围设备组成，其主要功能是处理与管理 DTE 送来的数据信息，并将结果向相应的 DTE 输出。

通信控制器是数据电路和计算机系统的接口，其主要功能是差错控制、终端接续控制、确认控制、传输顺序和切断控制以及串/并、并/串变换等功能。

主机（中央处理机）由 CPU、主存储器、I/O 设备及其他外围设备组成，其主要功能是进行数据处理。

（4）数据链路（Data Link，DL）

数据链路是一个广义的信道，是指包括数据电路及其两端 DTE 中的传输控制器在内的信号通路。一般来说，在数据通信中，只有首先建立起数据链路后，才能真正完成数据传输。

1.2.2 数据通信系统的分类

数据通信系统的分类有多种，如从通信内容、传输信号形式、信道等角度都可以对数据通信系统进行划分。

（1）按通信业务分类

按通信业务来分，数据通信有话务通信和非话务通信。电话业务在电信领域中一直占主导地位，近年来，非话务通信发展迅速。非话务通信主要是分组数据业务、计算机通信、数据库检索、电子信箱、电子数据交换、传真存储转发、可视图文及会议电视、图像通信等。由于电话通信最为发达，因而其他通信常常借助于公共的电话通信系统进行。综合业务数字通信网中各种用途的消息都能在一个统一的通信网中传输。此外，还有遥测、遥控、遥信和遥调等控制通信业务。

（2）按调制方式分类

根据是否调制，可以将数据通信系统分为基带传输系统和频带传输系统。基带传输是指未经调制的信号直接传送，如电话音频信号传输。频带传输是对各种信号调制后传输的总称。

（3）按信号特征分类

按照信道中所传输的是模拟信号还是数字信号，相应地把通信系统分成模拟通信系统和数字通信系统。

（4）按传输媒介分类

按照传输媒介来分，通信系统可分为有线通信系统和无线通信系统两大类。有线通信系统又包括有线电通信和光纤通信。无线通信系统又可以分为短波通信、微波通信、卫星通信和红外线通信。

（5）按信号复用方式分类

按照信号复用方式来分，通信系统可分为频分复用系统、时分复用系统、波分多路复用、码分复用系统和空分多路复用三种。

1.3　数据传输方式

数据传输是数据通信中的一个重要部分。根据数据信号的传输模式和工作方式的不同，可以将数据传输方式分为以下四类。

1.3.1　基带传输与频带传输

（1）基带传输

所谓基带是指电信号所固有的基本频带，简称基带。数据通信系统中，DTE 直接产生的信号就是基带信号。数字信号的基本频带为从 0 至若干兆赫，由传输速率决定。当利用数据传输系统直接传送基带信号时，经过码型变换、电平转换等必要处理后，不经频谱搬移直接在信道上传输，称为基带传输，这种数据传输系统就称为基带传输系统。基带传输的传输距离一般在几千米到十几千米范围之内，因此常用于短距离的数据传输系统中，大多数的局域网使用的都是基带传输。

（2）频带传输

所谓频带传输，就是把二进制信号（数字信号）进行调制交换，成为能在公用电话网中传输的音频信号（模拟信号），将音频信号在传输介质中传送到接收端后，再由调制解调器将该音频信号解调变换成原来的二进制电信号。这种把数据信号经过调制后再传送，到接收端后又经过解调还原成原来信号的传输，称为频带传输，如图 1-10 所示。频带传输不仅克服了目前许多长途电话线路不能直接传输基带信号的缺点，而且能够实现多路复用，从而提高了通信线路的利用率。但是频带传输在发送端和接收端都要设置调制解调器，将基带信号变换为通带信号再传输。频带传输较复杂，传送距离较远，若通过市话系统配备 Modem，则传送距离可不受限制。

图 1-10 频带传输

基带传输和频带传输最大的区别就是需要不需要调制解调器，基带传输是按照数字信号原有的波形(以脉冲形式)在信道上直接传输，频带传输是一种采用调制、解调技术的传输形式。

1.3.2 并行传输与串行传输

在数据通信系统中，按照数字信号代码排列的顺序可以将数据传输方式分为并行传输和串行传输两种。

（1）并行传输

并行传输指的是数据以成组的方式，在多条并行信道上同时进行传输，如图 1-11 所示。常用的就是将构成一个字符代码的几位二进制码，分别在几条并行信道上进行传输。例如，采用 8 位代码的字符，可以用 8 个信道并行传输。一次传送一个字符，因此收、发双方不存在字符的同步问题，不需要另加"起"、"止"信号或其他同步信号来实现收、发双方的字符同步，这是并行传输的一个主要优点。但是并行传输在传输时是在多条信道上进行，所以它必须有多条并行信道，成本比较高，不适宜远距离传输，因此在实际应用中受到限制。通常并行传输都是在计算机设备内部或两个设备之间距离比较近时的外线上采用，如计算机到打印机，它们之间的数据传输就是采用并行传输。

（2）串行传输

串行传输指的是数据流以串行方式在一条信道上传输，如图 1-12 所示。一个字符的 8 位二进制代码，由高位到低位顺序排列，再接下一个字符的 8 位二进制码，这样串接起来形成串行数据流传输。串行传输只需要一条传输信道，易于实现，是目前主要采用的一种传输方式，通常用于远距离传输。但是串行传输存在一个收、发双方如何保持码组或字符同步的问题，这个问题不解决，接收方就不能从接收到的数据流中正确地区分出一个个字符来，因而传输将失去意义。如何解决码组或字符的同步问题，目前有两种不同的解决办法，即异步传输方式和同步传输方式。

1.3.3 异步传输与同步传输

根据数据串行传输实现方式的不同，可以分为异步传输和同步传输两大类。

图 1-11 并行传输

图 1-12 串行传输

（1）异步传输

异步传输一般以字符为单位，不论所采用的字符代码长度为多少位，在发送每一字符代码时，前面均加上一个"起"信号，其长度规定为 1 个码元，极性为"0"，即空号的极性；字符代码后面均加上一个"止"信号，其长度为 1 或 2 个码元，极性皆为"1"，即与信号极性相同，加上起、止信号的作用就是为了能区分串行传输的字符，也就是实现串行传输收、发双方码组或字符的同步，如图 1-13 所示。

图 1-13 异步传输

异步传输又称为起止式传输，利用起止法来达到收发同步。异步传输时，每次只传送一个字符，用起始位和停止位来表示被传输字符的开始和结束。由于异步传输中后一字符的发送时间与前一字符的发送时间无关，因此实现字符同步较简单，收发双方的时钟信号不需要精确的同步。但是每发送一个字符都需要加上起止信号，因此降低了传输效率。异步传输主要应用于 1200bit/s 及其以下的低速数据传输，比如在终端与计算机之间进行通信通常采用异步传输方法，终端可以在任何时刻发送代码。

（2）同步传输

同步传输是以同步的时钟节拍来发送数据信号，在一个串行的数据流中，各信号码元之间的相对位置都是固定的（即同步的），如图 1-14 所示。

图 1-14 同步传输

同步传输以固定时钟节拍来发送数据信号，每次发送不是以一个字符而是以一个数据块为传输单位，并在数据块的前、后加上标志来表明块的开始与结束。由于同步传输是以同步的时钟节拍来发送数据信号，因此在一个串行的数据流中，各信号码元之间的相对位置都是固定的（即同步的）。接收端为了从收到的数据流中正确地区分出一个个信号码元，首先必须建立准确的时钟信号，在技术上较异步传输复杂，但传输速率比异步快得多，它不需要对每一个字符单独加起、止信号作为识别字符的标志，只是在一串成组（或帧）的字符的前后加上标志序列，故其数据传输效率高，常用于传输速率为 2400bit/s 及其以上的高速数据通信中。

1.3.4 单工、半双工与全双工传输

按照消息传送的方向和时间的关系，数据传输可以分为单工、半双工与全双工传输三种方式。

（1）单工传输

所谓单工传输是指消息只能单向传输，即两地间只能在一个指定的方向上进行传输，一个数据站固定作为发送方，而另一个数据站固定作为接收方，如图 1-15 所示。接收端可向发送端传送一些简单的控制信号，在二线连接时可能出现这种工作方式。如计算机与监视器及键盘、计算机之间的数据传输、遥测等。

（2）半双工传输

半双工传输是指通信双方都能收发消息，但不能在两个方向上同时进行传输，当其中一端发送时，另一端只能接收，反之亦然，如图 1-16 所示。可见半双工传输方式在传输信号时占用信道的整个带宽，如对讲机、使用同一载频工作的无线电机等。

图 1-15 单工传输　　　　　　　图 1-16 半双工传输

（3）全双工传输

全双工传输是指通信双方可同时进行收发消息的工作方式。可以是四线或二线传输。四线传输时有两条物理上独立的信道，一条发送，一条接收，两个方向的信号可以采用频分复用或时分复用的方法将信道的带宽一分为二。二线传输可以采用回波抵消技术使两个方向的数据共享信道带宽，如普通电话，各种手机等，如图 1-17 所示。

图 1-17 数字频带传输通信系统

1.4 多路复用

数据通信系统或计算机网络系统中，传输媒体的带宽或容量往往超过传输单一信号的需

求，为了有效地利用通信线路，希望一个信道同时传输多路信号，这就是所谓的多路复用(Multiplexing)技术。如要从 A 地到 B 地，坐公交车需要 2 元，坐出租车需要 20 元，为什么坐公交车会便宜呢？这就是多路复用的原理。采用多路复用技术能把多个信号组合起来在一条物理信道上进行传输，在远距离传输时可大大节省电缆的安装和维护费用。平时上网最常用的电话线就采取了多路复用技术，在上网的同时，也可以打电话。多路复用有频分多路复用(Frequency-Division Multiplexing，FDM)，时分多路复用(Time-Division Multiplexing，TDM)、波分多路复用(Wavelength-Division Multiplexing，WDM)、码分多路复用(Code-Division Multiple，CDM)和空分多路复用(Space-Division Multiplexing，SDM)等。

1.4.1 频分多路复用

频分多路复用是按频谱划分信道，多路基带信号被调制在不同的频谱上。它们在频谱上不会重叠，即在频率上正交，但在时间上是重叠的，可以同时在一个信道内传输。也就是说，把信道的可用频带分成多个互不交叠的频段(带)，每个信号占其中一个频段。接收时用适当的滤波器分离出不同信号，分别进行解调接收。如图 1-18 所示，在一对传输线路上可以有 N 对话路信息传送，而每一对话路所占用的只是其中的一个频段。频分多路通信又称载波通信，它是模拟通信的主要手段。

图 1-18　频分多路复用

假设信道总带宽是 B，n 路信号带宽分别为 f_i，为防止各频分复用信道之间相互干扰，每相邻路信号间设置保护间隔为 B_g，则有

$$B = \sum_{i=1}^{n} f_i + (n-1) B_g \tag{1-5}$$

频分复用的关键技术是通过调制将各路信号的频谱搬移到信道的不同频带范围内，位置由各载波频率决定，接收端再经过解调将其恢复，为减小信号频谱搬移过程中对信号的损伤，一般采用线性调制技术，此外选用不同的调制解调方式，对系统的传输可靠性也很重要。

1.4.2 时分多路复用

时分复用原理是将信道占用时间分成若干个小的时间片，称为时隙，每个时隙就是一条时分复用信道，可以传输一个用户的信号。也就是说，各路信号可以在同一信道中占有不同的时间间隔进行传输。这时就需要将时间分成均匀的时间间隔，将每路信号分配在不同的时间间隔内传输，达到互相分开的目的。时分复用建立在抽样定理基础上。抽样定理使连

续(模拟)的基带信号有可能被在时间上离散出现的抽样脉冲值所代替。这样，当抽样脉冲占据较短时间时，在抽样脉冲之间就留出了时间空隙，利用这种空隙便可以传输其他信号的抽样值。因此，这就有可能沿一条信道同时传送若干个基带信号。

时分多路复用可以分为同步时分复用和异步时分复用两种。

1. 同步时分复用

同步时分复用技术按照信号的路数划分时间片，每一路信号具有相同大小的时间片。时间片轮流分配给每路信号，该路信号在时间片使用完毕以后要停止通信，并把物理信道让给下一路信号使用。当其他各路信号把分配到的时间片都使用完以后，该路信号再次取得时间片进行数据传输。同步时分多路复用技术如图 1-19 所示。

图 1-19　同步时分多路复用

同步时分多路复用技术的优点是控制简单，容易实现；缺点是如果某路信号没有足够多的数据，不能有效地使用它的时间片，则造成资源的浪费，而有大量数据要发送的信道又由于没有足够多的时间片可利用，所以要拖很长一段时间，降低了设备的利用效率。

2. 异步时分复用(ATDM)

异步时分复用技术又称为统计时分复用(Statistical Time Division Multiplexing，STDM)，它能动态地按需分配时隙，避免每个时间段中出现空闲时隙。

ATDM 是只有当某一路用户有数据要发送时才把时隙分配给它。当用户暂停发送数据时，则不给它分配时隙。电路的空闲时隙可用于其他用户的数据传输。

在所有的数据帧中，除最后一个帧外，其他所有帧均不会出现空闲的时隙，从而提高了资源的利用率，也提高了传输速率，如图 1-20 所示。

异步时分复用与同步时分复用相比，需要在各终端与线路的接口处增加两个功能：缓冲存储功能和信息流控制功能，主要用于解决用户终端争用线路资源时可能产生的冲突。

1.4.3　波分多路复用

波分多路复用是指在同一根光纤中同时让两个或两个以上的光波长信号通过不同光信道各自传输信息，也称光波分复用(WDM)技术。光频分复用技术和光波分复用技术无明显区别，因为光波是电磁波的一部分，光的频率与波长具有单一对应关系。通常也可以这样理解，光频分复用指光频率的细分，光信道非常密集；光波分复用指光频率的粗分，光信道相隔较远，甚至处于光纤不同窗口。

光波分复用一般应用波长分割复用器和解复用器(也称合波/分波器)分别置于光纤两

图 1-20　异步时分复用

端，实现不同光波的耦合与分离，这两个器件的原理是相同的。光波分复用器的主要类型有熔融拉锥型、介质膜型、光栅型和平面型四种。其主要特性指标为插入损耗和隔离度。通常，光链路中使用波分复用设备后，光链路损耗的增加量称为波分复用的插入损耗。光波分复用的技术特点与优势如下：

1）充分利用光纤的低损耗波段，增加光纤的传输容量，使一根光纤传送信息的物理限度增加一倍至数倍。目前只是利用了光纤低损耗谱（1310～1550nm）极少一部分，波分复用可以充分利用单模光纤的巨大带宽（约 25THz），传输带宽充足。

2）具有在同一根光纤中，传送 2 个或数个非同步信号的能力，有利于数字信号和模拟信号的兼容，与数据传输速率和调制方式无关，在线路中间可以灵活取出或加入信道。

3）对已建光纤系统，尤其早期铺设的芯数不多的光缆，只要原系统有功率余量，可进一步增容，实现多个单向信号或双向信号的传送而不用对原系统做大改动，具有较强的灵活性。

4）大量减少了光纤的使用量，大大降低了建设成本，当出现故障时，维护、恢复迅速、方便。

5）有源光设备的共享性，对多个信号的传输或新业务的增加降低了成本。

6）系统中有源设备得到大幅减少，提高了系统的可靠性。

目前，由于多路载波的光波分复用对光发射机、光接收机等设备要求较高，技术实施有一定难度，同时多纤芯光缆的应用对于传统广播电视传输业务未出现特别紧缺的局面，因而 WDM 的实际应用还不多。但是，随着有线电视综合业务的开展，对网络带宽需求的日益增长，各类选择性服务的实施、网络升级改造经济费用的考虑等，WDM 的特点和优势在 CATV 传输系统中逐渐显现出来，表现出广阔的应用前景，甚至将影响 CATV 网络的发展格局。

1.4.4　码分多址

码分多址是一种以扩频通信为基础的载波调制和多址连接技术。打个比方，将带宽想象成一个大房子，任何人都可进入这个房子，如果他们使用完全不同的语言，他们就可以清楚地听到同伴的声音而只受到一些来自别人谈话的干扰。在这里，屋里的空气可以被想象成宽带的载波，而不同的语言即被当作编码，可以不断地增加用户直到整个背景噪声限制住为止。如果能控制住用户的信号强度，在保持高质量通话的同时，就可以容纳更多的用户。

在码分多址通信系统中，不同用户传输信息所用的信号不是靠频率不同或时隙不同来区分，而是用各自不同的编码序列来区分，或者说，靠信号的不同波形来区分。如果从频域或时域来观察，多个CDMA信号是互相重叠的。接收机用相关器可以在多个CDMA信号中选出其中使用预定码型的信号。其他使用不同码型的信号因为和接收机本地产生的码型不同而不能被解调。它们的存在类似于在信道中引入了噪声和干扰，通常称为多址干扰。

在CDMA蜂窝通信系统中，用户之间的信息传输是由基站进行转发和控制。为了实现双工通信，正向传输和反向传输各使用一个频率，即通常所谓的频分双工。无论正向传输或反向传输，除去传输业务信息外，还必须传送相应的控制信息。为了传输不同的信息，需要设置相应的信道。但是，CDMA通信系统既不分频道又不分时隙，无论传输何种信息的信道都靠采用不同的码型来区分。类似的信道属于逻辑信道，这些逻辑信道无论从频域或者时域来看都是相互重叠的，或者说它们均占用相同的频段和时间。

CDMA是扩频通信的一种，它具有扩频通信的所有特点，即：

1）抗干扰能力强。这是扩频通信的基本特点，也是所有通信方式无法比拟的。

2）宽带传输，抗衰落能力强。

3）由于采用宽带传输，在信道中传输的有用信号的功率比干扰信号的功率低得多，因此信号好像隐蔽在噪声中；即功率谱密度比较低，有利于信号隐蔽。

4）利用扩频码的相关性来获取用户的信息，抗截获的能力强。

在扩频CDMA通信系统中，由于采用了以下所列新的关键技术，CDMA又具有一些新的特点，即：

1）采用了多种分集方式。除了传统的空间分集外，宽带传输起到了频率分集的作用，同时在基站和移动台采用了RAKE接收机技术，相当于时间分集的作用。

2）采用了话音激活技术和扇区化技术。CDMA系统的容量直接与所受的干扰有关，采用话音激活和扇区化技术可以减小干扰，使整个系统的容量增大。

3）采用了移动台辅助的软切换。通过它可以实现无缝切换，保证了通话的连续性，降低了掉话的可能性。处于切换区域的移动台通过分集接收多个基站的信号，可以减小自身的发射功率，从而减小了对周围基站的干扰，有利于提高反向联路的容量和覆盖范围。

4）采用了功率控制技术，从而降低了平均发射功率。

5）具有软容量特性，可以在话务量高峰期通过提高误帧率来增加可以用的信道数。当相邻小区的负荷一轻一重时，负荷重的小区可以通过减少导频的发射功率，使本小区的边缘用户由于导频强度的不足而切换到相邻小区，使负荷分担。

6）兼容性好。由于CDMA的带宽很大，功率分布在广阔的频谱上，功率话密度低，对窄带模拟系统的干扰小，因此两者可以共存，即兼容性好。

7）CDMA的频率利用率高，无须频率规划。

8）CDMA高效率的OCELP话音编码。话音编码技术是数字通信中的一个重要课题。OCELP是利用码表矢量量化差值的信号，并根据语音激活的程度产生一个输出速率可变的信号。这种编码方式被认为是目前效率最高的编码技术，在保证有较好话音质量的前提下，大大提高了系统的容量。这种声码器具有8kbit/s和13kbit/s两种速率的序列。8kbit/s序列从1.2～9.6kbit/s可变，13kbit/s序列则从1.8～14.4kbit/s可变。最近，又有一种8kbit/s

EVRC 型编码器问世，也具有 8kbit/s 声码器容量大的特点，话音质量也有了明显的提高。

尽管 CDMA 具有以上所描述的优势，但它还存在以下问题：

1）在小区的规划问题上，虽然 CDMA 无须频率规划，但它的小区规划却并非十分容易。由于所有的基站都使用同一个频率，相互之间存在干扰，如果小区规划做得不好，将直接影响话音质量，并使系统容量打折扣，因而在进行站距、天线高度等方面的设计时应当小心谨慎。

2）在标准的问题上，CDMA 的标准并不十分完善。许多标准都仍在研究和制定中。如 A 接口，目前各厂家有的提供 Is-634 版本 0，有的支持 Is-634 版本。还有的使用 Is-634/TSB-80。对于系统运营商来说，选择统一的 A 接口比较困难。

3）由于功率控制的误差所导致的系统容量的减小。

1.4.5　空分多路复用

空分多路复用(SDM)是将空间分割成不同的信道，以实现频率的重复使用，从而达到增加信道容量的目的。SDM 实际上就是指在同一根光纤内传输多路不同波长的光信号，其原理与频分多路复用有相似之处。其工作原理是首先对来自所有天线中的信号进行采样，转换成数字信号，并存储在内存中。空分多址处理器会对样本进行分析，并对天线环境进行评估，确认用户、干扰源及其所在的位置。处理器对天线信号的组合方式进行计算，力求使每位用户的信号接收质量提高，而其他用户的信号或干扰信号被屏蔽。系统进行模拟计算，使天线阵列可以有选择地向空间发送信号。在此基础上，每位用户的信号都可以通过单独的空间信道实现高效的传输。

如 5 类线就是 4 对双绞线共用 1 条电缆，还有市话电缆(几十对)也是如此。能够实现空分复用的前提条件是光纤或电线的直径很小，可以将多条光纤或多对电线做在一条电缆内，既节省了外保护套的材料又便于使用。

空分多址系统可使系统容量成倍增加，使系统在有限的频谱内可以支持更多的用户，从而成倍地提高频谱使用效率。

1.5　数据通信网与计算机通信网

1.5.1　计算机通信与数据通信

计算机通信由两个主要技术领域发展演变而来，一个是计算机技术，另一个是通信技术。计算机与通信的相互结合主要有两个方面：一方面，通信网络为计算机之间的数据传递和交换提供了必要的手段；另一方面，计算机技术的发展渗透到通信技术中，又提高了通信网络的各种性能。

数据通信是计算机出现并广泛应用之后，为了实现远距离资源共享，计算机技术与通信技术相结合的一种产物；是计算机与计算机、计算机与终端以及终端与终端之间的通信。计算机与通信的结合，克服了时间和空间上的限制，使人们可以利用终端在远距离共同使用计算机，提高了计算机的利用率，使计算机的应用范围扩大到社会生活的各个领域，从而使信息化社会进一步向前推进。

广义地讲，数据通信是指两个数据终端(DTE)之间的通信。计算机属于智能化程度较高的数据终端，计算机通信应归入数据通信的范畴。

1.5.2 数据通信网与计算机通信网

1. 数据通信网

数据通信网是由数据终端、传输、交换和处理等设备组成的系统，其功能是对数据进行传输、交换、处理以及共享网内资源(包括通信线路、硬件和软件等)。因此，数据通信网是由分布在各处的数据传输设备、数据交换设备及通信线路等组成的通信网，通过网络协议的支持完成网中各设备之间的数据通信。有关数据通信网的内容将在第 9 章详细介绍。

2. 计算机网络

计算机网络涉及计算机和通信两个领域，通信技术与计算机技术的结合是产生计算机网络的基本条件。一方面，通信网为计算机之间的数据传输和交换提供了必要的手段；另一方面，计算机技术的发展渗透到通信技术中，又提高了通信网的各种性能。计算机网络通常可以表述为：计算机网络是用通信线路和网络连接设备将分布在不同地点的多台独立式计算机系统互相连接，按照网络协议进行数据通信，实现资源共享，为用户提供各种应用服务的信息系统。

典型的计算机网络系统如图 1-21 所示。可以看出，一个计算机网络由资源子网和通信子网构成。资源子网负责信息处理，通信子网负责信息传递。

图 1-21 计算机网络系统示意图

通信子网处于网络的内层，是由负责数据通信处理的通信控制处理机(Communication Control Processor，CCP)和传输链路组成的独立的数据通信系统，它承担着全网的数据传输、加工和变换等通信处理工作。

资源子网处于网络的外围，它代表网络的数据处理资源和数据存储资源，由主机、终端、外设、各种软件资源和信息资源等构成，其任务是负责信息处理，向网络用户提供可用的资源及网络服务。

从不同的角度出发，对计算机网络可以有多种分类方法。

按计算机网络地理分布，可以分为局域网、城域网和广域网三类。

（1）局域网（Local Area Network，LAN）

地理范围一般在几百米到 2 万米之间，适用于一个建筑物（办公楼）或相邻的大楼内，属于一个部门或者单位组建的专用网络，如公司或高校的校园内部网络。

（2）广域网（Wide Area Network，WAN）

广域网是一种跨度大的地域网络，通常覆盖一个国家或州。网络上的计算机称为主机（Host），通过通信子网连接，实现资源子网中的资源共享。

（3）城域网（Metropolitan Area Network，MAN）

城域网是一种大型的局域网，使用类似于局域网的技术，它可能覆盖一个城市。其数据传输速率通常在 10Mbit/s 以上，作用距离在 10～50km 之间。

1.6　数据通信系统的主要性能指标

性能指标是指用来衡量一个通信系统性能优劣的技术指标。对于数据通信系统，主要性能指标也称主要质量指标，它们是从整个系统上综合提出或规定的。

数据通信系统的性能指标归纳起来有以下几个方面：

1）有效性：指系统中传输数据的速度问题，即快慢问题。

2）可靠性：指传输数据的质量问题，即好坏问题。

3）保密性：指系统对所传信号的加密措施，对军用系统尤为重要。

4）适应性：指系统使用的环境条件与要求。

5）标准性：指系统中各接口、结构和协议等是否符合国际、国内标准。

6）维修性：指系统是否维修方便。

7）工艺性：指系统对各种工艺的要求。

8）经济性：指系统的价格成本。

对于数据通信系统来说，从数据传输的角度出发主要讨论有效性和可靠性两个指标，这也是通信技术讨论的重点内容。

1.6.1　有效性指标

数据通信系统的传输有效性是指在给定信道内传输信息的多少，具体可用数据传输速率来衡量，数据传输速率越高，则系统的有效性越好。

1. 码元传输速率

码元传输速率是指给定信道内单位时间传输码元的多少，其单位是波特（Baud），用 R_B 表示。其中码元是指携带数据信息的波形或信号脉冲，可以是二进制，也可以是多进制。如二电平信号，一个码元有两种状态："0"或"1"；四电平信号，一个码元有四种状态："00"、"01"、"10"、"11"，电平信号如图 1-22 和图 1-23 所示。

码元传输速率反映信号波形变换的频繁程度，又称调制速率或传码率、波特率、符号速率，实际上就是指每秒传输信号码元的个数。在出现概率相等的条件下，每个码元包含的信息量相等，如 M 进制的每个码元所包含的信息量为 lb$M$。假设码元的宽度为 T_b，即一个码元波形的持续时间，则 $R_B = 1/T_b$。可见不管是何进制的数字信号，码元传输速率与进制数无关。

图 1-22 二电平信号

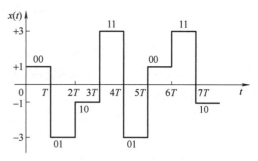

图 1-23 四电平信号

2. 信息传输速率

信息传输速率是指给定信道内单位时间传输信息的多少，单位是比特/秒（bit/s），信息速率又称为传信率、比特率，用 R_b 表示。前面提到码元传输速率跟码元宽度成反比，而信息传输速率与码元传输速率有关，存在如下关系：

1）一个 M 进制数，每个码元可能出现的状态有 M 个，设每个状态出现的概率 p 相同，则 $p=1/M$，每个码元的信息量为 $I=\mathrm{lb}1/p=\mathrm{lb}M$（bit），因此，其信息传输速率为

$$R_b = R_B I = R_B \mathrm{lb} M (\mathrm{bit/s}) \tag{1-6}$$

所以，R_b 与 R_B 两者间的关系为：

$$R_b = R_B \mathrm{lb} M (\mathrm{bit/s})$$

2）若各码元不等概率出现，则

$$R_b = R_B H \tag{1-7}$$

式中，H 为平均信息量。

【例 1-3】 某数据通信系统传输 128 个符号，其中有 64 个符号出现的概率为 1/256，有 32 个符号出现的概率为 1/128，另外 32 个符号的出现概率为 1/64，且每个符号的持续时间为 0.1ms，求此时系统的信息传输速率。

解：由题意可知系统的码元传输速率为

$$R_B = 1/T_b (1/0.0001) \mathrm{Baud} = 10000 \mathrm{Baud}$$

由于各符号出现概率不同，则平均信息量为

$$H = \left(64 \times \frac{1}{256} \mathrm{lb}256 + 32 \times \frac{1}{128} \mathrm{lb}128 + 32 \times \frac{1}{64} \mathrm{lb}64 \right) \mathrm{bit/符号} = 6.75 \mathrm{bit/符号}$$

信息传输速率为

$$R_b = R_B H = 10000 \times 6.75 \mathrm{bit/s} = 67500 \mathrm{bit/s}$$

【例 1-4】 已知二进制数字信号在 2min 内共传送了 72000 个码元。

（1）其码元速率和信息速率各为多少？

（2）如果码元宽度不变，但改为八进制数字信号，则其码元传输速率为多少？信息传输速率又为多少？

解：（1）在 2×60s 内传送了 72000 个码元，则

$$R_B = [72000/(2 \times 60)] \mathrm{Baud} = 600 \mathrm{Baud}$$

$$R_b = R_B = 600 \mathrm{bit/s}$$

（2）若改为八进制，则

$$R_B = [72000/(2 \times 60)] \mathrm{Baud} = 600 \mathrm{Baud}$$

$$R_{b} = R_{B} \text{lb} M = 600 \times \text{lb} 8 \text{bit/s} = 1800 \text{bit/s}$$

3. 数据传输速率

数据传输速率是指单位时间内在数据传输系统中的相应设备之间传送的比特、字符或码组平均数，即在相应设备之间实际能达到的平均数据转移速率。其单位可以为 bit/s、字符/s、码组/s，随数据单位而异。

数据传信速率是传输数据的速率，与发送的比特有关。而数据传输速率不仅与发送的比特率有关，还与差错控制方式、通信规程以及信道差错率有关，即与传输的效率有关。因此，数据传输速率总是小于数据传信速率。

在讨论信道特性，特别是传输频带宽度时，通常使用调制速率；在研究传输数据速率时，采用数据传信速率；在涉及系统实际的数据传送能力时，则使用数据传输速率。

4. 频带利用率

频带利用率反映数据传输系统对频带资源的利用水平和有效程度，是用系统单位频带内所实现的数据传输速率来衡量，用 r 来表示。其单位为 Baud/Hz，或者 bit/(s·Hz)，主要取决于用哪种速率来计算。

$$r = \frac{R_{B}}{B} (\text{Baud/Hz}) \tag{1-8}$$

或

$$r = \frac{R_{b}}{B} [\text{bit/(s·Hz)}] \tag{1-9}$$

式中，B 为系统带宽，单位为 Hz。若 B 相同，R_{B} 或 R_{b} 越大，则频带利用率越高。系统的频带利用率越高，则系统的有效性越好。

【例 1-5】 某信道占用频带 300~3400Hz，若采用 8 电平传输，调制速率为 1600Baud，求信道的频带利用率。

解：根据题意，信道占用频带为 300~3400Hz，则 $B = (3400-300) \text{Hz} = 3100 \text{Hz}$

$$r = \frac{R_{B}}{B} = \frac{1600}{3100} \text{Baud/Hz} = \frac{16}{31} \text{Baud/Hz}$$

$$R_{b} = R_{B} \text{lb} M = 1600 \times \text{lb} 8 \text{bit/s} = 4800 \text{bit/s}$$

$$r = \frac{R_{b}}{B} = \frac{4800}{3100} \text{bit/(s·Hz)} = \frac{48}{31} \text{bit/(s·Hz)}$$

1.6.2 可靠性指标

数据通信系统中存在各种噪声干扰，因此接收到的码元可能会发生错误而影响到通信质量。常通过误码率、误比特率等差错率来描述通信系统的传输可靠性。

1. 误码率

误码率是指通信过程中，系统传输错误的码元数与所传输码元总数之比，用 p_{e} 来表示，即

$$p_{e} = \frac{n_{e}}{n} (n \rightarrow \infty) \tag{1-10}$$

式中，n 为系统传输的总码元数；n_{e} 为系统传输错误的码元数。

2. 误比特率

误比特率是指在通信过程中，系统传输错误的比特数与所传输的总比特数之比，用 p_{b}

来表示，即

$$p_b = \frac{n_{be}}{n_b}(n_b \to \infty)\tag{1-11}$$

式中，n_b 为系统传输的总比特数；n_{be} 为传输出错的比特数。

【例1-6】 某数据通信系统调制速率为1200Baud，采用八电平传输，假设100s误了1个比特，求误比特率。设系统的带宽为600Hz，求频带利用率为多少 bit/(s·Hz)？

解：由于各个码元出现的概率相同，则信息传输速率为

$$R_b = R_B \text{lb}M = 1200 \times \text{lb}8 \text{bit/s} = 3600\text{bit/s}$$

误比特率

$$p_b = \frac{接收出现差错的比特数}{总的发送比特数} = \frac{1/100}{3600} = 2.8 \times 10^{-6}$$

频带利用率

$$r = \frac{R_b}{B} = \frac{3600}{600}\text{bit/(s·Hz)} = 6\text{bit/(s·Hz)}$$

3. 误码组率

误码组率是指在通信过程中，系统出错的码组数与系统传输的总码组数之比，用 p_g 来表示，即

$$p_g = \frac{n_{ge}}{n_g}(n_g \to \infty)\tag{1-12}$$

式中，n_{ge} 为传输出错的码组数；n_g 为系统传输的总码组数。

4. 误字率

在通信过程中，一个码字一般由多个码元构成，任何一个或多个码元出错都会使得码字出错。误字率是指系统出错的码字数与系统传输的总码字数之比，用 p_w 来表示，即

$$p_w = \frac{n_{we}}{n_w}(n_w \to \infty)\tag{1-13}$$

式中，n_{we} 为传输出错的码组数；n_w 为系统传输的总码组数。

1.7 数据通信系统的应用与发展

1.7.1 数据通信系统的应用

1. 有线数据通信的应用

（1）数字数据电路（DDN）的应用范围

1）组建公用数字数据通信网。

2）可为公用数据交换网、各种专用网、无线寻呼系统、可视图文系统、高速数据传输、会议电视、ISDN（2B+D 信道或 30B+D 信道）、邮政储汇计算机网络等提供中继或数据信道。

3）为帧中继、虚拟专用网、LAN 以及不同类型的网络提供网间连接。

4）利用 DDN 实现大用户局域网联网。

5）提供租用线，让大用户自己组建专用数字数据传输网。

6）使用 DDN 作为集中操作维护的传输手段。

（2）分组交换网的应用

分组交换网能提供永久虚电路（PVC）及交换虚电路（SVC）等多种业务。利用分组交换

网的通信平台，还可以开发与提供一些增值数据业务：

1）电子信箱业务。

2）电子数据交换业务。

3）传真存储转发业务。

4）可视图文业务。

（3）帧中继技术的应用

帧中继技术适用于对广域网进行数据访问和高速数据传输。帧中继也是一种 ISDN 承载业务，主要用于局域网互联和高速主机环境下作为宽带网的数据入口，是向未来宽带 ATM 交换过渡的手段之一。常用于：

1）组建帧中继公用网，提供帧中继业务。

2）在分组交换机上安装帧中继接口，提供业务。

3）为用户提供低成本的虚拟宽带业务。

4）在专用网中，采用复用的物理接口可以减少局域网互联时的桥接器、路由器和控制器所需的端口数量，并减少互联设备所需通信设施的数量。帧中继的数字链路连接鉴别（DLCI）寻址功能可允许单个中继接入设备与上千个接入设备通信。其本地管理接口（LMI）可大大简化帧中继网的配置和管理。

5）LAN 与 WAN 的高速连接。

6）LAN 与 LAN 的互联。

7）远程计算机辅助设计/制造文件的传送、图像查询以及图像监视、会议电视等。

2. 无线数据通信的应用

无线数据通信也称为移动数据通信。它的业务范围很广，应用前景也很广泛。

（1）移动数据通信在业务上的应用

移动数据通信的业务，通常分为基本数据业务和专用数据业务。基本数据业务的应用有电子信箱、传真、信息广播、局域网（LAN）接入等。专用数据业务的应用有个人移动数据通信，计算机辅助调度，车、船、舰队管理，GPS 汽车卫星定位，远程数据接入等。

（2）移动数据通信在工业及其他领域的应用

移动数据通信在工业及其他领域的应用可分为固定式应用、移动式应用和个人应用三种类型。

1）固定式应用是指通过无线接入公用数据网的固定式应用系统及网络。如边远山区的计算机入网、交警部门的交通监测与控制、收费停车场、加油站以及灾害的遥测和告警系统等。

2）移动式应用是指野外勘探、施工、设计部门及交通运输部门的运输车、船队和快递公司为发布指示或记录实时事件，通过无线数据网络实现业务调度、远程数据访问、报告输入、通知联络、数据收集等均需采用移动式数据终端。移动数据终端在公安部门的刑警、巡警、交警也开始应用。

3）个人应用是指专业性很强的业务技术人员、公安外线侦察破案人员等需要在外办公时，通过无线数据终端进行远程打印、传真、访问主机、数据库查询、查证。股票交易商也可以通过无线数据终端随时随地跟踪查询股票信息，即使度假也可以从远程参加股票交易。

3. 物联网技术的应用

智能城市和智能家居是随着物联网而产生的新时代通信模式。智能城市就是物联网的典型应用模式之一。智能城市是一种未来社会的城市构想。智能家居是物联网应用的另一种方式。智能家居包含了多种高科技手段，如综合布线技术、网络通信技术、安全防范技术和自动控制技术。在智能家居环境当中，住宅主人可以通过各种通信设备(如触摸屏、遥控器、手机、电话等)来实现对家用电器和各种光照、取暖设备的远程控制。对于老年居民和一些行动不便的居民，智能家居能够帮助他们进行一些必要的日常活动。智能家居给人们的居家生活带来了方便，增加了人民群众的幸福感。

1.7.2 数据通信系统的发展

在国家信息基础设施(NII)建设中，大容量、高速率的通信网是主干，NII 的目标在很大程度上依靠通信网实现，因此通信网的发展备受瞩目。通信网技术的发展，制约着计算机网络的发展，制约着政治、经济、军事、文化等各行各业的发展。及时了解和掌握现代通信网新技术及发展趋势，并将之应用于军事装备的设计和规划中，对于提高军事发展水平有重要意义。

通信网的发展趋势是宽带化、智能化、个人化和综合化，能够支持各类窄带和宽带、实时和非实时、恒定速率和可变速率，尤其是多媒体业务。目前规模最大的三大网是电信网、有线电视网(CATV)、计算机网，它们都各有自己的优点和不足。

计算机网络虽能很好地支持数据业务，但实时性、服务质量(QoS)差、宽带性不够、不支持电话和实时图像业务、网络管理的安全性不够。

电信网虽可高质量地支持话音业务，但带宽不够，所有的程控交换机均按传输话音的带宽设计(64kbit/s)。同时智能不够，虽有部分智能网业务(如 800)，但目前还达不到计算机网络的智能。

有线电视网虽然实时性和宽带能力均很好，但不能双向通信、无交换和网络管理。

三种网都在逐步演变，使自己具备其他两网的优点。电信网通过采用光纤、xDSL、以太网和 ATM，提供 Internet 的高速接入和交互多媒体业务；CATV 铺设光缆，以更换同轴电缆，采用 HFC 技术进行双向化改造；网络公司围绕 Internet 技术建网，力争在同一个网上支持全业务。目前靠单一网络的发展，难以实现通信网的发展要求，因此提出"三网融合"的概念。

"三网融合"不是指三网在物理上的兼并合一，而是指高层业务应用的融合，即技术上互相渗透，网络层上实现互通，应用层上使用相同的协议，但运行和管理是分开的。为推动"三网融合"，国际电信联盟(ITU)提出了全球信息基础设施(GII)概念，其目标是通过三网资源的无缝融合，构成一个具有统一接入和应用界面的高效网络，满足用户在任何时间、任何地点，以可接收的质量和费用，安全地享受多种业务(声音、数据、图像、影像等)。三网将在 GII 概念下，共同存在，向互通融合的趋势发展。

下面主要介绍现代通信新技术中的宽带网核心技术(ATM 与 IP)、光纤通信技术、移动网络通信技术、蓝牙技术和物联网。

1. 宽带网核心技术

宽带网的业务特点是速率跨度大、业务突发性强、对差错敏感程度不同、对时延敏感程度不同、多播(Multicast)和广播(Broadcast)。现有的电信网是基于电路交换的窄带 PSTN/ISDN 和基于分组(信元)面向连接的宽带 ATM 网。

(1) ATM

ATM 已被国际电信联盟远程通信标准化组(ITU-T)于 1992 年 6 月定义为宽带综合业务

数字网的传递模式，ATM 是一种面向连接的快速分组交换，属于异步传递模式，支持不同速率、不同突发性、不同实时性的任何业务。在这种模式中，信息被分成信元来传递，而包含同一用户信息的信元不需要在传输链路上周期性地出现；它不进行逐段链路差错和流量控制，面向连接，信头功能简单，信元长度小而固定，用户信息透明地穿过网络，通过统计复用技术能有效利用网络资源。ATM 具有光纤的速率，误码率低，既支持局域网、城域网和广域网等固定网，又支持移动网、卫星网等无线网；既支持核心网，又支持接入网。卫星通信 ATM 成为下一代卫星网络的标准；基于 ATM 的宽带光接入网 ATM-PON（无源光纤网络）设备的开发，在宽带接入中发挥了重要作用。

（2）IP 技术

IP 即网络互连协议，由 20 世纪 70 年代中期美国国防部的 ARPANET 网络互连协议派生而来，其协议参考模型为 5 层模型，各个协议层的功能如下：物理层完成信息传输；数据链路层完成数据封装成帧及帧的传送；IP 层协议主要说明通过 Internet 的数据包格式及数据包转发到目的地的机制；传送层（TCP、UDP 等）等用于数据的可靠传送；应用层主要支持用户的各种应用。IP 是面向无连接的，主要用于数据业务，解决不同网络间的通信，影响 IP 网发展的关键因素是地址空间、服务质量、安全性移动管理、计费带宽等。

（3）ATM 和 IP 技术

ATM 与 IP 技术相比较还存在许多方面的不同。ATM 是链路层的交换技术，IP 技术是网络层的路由技术，各有其优势和不足之处，因此，人们非常重视 ATM 交换和 IP 路由技术的结合，源于此结合的多协议标签交换技术（MPLS）充分体现了面向连接技术和无连接技术的结合，被认为是通信网的核心支撑技术。

2. 光纤通信技术

光纤通信技术起源于 20 世纪的 70 年代，主要是利用光导纤维组成的光缆来进行信息传输。与传统的通信技术相比，光纤通信技术能够传输的信息量大，传输的速度也实现了一个质的飞跃，大大满足了 5G 通信信息量大、通信速度快的要求。光纤技术在诞生初期，信息传输的速度只有 10Mbit/s，但现在已经达到了 10Tbit/s。

另外，制造光纤的主要原料为二氧化硅，来源广泛，而且光纤质量很轻、抵抗外界干扰的能力强、信息传输的保密性也更好。5G 通信不仅有语音通信，还有视频、图像的传输，对于信息传输的稳定、速度和安全性都有着更高的要求，光纤通信技术的出现满足了这些要求，促进了通信行业的发展。

3. 移动网络通信技术

5G 将为用户提供光纤般的接入速率，"零"时延的使用体验，千亿设备的连接能力，超高流量密度、超高连接数密度和超高移动性等多场景的一致服务，业务及用户感知的智能优化，同时将为网络带来超百倍的能效提升和超百倍的比特成本降低，最终实现"信息随心至，万物触手及"的总体愿景。

5G 需要具备比 4G 更高的性能，支持 0.1~1Gbit/s 的用户体验速率，每平方公里一百万的连接数密度，毫秒级的端到端时延，每平方公里数十 Tbit/s 的流量密度，每小时 500km 以上的移动性和数十 Gbit/s 的峰值速率。其中，用户体验速率、连接数密度和时延为 5G 最基本的三个性能指标。同时，5G 还需要大幅提高网络部署和运营的效率，相比 4G，频谱效率提升 5~15 倍，能效和成本效率提升百倍以上。

4. 蓝牙技术

蓝牙是一种革命性的无线解决方案，适用于短距离通信，它无需线缆，可临时组网，能够建立"Ad hoc"连接，无需网络基础设施，可以任意方式动态连接，所有的节点都可以自由地移动，实现任何人、任何时间、任何地点、任何设备的无缝连接。它具有尺寸小、价格低廉、标准开放等优点，非常适用于移动设备，频段内无需执照，抗干扰的能力较强，适合集成到各种各样的设备中，与其他无线设备的能耗相比，其功耗可忽略。

蓝牙技术发展迅速，被称为"爆发性技术"。蓝牙无线接入可用于超市及零售店、办公室、家庭、飞机场、火车和地铁、饭店、展会等各行各业。但由于蓝牙协议较复杂，且只能在500kbit/s~1Mbit/s范围内使用，传输距离近（比802.11近），应用上有一定局限性。

5. 物联网

物联网是新一代信息技术的重要组成部分，通俗来讲就是在物体上装入各种通信设备和感应设备，方便人们随时接入通信网络，对物体实现智能化管理。物联网通过智能感知、识别技术与普适计算等通信感知技术，广泛应用于网络的融合中，也因此被称为继计算机、互联网之后世界信息产业发展的第三次浪潮。物联网是互联网的应用拓展，与其说物联网是网络，不如说物联网是业务和应用。因此应用创新是物联网发展的核心，以用户体验微核心的创新2.0是物联网发展的灵魂。

本 章 小 结

数据通信是指按照一定的通信协议，利用数据传输技术在两个终端之间传递数据信息的一种通信方式和通信业务。它包括利用计算机进行数据处理和利用通信设备和传输线路进行数据传输两方面的内容。

1）数据、消息、信号和信息之间的关系。消息是指通信过程中传输的具体原始对象。把消息转换成适合于信道传输的物理量，就是信号。信号携带着消息，它是消息的运载工具。数据就是赋予一定含义的数字、字母、文字等符号及其组合，它是消息的一种表现形式。信息是对消息的不确定性的描述，可以理解为消息中对人们有意义的内容，消息中包含信息的多少即信息量。

2）数据通信系统的组成及各组成部分的功能。数据通信系统是通过数据电路将分布在远端的数据终端设备与中央计算机系统连接起来，实现数据传输、交换、存储和处理功能的一个系统。由数据终端设备（DTE）、数据电路、中央计算机系统三大部分组成。

3）常用的传输代码有国际5号码、国际电报2号码、EBCDIC码和条码等。

4）数据的传输方式。根据数据信号的传输模式和工作方式的不同，数据传输可以分为基带传输和频带传输、并行传输和串行传输、异步传输和同步传输、单工传输、半双工传输和全双工传输几种模式。

5）信道复用的目的是让多台计算机连接到同一条信道上，共享该信道上的资源，如频率、占用时间等。信道中有五种信道复用方式：频分复用、时分复用、波分复用、码分复用和空分多路复用。

6）数据通信系统的主要性能指标。从数据传输的角度出发主要有有效性和可靠性两个指标。衡量有效性的主要指标有码元速率、信息速率和频带利用率。衡量可靠性的主要指标有误码率、误比特率和误字率。

7）数据通信网由分布在各地的DTE、数据交换设备和通信线路所构成，可以分为硬件和软件两个组成部分。硬件包括数据传输设备、数据交换设备和线路；软件是为了支持这些硬件而配置的网络协议等。

8）计算机通信网是用通信线路和网络连接设备将分布在不同地点的多台独立式计算机系统互相连接，按照网络协议进行数据通信，实现资源共享，为用户提供各种应用服务的信息系统。计算机通信网分为资源子网和通信子网，通信子网在功能上和数据通信网是等价的。

9）数据通信系统的应用可分有线、无线和物联网等三个方面的应用；通信网的发展趋势是宽带化、智能化、个人化和综合化，能够支持各类窄带和宽带、实时和非实时、恒定速率和可变速率，尤其是多媒体业务。

思考题与习题

1-1 什么是数据通信？数据通信的特点是什么？

1-2 数据通信中有哪些常见的通信方式？

1-3 试画出数据通信系统的组成框图，并简要说明各部分的作用。

1-4 衡量数据通信系统的主要性能指标有哪些？

1-5 什么是码元速率？什么是信息速率？它们之间的关系是什么？

1-6 按传输信号的复用方式，数据通信系统如何分类？

1-7 已知英文字母 a 和 d 出现的概率分别是 0.125 和 0.25，试求 a 和 d 的信息量各为多少？

1-8 某信源符号集由 A、B、C、D、E、F 组成，设每个符号独立出现，其概率分别为 1/4、1/4、1/16、1/8、1/16、1/4，试求该信息源输出符号的平均信息量。

1-9 某信息源的输出由 128 个不同符号组成。其中 16 个出现的概率为 1/32，其余 112 个出现概率为 1/224。信息源每秒发出 1000 个符号，且每个符号彼此独立。试计算该信息源的平均信息速率。

1-10 已知某数据传输系统传送八进制信号，信息速率为 3600bit/s，试问码元速率应为多少？

1-11 已知二进制信号的传输速率为 4800bit/s，试问变换成四进制和八进制数字信号时的传输速率为多少？

1-12 对于二进制信号，每秒传输 300 个码元，问码元速率为多少？若数字信号 0 和 1 出现是独立等概率的，那么信息速率为多少？

1-13 已知某四进制数据信号传输系统的信息速率为 2400bit/s，接收端在 1h 内共收到 108bit 错误码元，试计算系统的误比特率。

1-14 某系统经过长期测定，它的误码率 $p_e = 10^{-5}$，系统码元速率为 1200Baud，问在多长时间内能收到 360 个误码元？

1-15 数据通信网由哪些设备组成？主要实现什么功能？

第 2 章

随机过程分析

在通信与信息领域，信号通常都具有某种随机性，如语音信号、图像信号、视频信号等。这种信号的某个或某几个参数不能预知或不能完全被预知、具有随机性的时间信号称为随机信号。由于通信是信号通过通信系统的过程，在此过程中，通信系统各点信号通常都受到噪声的影响，并将此噪声与有用信号一起在系统中传输。这些噪声是不能预测的，统称为随机噪声，简称为噪声。因此，分析与研究通信系统，离不开对随机信号和噪声的分析。由于随机信号和噪声都是随机的，不能用一个确定的时间函数来描述，但其随机性变化表现在时间的进程中，是一个随机过程，因而必须用随机过程的理论来分析。

本章介绍随机过程的概念及数字特征描述，阐述平稳随机过程、高斯过程和窄带随机过程的定义、性质及其统计特征，最后讨论随机过程分别通过线性系统和乘法器后，输出信号的特征及其与输入信号之间的关系。

2.1 随机过程的描述

2.1.1 随机过程的概念

随机过程的简单描述：设 ξ 是一个随机变量，则 ξ 的取值是随机的，常用概率密度函数 $f(x)$ 描述。如果 ξ 随时间 t 改变，表示为 $\xi(t)$，这时称 $\xi(t)$ 是一个随机时程。因此，无穷多个样本函数的集合称为随机过程，记为 $\xi(t)$。

通信过程中的随机信号和噪声都可看成是时间参数 t 的随机过程。随机过程的基本特征有：

1) 在给定的观察区间内，是一个时间 t 的函数。其中每个时间函数称为实现，随机过程就可以看成是一个由全部可能实现构成的总体。

2) 任一时刻上观察到的值不确定，是一个随机变量，即 $\xi(t)$ 在 t 时刻的取值是随机变化的。

例如，从 $t=0$ 时刻开始，用"无数个""完全一样"的录音机在车辆来往的马路上录音，记录噪声的波形，会得到无数个各不完全相同的、随时间起伏的波形，如图 2-1 所示。其中一个波形就是一个实现，无数个这样的实现就构成了总体。

与随机变量相比，随机过程和随机变量在定义方法上相似，但样本空间不同：

1) 随机变量的样本空间是一个实数集合。

2) 随机过程的样本空间是一个时间函数的集合。即随机过程是含有随机变量的时间函

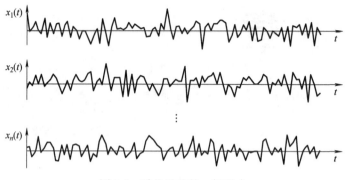

图 2-1 随机过程的一般形式

数，同时随机过程是在时间进程中处于不同时刻的随机变量的集合。

因此，随机过程具有随机变量和时间函数的特点，就如图 2-1 所示的典型的随机过程是写不出数学表达式的，研究随机过程正是利用了这两个特点。

2.1.2 随机过程的一般描述

设 $\xi(t)$ 表示一个随机过程，则在任意一个时刻 t_1 上，$\xi(t)$ 是一个随机变量。显然，这个随机变量的统计特性，可以用概率分布函数或概率密度函数加以描述。

设随机过程在任意时刻 $t_1 \in T$ 的值为 $\xi(t_1)$，把 $\xi(t_1) \leqslant x_1$ 的概率记为 $F_1(x_1, t_1)$，称为随机过程 $\xi(t)$ 的一维分布函数，即

$$F_1(x_1, t_1) = p[\xi(t_1) \leqslant x_1] \tag{2-1}$$

可见，$F_1(x_1, t_1)$ 既是 x_1 的函数，又是 t_1 的函数。若 $F_1(x_1, t_1)$ 对 x_1 的偏导数存在，则称

$$\frac{\partial F_1(x_1, t_1)}{\partial x_1} = f_1(x_1, t_1) \tag{2-2}$$

为 $\xi(t)$ 的一维概率密度函数。

显然，在一般情况下仅用一维分布函数或一维概率密度函数来描述随机过程的完整统计特性是不充分的，因为它们只描述了随机过程在任一瞬间的统计特性，而没有说明随机过程在不同瞬间的内在联系。因此，常常还需要在足够多的时刻上考虑随机过程的多维分布函数。

设随机过程在任意两个时刻 $t_1, t_2 \in T$ 的值分别为 $\xi(t_1)$ 和 $\xi(t_2)$，随机变量 $\xi(t_1)$ 和 $\xi(t_2)$ 构成了一个二元随机变量 $\{\xi(t_1), \xi(t_2)\}$，则称

$$F_2(x_1, x_2; t_1, t_2) = p[\xi(t_1) \leqslant x_1, \xi(t_2) \leqslant x_2] \tag{2-3}$$

为随机过程 $\xi(t)$ 的二维分布函数。如果 $F_2(x_1, x_2; t_1, t_2)$ 对 x_1, x_2 的偏导数存在，则称

$$\frac{\partial^2 F_2(x_1, x_2; t_1, t_2)}{\partial x_1 \partial x_2} = f_2(x_1, x_2; t_1, t_2) \tag{2-4}$$

为 $\xi(t)$ 的二维概率密度函数。

同理，随机过程 $\xi(t)$ 的 n 维分布函数定义为

$$F_n(x_1, x_2, \cdots, x_n; t_1, t_2, \cdots, t_n) = p[\xi(t_1) \leqslant x_1, \xi(t_2) \leqslant x_2, \cdots, \xi(t_n) \leqslant x_n] \tag{2-5}$$

如果 $F_n(x_1, x_2, \cdots, x_n; t_1, t_2, \cdots, t_n)$ 对 $x_1, x_2, \cdots, x_n$ 的偏导数存在，则称

$$\frac{\partial^n F_n(x_1,x_2,\cdots,x_n;t_1,t_2,\cdots,t_n)}{\partial x_1 \partial x_2 \cdots \partial x_n} = f_n(x_1,x_2,\cdots,x_n;t_1,t_2,\cdots,t_n) \tag{2-6}$$

为 $\xi(t)$ 的 n 维概率密度函数。可见，n 越大，用 n 维分布函数或 n 维概率密度函数去描述 $\xi(t)$ 的统计特性就越充分。

2.1.3　随机过程的数字特征

在实际应用中，有时要确定随机过程的 n 维分布并加以分析是比较困难甚至是不可能的。而数字特征既能刻画随机过程的重要特征，又便于计算和实际测量。因此，除了关心随机过程的 n 维分布外，通常还需要关心随机过程的数字特性，如随机过程的数学期望、方差及相关函数等。

1. 数学期望

数学期望或称均值，是随机过程 $\xi(t)$ 在同一时刻所有样本取值的统计平均值。它可以定义如下：设随机过程 $\xi(t)$ 在任一时刻 t_1 的值为 $\xi(t_1)$，且为一随机变量，其一维概率密度函数为 $f_1(x_1,t_1)$，则 $\xi(t_1)$ 的数学期望为

$$E[\xi(t_1)] = \int_{-\infty}^{\infty} x_1 f_1(x_1,t_1)\,\mathrm{d}x_1 \tag{2-7}$$

因为 t_1 是任意的，所以可以把 t_1 直接写成 t，x_1 直接写成 x，式（2-7）就变为随机过程在任意时刻的数学期望，记作 $a(t)$，于是有

$$a(t) = E[\xi(t)] = \int_{-\infty}^{\infty} x f_1(x,t)\,\mathrm{d}x \tag{2-8}$$

$a(t)$ 是时间的函数，它表示随机过程各个时刻的数学期望随时间的变化情况，它本质上就是随机过程所有样本函数的统计平均函数，或者说，它表示随机过程的 n 个样本函数曲线的摆动中心。

2. 方差

方差是随机过程在均值上下波动程度的一种统计特征。随机过程 $\xi(t)$ 的方差定义为

$$D[\xi(t)] = E\{[\xi(t)-a(t)]^2\} \tag{2-9}$$

由此可得

$$\begin{aligned}
D[\xi(t)] &= E[\xi^2(t)] - 2a(t)E[\xi(t)] + E[a(t)]^2 \\
&= E[\xi^2(t)] - a^2(t) \\
&= \int_{-\infty}^{\infty} x^2 f(x,t)\,\mathrm{d}x - a^2(t)
\end{aligned} \tag{2-10}$$

方差 $D[\xi(t)]$ 常记作 $\sigma^2(t)$，称为随机过程 $\xi(t)$ 的方差或均方差，它表示随机过程在时刻 t 对于均值的偏离程度。

3. 协方差函数和相关函数

数学期望 $a(t)$ 和方差 $\sigma^2(t)$ 描述了随机过程在各个孤立时刻的特征，无法反映随机过程在不同时刻的联系。为描述随机过程在两个不同时刻的随机变量之间的关联程度，常用协方差函数 $B(t_1,t_2)$ 和相关函数 $R(t_1,t_2)$ 来表示。

协方差函数定义为

$$\begin{aligned}
B(t_1,t_2) &= E\{[\xi(t_1)-a(t_1)][\xi(t_2)-a(t_2)]\} \\
&= \int_{-\infty}^{\infty}\int_{-\infty}^{\infty} [x_1-a(t_1)][x_2-a(t_2)] f_2(x_1,x_2;t_1,t_2)\,\mathrm{d}x_1\mathrm{d}x_2
\end{aligned} \tag{2-11}$$

式中，t_1 与 t_2 为任意两个时刻；$a(t_1)$ 与 $a(t_2)$ 为在 t_1 与 t_2 上所得到的数学期望；$f_2(x_1, x_2; t_1, t_2)$ 为二维概率密度函数。

相关函数定义为

$$R(t_1, t_2) = E[\xi(t_1)\xi(t_2)] = \int_{-\infty}^{\infty} \int_{-\infty}^{\infty} x_1 x_2 f_2(x_1, x_2; t_1, t_2) \mathrm{d}x_1 \mathrm{d}x_2 \tag{2-12}$$

由式(2-11)和式(2-12)可得

$$B(t_1, t_2) = R(t_1, t_2) - a(t_1) a(t_2) \tag{2-13}$$

式(2-13)中，若 $a(t_1)$ 为零或 $a(t_2)$ 为零，则 $B(t_1, t_2)$ 和 $R(t_1, t_2)$ 完全相同。

上述的 $B(t_1, t_2)$ 和 $R(t_1, t_2)$ 是衡量同一个随机过程，因此，又分别称为自协方差函数和自相关函数。如果把上述概念推广到两个或多个随机过程中，可得互协方差函数和互相关函数。

设 $\xi(t)$ 和 $\eta(t)$ 分别表示两个随机过程，则互协方差函数定义为

$$B_{\xi,\eta}(t_1, t_2) = E\{[\xi(t_1) - a_\xi(t_1)][\eta(t_2) - a_\eta(t_2)]\} \tag{2-14}$$

而互相关函数定义为

$$R_{\xi,\eta}(t_1, t_2) = E[\xi(t_1)\eta(t_2)] \tag{2-15}$$

从以上讨论可知，随机过程的统计特性一般都与时刻 $t_1, t_2, \cdots$ 有关。就相关函数而言，它的相关程度与选择时刻 t_1 和 t_2 有关。如果 $t_1 < t_2$，可令 $t_2 = t_1 + \tau$，则相关函数 $R(t_1, t_2)$ 可表示为 $R(t_1, t_1 + \tau)$，这说明相关函数依赖于起始时刻 t_1 及时间间隔 τ，即相关函数是 t_1 和 τ 的函数。因此，协方差函数和相关函数用来衡量随机过程在任意两个时刻上获得的随机变量的统计相关特性。

【例 2-1】 设 $z(t) = x_1 \cos(\omega_0 t) - x_2 \sin(\omega_0 t)$ 是一个随机过程，若 x_1 和 x_2 是彼此独立且具有均值为零、方差为 σ^2 的正态随机变量，求：

(1) 数学期望 $E[z(t)]$、$E[z^2(t)]$。

(2) $z(t)$ 的一维概率密度函数 $f(z)$。

(3) 相关函数 $R(t_1, t_2)$。

解：(1) 因为 x_1 和 x_2 是彼此独立且具有均值为零、方差为 σ^2 的正态随机变量，即 $E[x_1] = 0$，$E[x_2] = 0$，$E[x_1^2] = E[x_1^2] = \sigma^2$，所以有

$$\begin{aligned}
E[z(t)] &= E[x_1 \cos(\omega_0 t) - x_2 \sin(\omega_0 t)] \\
&= E[x_1 \cos(\omega_0 t)] - E[x_2 \sin(\omega_0 t)] \\
&= \cos(\omega_0 t) E[x_1] - \sin(\omega_0 t) E[x_2] \\
&= 0
\end{aligned}$$

$$\begin{aligned}
E[z^2(t)] &= E[x_1^2 \cos^2(\omega_0 t) + x_2^2 \sin^2(\omega_0 t) - 2 x_1 x_2 \cos(\omega_0 t) \sin(\omega_0 t)] \\
&= \cos^2(\omega_0 t) E[x_1^2] + \sin^2(\omega_0 t) E[x_2^2] \\
&= \sigma^2
\end{aligned}$$

(2) 因为 x_1 和 x_2 是正态随机变量，所以有

$$f(z) = \frac{1}{\sqrt{2\pi}\,\sigma} \exp\left(-\frac{z^2}{2\sigma^2}\right)$$

(3) $R(t_1, t_2) = E[z(t_1) z(t_2)]$

$$\begin{aligned}
= E[\, &x_1^2 \cos(\omega_0 t_1) \cos(\omega_0 t_2) + x_2^2 \sin(\omega_0 t_1) \sin(\omega_0 t_2) - \\
&x_1 x_2 \cos(\omega_0 t_1) \sin(\omega_0 t_2) - x_1 x_2 \sin(\omega_0 t_1) \cos(\omega_0 t_2)\,]
\end{aligned}$$

$$= \sigma^2 \left[\cos(\omega_0 t_1) \cos(\omega_0 t_2) + \sin(\omega_0 t_1) \sin(\omega_0 t_2) \right]$$

$$= \sigma^2 \cos \omega_0 (t_2 - t_1)$$

$$= \sigma^2 \cos \omega_0 \tau$$

可见，相关函数 $R(t_1, t_2)$ 只与时间间隔 $\tau (\tau = t_2 - t_1)$ 有关。

2.2 平稳随机过程

2.2.1 平稳随机过程概述

随机过程种类很多，下面着重讨论在通信系统中占重要地位的一种特殊而又广泛应用的随机过程，即平稳随机过程。在实际应用中，特别是在通信中所遇到的大多属于平稳随机过程或接近于平稳随机过程，平稳随机过程可用一维或二维数字特征很好地描述。

平稳随机过程是指它的任何 n 维分布函数或概率密度函数与时间起点无关。即对于任意正整数 n 和任意实数 h，随机过程 $\xi(t)$ 的 n 维概率密度函数满足

$$f_n(x_1, x_2, \cdots, x_n; t_1, t_2, \cdots, t_n) = f_n(x_1, x_2, \cdots, x_n; t_1 + h, t_2 + h, \cdots, t_n + h) \tag{2-16}$$

则称 $\xi(t)$ 为平稳随机过程。这种概率密度函数不随时间平移而变化的特性反映在平稳随机过程的数字特征中有着自身的规律，它的一维分布与时间 t 无关，二维分布只与时间间隔 τ 有关。

设 $\xi(t)$ 是一个平稳随机过程，则由式 (2-16) 可得一维概率密度函数，即 $n = 1$，令 $h = -t_1$，于是有

$$f_1(x_1, t_1) = f_1(x_1, t_1 + h) = f_1(x_1, 0) \tag{2-17}$$

可见平稳随机过程的一维概率密度函数与时间 t 无关，这样就可以把时间 t 省略，记作 $f_1(x_1)$。因此，$\xi(t)$ 的数学期望为

$$E[\xi(t)] = \int_{-\infty}^{\infty} x_1 f_1(x_1) \mathrm{d}x_1 = a \tag{2-18}$$

所以平稳随机过程的数学期望是一个常数，说明平稳随机过程的各样本函数是围绕着一条水平线而起伏的，即平稳性。同样，可以证明平稳随机过程的方差和均方差也是一个常数，这说明它的起伏偏离数学期望的程度也是常数。

若要得到平稳随机过程的二维概率密度函数，即 $n = 2$，令 $h = -t_1$，$\tau = t_2 - t_1$，则有

$$f_2(x_1, x_2; t_1, t_2) = f_2(x_1, x_2; t_1 + h, t_2 + h) = f_2(x_1, x_2; 0, t_2 - t_1) = f_2(x_1, x_2; \tau) \tag{2-19}$$

显然，平稳随机过程的二维概率密度函数仅依赖于时间间隔 τ，而与时间的个别值 t_1、t_2 无关。因此，设 $t_1 = t$，$t_2 = t + \tau$，其自相关函数为

$$E[\xi(t)\xi(t + \tau)] = \int_{-\infty}^{\infty} \int_{-\infty}^{\infty} x_1 x_2 f_2(x_1, x_2; \tau) \mathrm{d}x_1 \mathrm{d}x_2 = R(\tau) \tag{2-20}$$

即自相关函数是单变量 τ 的函数。

由上述可知，对于平稳随机过程，它的一些数字特征也变得简明了：数学期望和方差与时间 t 无关，均为常数；自相关函数与时间起点无关，只与时间间隔 τ 有关，即

$$R(t_1, t_2) = R(t_1, t_1 + \tau) = R(\tau) \tag{2-21}$$

上述这一特征只涉及一维、二维数字特征，则称这个随机过程是宽平稳随机过程或广义平稳随机过程；而称式 (2-16) 定义的随机过程为严平稳或狭义平稳随机过程。

对于狭义平稳随机过程，只要上述数字特征存在，则必定是广义平稳的；但反过来，则不一定成立。今后若不特别说明，一般所说的平稳随机过程均指广义平稳随机过程。

【例 2-2】 随机过程 $x(t)$ 的均值为常数 a，自相关函数为 $R_x(\tau)$，随机过程 $y(t) = x(t) - x(t-T)$，T 为常数，求证 $y(t)$ 是否是平稳随机过程。

解：依题意可知，$x(t)$ 是平稳随机过程，则 $y(t)$ 的均值为

$$E[y(t)] = E[x(t) - x(t-T)] = E[x(t)] - E[x(t-T)] = a - a = 0$$

$y(t)$ 的自相关函数为

$$
\begin{aligned}
R_y(t, t+\tau) &= E[y(t)y(t+\tau)] \\
&= E\{[x(t) - x(t-T)][x(t+\tau) - x(t+\tau-T)]\} \\
&= E[x(t)x(t+\tau) - x(t)x(t+\tau-T) - x(t-T)x(t+\tau) + x(t-T)x(t+\tau-T)] \\
&= R_x(\tau) - R_x(\tau-T) - R_x(\tau+T) + R_x(\tau) \\
&= 2R_x(\tau) - R_x(\tau-T) - R_x(\tau+T) \\
&= R_y(\tau)
\end{aligned}
$$

可见，$y(t)$ 的均值与时间 t 无关，自相关函数只与时间间隔 τ 有关，所以，$y(t)$ 是平稳随机过程。

2.2.2 平稳随机过程的各态历经性

平稳随机过程在满足一定条件下有一个非常重要的特性，即随机过程的各个实现（样本函数）如果都同样经历了随机过程的各种许可状态，该特性称为各态历经性，又称遍历性。而这种具有各态历经性的平稳随机过程称为遍历平稳随机过程。

遍历平稳随机过程的数字特征完全可由该过程的任一实现的数字特征来决定，即可用时间平均值来代替统计平均值。即

$$a = E[\xi(t)] = \lim_{T \to \infty} \frac{1}{T} \int_{-\frac{T}{2}}^{\frac{T}{2}} x(t)\,dt = a \tag{2-22}$$

$$\sigma^2 = D[\xi(t)] = \lim_{T \to \infty} \frac{1}{T} \int_{-\frac{T}{2}}^{\frac{T}{2}} [x(t) - a^2]\,dt = \sigma^2 \tag{2-23}$$

$$R(\tau) = E[\xi(t)\xi(t+\tau)] = \lim_{T \to \infty} \frac{1}{T} \int_{-\frac{T}{2}}^{\frac{T}{2}} x(t)x(t+\tau)\,dt = R(\tau) \tag{2-24}$$

因此，遍历平稳随机过程可用一个实现的统计特性来了解整个过程的统计特性，从而使统计平均化为时间平均，使实际测量和计算的问题大为简化。

值得注意的是，具有各态历经性的随机过程必定是平稳随机过程，但平稳随机过程不一定是各态历经的，在通信系统中所遇到的随机信号和噪声，一般均能满足各态历经性条件。

2.2.3 平稳随机过程的自相关函数

对于平稳随机过程，自相关函数是一个特别重要的函数，因为平稳随机过程的统计特性可通过自相关函数来描述，而且自相关函数与平稳随机过程的频谱特性有着内在的联系。

设 $\xi(t)$ 为实平稳随机过程，则它的自相关函数为

$$R(\tau) = E[\xi(t)\xi(t+\tau)] \tag{2-25}$$

自相关函数有如下性质：

1）$R(0)$为平稳随机过程的平均功率，即

$$R(0) = E[\xi(t)^2] = S \tag{2-26}$$

2）$R(\infty)$为平稳随机过程的直流功率，即

$$R(\infty) = E^2[\xi(t)] \tag{2-27}$$

3）$R(0) - R(\infty) =$ 方差，为平稳随机过程的交流功率。其物理意义为平稳随机过程的平均功率与直流功率之差等于其交流功率，当均值为 0 时，有 $R(0) = \sigma^2$。

4）自相关函数为时间间隔 τ 的偶函数，即

$$R(\tau) = R(-\tau) \tag{2-28}$$

5）自相关函数在时间间隔 $\tau = 0$ 处有最大值，即

$$|R(\tau)| \leq R(0) \quad R(\tau)\text{的上界} \tag{2-29}$$

因此，自相关函数可以表述 $\xi(t)$ 的主要数字特征，而且自相关函数的性质具有明显的实际意义。

2.2.4 平稳随机过程的功率谱密度

傅里叶变换明确了确定信号时域和频域的关系，那么为什么随机过程在频率域中还要讨论功率谱密度，而不讨论傅里叶变换呢？主要原因如下：

1）对于随机过程，它由许多个样本函数构成，所以无法求其傅里叶变换，可以说，随机过程不存在傅里叶变换。

2）随机过程属于功率信号而不属于能量信号。

确定信号的自相关函数与其谱密度之间有确定的傅里叶变换关系。那么，对于随机过程而言，其自相关函数 $R_\xi(\tau)$ 和功率谱密度 $P_\xi(\omega)$ 是否也是一对傅里叶变换关系呢？

任意确定功率信号 $f(t)$ 的功率谱密度 $P_{ST}(\omega)$ 为

$$P_{ST}(\omega) = \lim_{T\to\infty} \frac{|F_T(\omega)|^2}{T} \tag{2-30}$$

式中，$F_T(\omega)$ 为 $f(t)$ 的截断函数 $f_T(t)$ 的频谱函数。功率型的平稳随机过程 $\xi(t)$ 由许多实现组成，每一实现也是功率信号，其功率谱密度也可由式（2-30）表示。但随机过程中哪一实现出现是不能预知的，所以，某一实现的功率谱密度不能作为随机过程的功率谱密度。随机过程的功率谱密度可以看作是每一个样本函数的功率谱密度的统计平均（即数学期望）。

设平稳随机过程 $\xi(t)$ 的功率谱密度为 $P_\xi(\omega)$，$\xi(t)$ 的某一个样本函数的截断函数为 $\xi_T(t)$，且 $\xi_T(t)$ 的频谱函数为 $F_T(\omega)$，这样，整个随机过程的平均功率谱为

$$P_\xi(\omega) = E[P_{\xi T}(\omega)] = E\left[\lim_{T\to\infty}\frac{|F_T(\omega)|^2}{T}\right] = \lim_{T\to\infty}\frac{E[|F_T(\omega)|^2]}{T} \tag{2-31}$$

该随机过程的平均功率 S 表示为

$$S = \frac{1}{2\pi}\int_{-\infty}^{\infty} P_\xi(\omega)\,d\omega = \frac{1}{2\pi}\int_{-\infty}^{\infty}\lim_{T\to\infty}\frac{E[|F_T(\omega)|^2]}{T}\,d\omega \tag{2-32}$$

式（2-32）中，有

$$\frac{E[\,|F_T(\omega)\,|^2\,]}{T} = E\left[\frac{1}{T}\int_{-T/2}^{T/2}\xi_T(t)\ \mathrm{e}^{-\mathrm{j}\omega t}\mathrm{d}t\int_{-T/2}^{T/2}\xi_T(t')\ \mathrm{e}^{-\mathrm{j}\omega t'}\mathrm{d}t'\right]$$

$$= E\left[\frac{1}{T}\int_{-T/2}^{T/2}\xi(t)\ \mathrm{e}^{-\mathrm{j}\omega t}\mathrm{d}t\int_{-T/2}^{T/2}\xi(t')\ \mathrm{e}^{-\mathrm{j}\omega t'}\mathrm{d}t'\right] \qquad (2\text{-}33)$$

$$= \frac{1}{T}\int_{-T/2}^{T/2}\int_{-T/2}^{T/2}R(t-t')\ \mathrm{e}^{-\mathrm{j}\omega(t-t')}\mathrm{d}t'\mathrm{d}t$$

令 $\tau = t - t'$，由概率与数理统计的相关知识可将式(2-33)简化为

$$\frac{E[\,|F_T(\omega)\,|^2\,]}{T} = \frac{1}{T}\int_{-T}^{T}\left(1-\frac{|\tau|}{T}\right)R(\tau)\ \mathrm{e}^{-\mathrm{j}\omega\tau}\mathrm{d}\tau \qquad (2\text{-}34)$$

所以有

$$P_\xi(\omega) = \lim_{T\to\infty}\frac{E[\,|F_T(\omega)\,|^2\,]}{T}$$

$$= \lim_{T\to\infty}\frac{1}{T}\int_{-T}^{T}\left(1-\frac{|\tau|}{T}\right)R(\tau)\ \mathrm{e}^{-\mathrm{j}\omega\tau}\mathrm{d}\tau \qquad (2\text{-}35)$$

$$= \int_{-\infty}^{\infty}R(\tau)\ \mathrm{e}^{-\mathrm{j}\omega\tau}\mathrm{d}\tau$$

由此可知，自相关函数 $R_\xi(\tau)$ 和功率谱密度 $P_\xi(\omega)$ 也是一对傅里叶变换关系，即

$$\begin{cases} P_\xi(\omega) = \displaystyle\int_{-\infty}^{\infty}R(\tau)\ \mathrm{e}^{-\mathrm{j}\omega\tau}\mathrm{d}\tau \\ R(\tau) = \dfrac{1}{2\pi}\displaystyle\int_{-\infty}^{\infty}P_\xi(\omega)\ \mathrm{e}^{\mathrm{j}\omega\tau}\mathrm{d}\omega \end{cases} \qquad (2\text{-}36)$$

或

$$\begin{cases} P_\xi(f) = \displaystyle\int_{-\infty}^{\infty}R(\tau)\ \mathrm{e}^{-\mathrm{j}2\pi f\tau}\mathrm{d}\tau \\ R(\tau) = \displaystyle\int_{-\infty}^{\infty}P_\xi(f)\ \mathrm{e}^{\mathrm{j}2\pi f\tau}\mathrm{d}f \end{cases} \qquad (2\text{-}37)$$

这就是维纳-辛钦定理，它对确知信号和随机信号都适用。

结合自相关函数的性质，平稳随机过程的功率谱密度 $P_\xi(\omega)$ 具有如下性质：

1）因为自相关函数为偶函数，$P_\xi(\omega)$ 为 ω 的偶函数。

2）随机过程的平均功率等于功率谱密度在频域上的积分，即

$$R_\xi(0) = \frac{1}{2\pi}\int_{-\infty}^{\infty}P_\xi(\omega)\mathrm{d}\omega = E[\,\xi(t)^2\,] = S \qquad (2\text{-}38)$$

3）$P_\xi(\omega)$ 为非负函数，即 $P_\xi(\omega) \geq 0$。

功率谱密度有双边功率谱密度和单边功率谱密度。根据 $P_\xi(\omega)$ 的偶函数性质，把负频率范围的谱密度折算到正频率范围内，定义为单边功率谱密度。即

$$P_{\xi单}(\omega) = \begin{cases} 2P_{\xi双}(\omega) & \omega \geq 0 \\ 0 & \omega < 0 \end{cases} \qquad (2\text{-}39)$$

【例 2-3】 已知一随机过程 $x(t) = m(t)\cos(\omega_0 t + \theta)$，它是广义平稳随机过程 $m(t)$ 对一载波信号进行振幅调制的结果。此载波信号的相位 θ 在 $(0, 2\pi)$ 上均匀分布，设 $m(t)$ 与 θ 是统计独立的，且 $m(t)$ 的自相关函数 $R_m(\tau)$ 为

$$R_m(\tau) = \begin{cases} 1+\tau & -1<\tau<0 \\ 1-\tau & 0 \leqslant \tau<1 \\ 0 & \text{其他 } \tau \end{cases}$$

（1）证明 $x(t)$ 是广义平稳的。

（2）画出自相关函数 $R_x(\tau)$ 的波形。

（3）求功率谱密度 $P_x(\omega)$ 及功率 S。

解：（1）若 $x(t)$ 是广义平稳的，则 $x(t)$ 的均值与时间无关，是一个常数，$x(t)$ 的自相关函数仅与时间间隔 τ 有关。

由题意得，$m(t)$ 是广义平稳随机过程，其均值 $E[m(t)]$ 为常数，载波信号的相位 θ 在 $(0,2\pi)$ 上均匀分布，即 $f(\theta)=1/2\pi$，则 $x(t)$ 的均值为

$$\begin{aligned} E[x(t)] &= E[m(t)\cos(\omega_0 t+\theta)] \\ &= E[m(t)]E[\cos(\omega_0 t+\theta)] \quad [\text{因为 } m(t) \text{ 与 } \theta \text{ 统计独立}] \\ &= E[m(t)]\int_0^{2\pi}\frac{1}{2\pi}\cos(\omega_0 t+\theta)\mathrm{d}\theta \\ &= 0 \end{aligned}$$

$x(t)$ 的自相关函数为

$$\begin{aligned} R_x(t_1,t_2) &= E[x(t_1)x(t_2)] \\ &= E[m(t_1)\cos(\omega_0 t_1+\theta)m(t_2)\cos(\omega_0 t_2+\theta)] \\ &= E[m(t_1)m(t_2)]E[\cos(\omega_0 t_1+\theta)\cos(\omega_0 t_2+\theta)] \\ &= R_m(\tau)E\left\{\frac{1}{2}\cos[2\theta+\omega_0(t_1+t_2)]+\frac{1}{2}\cos\omega_0(t_1-t_2)\right\} \\ &= R_m(\tau)\left\{E\left[\frac{1}{2}\cos[2\theta+\omega_0(t_1+t_2)]\right]+E\left[\frac{1}{2}\cos\omega_0(t_1-t_2)\right]\right\} \\ &= R_m(\tau)\left[0+\frac{1}{2}\cos\omega_0(t_1-t_2)\right] \\ &= R_m(\tau)\frac{1}{2}\cos\omega_0\tau \\ &= R_x(\tau) \end{aligned}$$

可见，$x(t)$ 的均值是一个常数，自相关函数仅与时间间隔 τ 有关，所以 $x(t)$ 广义平稳。

（2）
$$R_x(\tau) = \frac{1}{2}R_m(\tau)\cos\omega_0\tau$$

$$= \begin{cases} \dfrac{1}{2}(1+\tau)\cos\omega_0\tau & -1<\tau<0 \\ \dfrac{1}{2}(1-\tau)\cos\omega_0\tau & 0 \leqslant \tau<1 \\ 0 & \text{其他 } \tau \end{cases}$$

其波形图 2-2 所示。

（3）因为 $x(t)$ 广义平稳，所以其功率谱密度 $P_x(\omega)$ 和自相关函数 $R_x(\tau)$ 是一对傅里叶变换关系。由于 $R_m(\tau)$ 是一个三角波，$R_x(\tau)$ 是此三角波与余弦信号的乘积，$R_m(\tau)$ 的傅里叶变换为

图 2-2 例 2-3 自相关函数的波形

$$FT[R_m(\tau)] = \frac{1}{2}Sa^2\left(\frac{\omega}{2}\right)$$

余弦信号 $\cos\omega_0\tau$ 的傅里叶变换为

$$FT[\cos\omega_0\tau] = \pi[\delta(\omega+\omega_0) + \delta(\omega-\omega_0)]$$

所以，根据傅里叶变换的性质可得 $x(t)$ 的功率谱密度为

$$P_x(\omega) = \frac{1}{2\pi}\pi[\delta(\omega+\omega_0) + \delta(\omega-\omega_0)] * \frac{1}{2}Sa^2\left(\frac{\omega}{2}\right)$$

$$= \frac{1}{4}\left[Sa^2\left(\frac{\omega+\omega_0}{2}\right) + Sa^2\left(\frac{\omega-\omega_0}{2}\right)\right]$$

$x(t)$ 的功率为

$$S = R_x(0) = \frac{1}{2}$$

2.3 高斯过程

2.3.1 高斯过程的定义及性质

高斯过程又称正态随机过程，它普遍存在，是通信领域中最重要的一种过程。如通信信道中的噪声通常就是一种高斯过程，因而在信道建模中常用到高斯过程。

对于随机过程 $\xi(t)$，若其任意 n 维 $(n=1,2,\cdots)$ 分布服从正态分布，则称为高斯过程。高斯过程具有如下性质：

1）对随机过程 $\xi(t)$ 在 t_1、t_2、$\cdots$、t_n 时刻观察得到一组随机变量 x_1、x_2、$\cdots$、x_n。若随机过程 $\xi(t)$ 是高斯过程，则随机变量 x_1、x_2、$\cdots$、x_n 的 n 维联合概率密度函数仅由各随机变量的数学期望、方差和两两之间的归一化协方差函数决定。

2）如果高斯过程广义平稳，即其均值与时间无关，协方差只与时间间隔 τ 有关，而与时间起点无关，则它的 n 维分布也与时间起点无关，所以它也是狭义平稳的。也就是说，高斯过程若广义平稳，则其狭义也平稳。

3）对一高斯过程 $\xi(t)$ 取样，得一组随机变量，若两两互不相关，则这些随机变量也是统计独立的。

4）高斯过程通过线性网络，输出仍是高斯过程。

2.3.2 高斯过程的统计特征

高斯过程 $\xi(t)$ 在任一时刻上的样值是一个一维高斯随机变量，其一维概率密度函数可

表示为

$$f(x) = \frac{1}{\sqrt{2\pi}\,\sigma} \exp\left[-\frac{(x-a)^2}{2\sigma^2}\right] \tag{2-40}$$

则称 ξ 为服从正态分布的随机变量。其中，a、σ^2 为常量，分别表示高斯过程的数学期望和方差。$f(x)$ 可由如图 2-3 所示的曲线表示。

由式（2-40）和图 2-3 可知 $f(x)$ 具有如下特性：

1）对称于 $x=a$ 的直线，即 $f(a+x)=f(a-x)$。

2）$f(x)$ 在 $(-\infty, a)$ 内单调上升，在 (a, ∞) 内单调下降，且在点 a 处达到极大值 $\frac{1}{\sqrt{2\pi}\,\sigma}$。当 $x\to-\infty$ 或 $x\to+\infty$ 时，$f(x)\to0$。

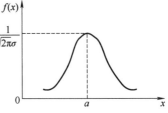

3）
$$\int_{-\infty}^{\infty} f(x)\,\mathrm{d}x = 1 \tag{2-41}$$

图 2-3 高斯分布的概率密度函数

$$\int_{-\infty}^{a} f(x)\,\mathrm{d}x = \int_{a}^{\infty} f(x)\,\mathrm{d}x = \frac{1}{2} \tag{2-42}$$

4）a 表示分布中心。对不同的 a，表现为 $f(x)$ 的图形左右平移。

5）σ^2 表示集中程度，$f(x)$ 的图形将随 σ 的减小而变高变窄。当 $a=0$，$\sigma=1$ 时，有

$$f(x) = \frac{1}{\sqrt{2\pi}} \exp\left(-\frac{x^2}{2}\right) \tag{2-43}$$

称为标准正态分布的密度函数。

正态分布函数是概率密度函数的积分，它表示高斯随机变量 ξ 小于或等于任意取值 x 的概率 $p(\xi \leq x)$，即

$$F(x) = p(\xi \leq x) = \int_{-\infty}^{x} \frac{1}{\sqrt{2\pi}\,\sigma} \exp\left[-\frac{(z-a)^2}{2\sigma^2}\right] \mathrm{d}z \tag{2-44}$$

式（2-44）的积分无法用闭合形式来计算，常采用在数学手册上有数值和曲线可查的特征函数来表示，多采用误差函数或互补误差函数来表述。

误差函数记为 $erf(x)$，定义为

$$erf(x) = \frac{2}{\sqrt{\pi}} \int_{0}^{x} \mathrm{e}^{-t^2} \mathrm{d}t \tag{2-45}$$

它是自变量 x 的递增函数，并且有

$$erf(0) = 0, \quad erf(\infty) = 1, \quad erf(-x) = -erf(x)$$

$1-erf(x)$ 称为互补误差函数，记为 $erfc(x)$，即

$$erfc(x) = 1 - erf(x) = \frac{2}{\sqrt{\pi}} \int_{x}^{\infty} \mathrm{e}^{-t^2} \mathrm{d}t \tag{2-46}$$

它是自变量 x 的递减函数，并且有

$$erfc(0) = 1, \quad erfc(\infty) = 0, \quad erfc(-x) = 2 - erfc(x)$$

当 $x \gg 1$（实际应用中只要 $x>2$）时，有

$$erfc(x) \approx \frac{1}{\sqrt{\pi}\,x} \mathrm{e}^{-x^2} \tag{2-47}$$

概率积分函数记为 $\Phi(x)$，定义为

$$\Phi(x) = \frac{1}{\sqrt{2\pi}} \int_{x}^{\infty} e^{-t^2/2} dt \quad x \geqslant 0 \tag{2-48}$$

这是一个在数学手册上有数值和曲线的特殊函数，有 $\Phi(\infty) = 1$。

Q 函数称为马库姆概率积分函数，是一种经常用于表示高斯尾部曲线下的面积的函数，其定义为

$$Q(x) = 1 - \Phi(x) = \frac{1}{\sqrt{2\pi}} \int_{x}^{\infty} e^{-t^2/2} dt \quad x \geqslant 0 \tag{2-49}$$

比较式(2-46)、式(2-48)和式(2-49)，可得

$$Q(x) = \frac{1}{2} erfc\left(\frac{x}{\sqrt{2}}\right) \tag{2-50}$$

$$erfc(x) = 2Q(\sqrt{2}x) = 2[1 - \Phi(\sqrt{2}x)] \tag{2-51}$$

将以上特殊函数与式(2-42)联系，以表示正态分布函数 $F(x)$。若对式(2-44)进行变量代换，令新积分变量 $t = (z-a)/\sigma$，就有 $dz = \sigma dt$，再结合式(2-48)，则有

$$F(x) = \Phi\left(\frac{x-a}{\sigma}\right) \tag{2-52}$$

若对式(2-44)进行变量代换，令新的积分变量 $t = \dfrac{z-a}{\sqrt{2}\sigma}$，则 $dz = \sqrt{2}\sigma dt$，并利用式(2-46)和式(2-47)，则分布函数 $F(x)$ 可表示为

$$F(x) = \begin{cases} \dfrac{1}{2} + \dfrac{1}{2} erf\left(\dfrac{x-a}{\sqrt{2}\sigma}\right) & x \geqslant a \\[3mm] 1 - \dfrac{1}{2} erfc\left(\dfrac{x-a}{\sqrt{2}\sigma}\right) & x \leqslant a \end{cases} \tag{2-53}$$

用误差函数表示分布函数 $F(x)$ 的好处是，借助于一般数学手册所提供的误差函数表，可方便查出不同 x 值时误差函数的近似值(见附录A)，避免了式(2-44)的复杂积分运算。此外，误差函数的简明特性特别有助于通信系统的抗噪性能分析。

2.3.3 高斯过程实例分析

若噪声 $n(t)$ 的功率谱密度在整个频率范围内都是均匀分布的，则称该噪声为白噪声。白噪声是一个宽带过程，是理想化的噪声模型，对通信系统中的噪声分析都是以白噪声为基础。

白噪声的功率谱密度为

$$P_{\xi}(\omega) = \frac{N_0}{2} (\text{W/Hz}) \tag{2-54}$$

式中，N_0 为常数，单位为 W/Hz。相应的自相关函数为

$$R(\tau) = \frac{N_0}{2} \delta(\tau) \tag{2-55}$$

白噪声的自相关函数 $R(\tau)$ 仅在 $\tau = 0$ 处才有值，而在所有 $\tau \neq 0$ 的位置上，$R(\tau) = 0$，如图2-4所示。这说明，白噪声只有在 $\tau = 0$(同一时刻)时才相关，而在其他任意两个时刻上的随机变量都不相关。

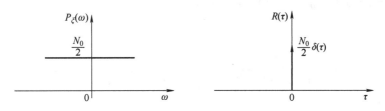

图 2-4　白噪声的功率谱密度和自相关函数

一般情况下，只要噪声所具有的频谱宽度远远大于系统的带宽，且在该频谱宽度中其频谱密度基本上可作为常数来考虑，就可把它作为白噪声处理。

若白噪声被限制在 $(-f_0, f_0)$ 之内，即在该频率区上有 $P_\xi(\omega) = N_0/2$，而在该区间外 $P_\xi(\omega) = 0$，即

$$P_\xi(\omega) = \begin{cases} \dfrac{N_0}{2} & |f| \leqslant f_0 \\ 0 & \text{其他} \end{cases} \tag{2-56}$$

其自相关函数为

$$R(\tau) = \int_{-\infty}^{\infty} P_\xi(f)\, e^{j2\pi f \tau}\, df = \int_{-f_0}^{f_0} \frac{N_0}{2} e^{j2\pi f \tau}\, df = \frac{N_0}{\tau} \sin(2\pi f_0 \tau) = 2\pi N_0 f_0 Sa(2\pi f_0 \tau) \tag{2-57}$$

带限白噪声的功率谱密度和自相关函数如图 2-5 所示。所以，带限白噪声只有在 $\tau = \dfrac{k}{2f_0}(k = 1, 2, 3, \cdots)$ 上得到的随机变量才不相关。从这一结论可知，若对带限白噪声按抽样定理抽样，则各抽样值是互不相关的随机变量。

图 2-5　带限白噪声的功率谱密度和自相关函数

若白噪声又服从高斯分布，则称为高斯型白噪声。高斯白噪声在任意两个时刻上的取值之间，不仅互不相关，而且还是统计独立的。在实际中遇到的噪声，如热噪声、散弹噪声、宇宙噪声等都可近似地认为是高斯白噪声。

2.4　窄带随机过程

2.4.1　窄带随机过程的定义及表示

任何一个通信系统都有发送机和接收机，通信原理如图 2-6 所示。可以看出，为了提高系统的可靠性，使输出信噪比达到最大，通常在接收机的输入端接有一个带通滤波器，信道内的噪声构成了一个随机过程，经过该带通滤波器之后，则变成了窄带随机过程。因此，研

究窄带随机过程的规律是重要的且具有实际意义，如无线电广播系统的中频信号和噪声就是窄带随机过程。

图 2-6　通信系统示意图

设系统的中心频率为 f_c，带宽为 Δf，当 $\Delta f \ll f_c$ 时，就可认为满足窄带条件，这样的系统就称为窄带系统。窄带系统输出的信号和噪声分别称为窄带信号和窄带噪声，对应的波形就称为窄带波形。若随机过程的功率谱满足该条件则称为窄带随机过程。若带通滤波器的传输函数满足该条件则称为窄带滤波器。因此，随机过程通过窄带滤波器传输之后变成窄带随机过程。图 2-7 所示为窄带随机过程的一个实现的波形及窄带频谱示意图。

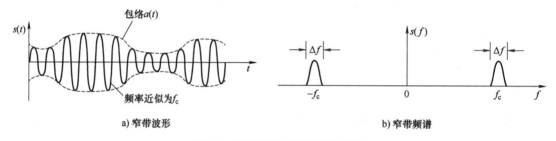

a) 窄带波形　　　　　　　　　　　　　　b) 窄带频谱

图 2-7　窄带波形及其频谱示意图

由窄带条件可知，窄带过程是功率谱限制在 f_c 附近的很窄范围内的一个随机过程，这个过程中的一个样本函数（一个实现）的波形是一个频率为 f_c 且幅度和相位都做缓慢变化的正弦波，如图 2-7 所示，它可以表示为

$$\xi(t) = a_\xi(t)\cos\left[\omega_c t + \varphi_\xi(t)\right] \tag{2-58}$$

式中，$a_\xi(t)$ 为窄带随机过程包络函数；$\varphi_\xi(t)$ 为窄带随机过程的随机相位函数，二者均为随机过程；ω_c 为正弦波的中心角频率。显然，包络随时间做缓慢变化，看起来比较直观，而相位的变化，则要缓慢得多。

式（2-58）也可以表示为

$$\begin{aligned}\xi(t) &= a_\xi(t)\cos\omega_c t\cos\varphi_\xi(t) - a_\xi(t)\sin\omega_c t\sin\varphi_\xi(t) \\ &= \xi_C(t)\cos\omega_c t - \xi_S(t)\sin\omega_c t\end{aligned} \tag{2-59}$$

式中，$\xi_C(t)$ 称为 $\xi(t)$ 的同相分量，$\xi_C(t) = a_\xi(t)\cos\varphi_\xi(t)$；$\xi_S(t)$ 称为 $\xi(t)$ 的正交分量，$\xi_S(t) = a_\xi(t)\sin\varphi_\xi(t)$。可见 $\xi(t)$ 的统计特性可由 $a_\xi(t)$ 和 $\varphi_\xi(t)$ 或 $\xi_C(t)$ 和 $\xi_S(t)$ 的统计特性来确定。

2.4.2　窄带随机过程的统计特征

设窄带随机过程 $\xi(t)$ 是均值为零的平稳高斯随机过程，即窄带高斯过程，则该过程 $\xi(t)$ 的数学期望为

$$\begin{aligned}E[\xi(t)] &= E[\xi_C(t)\cos\omega_c t - \xi_S(t)\sin\omega_c t] \\ &= E[\xi_C(t)]\cos\omega_c t - E[\xi_S(t)]\sin\omega_c t\end{aligned} \tag{2-60}$$

因为 $\xi(t)$ 的均值为零，即 $E[\xi(t)]=0$，所以 $E[\xi_C(t)]=0$，$E[\xi_S(t)]=0$。

由于 $\xi(t)$ 是平稳的，自相关函数 $R_\xi(\tau)$ 与时间 t 无关，所以有

$$R_\xi(\tau)=R_\xi(t,t+\tau)$$
$$=E\{[\xi_C(t)\cos\omega_c t-\xi_S(t)\sin\omega_c t][\xi_C(t+\tau)\cos\omega_c(t+\tau)-\xi_S(t+\tau)\sin\omega_c(t+\tau)]\}$$
$$=R_{\xi_C}(t,t+\tau)\cos\omega_c t\cos\omega_c(t+\tau)-R_{\xi_C\xi_S}(t,t+\tau)\cos\omega_c t\sin\omega_c(t+\tau)-$$
$$R_{\xi_S\xi_C}(t,t+\tau)\sin\omega_c t\cos\omega_c(t+\tau)+R_{\xi_S}(t,t+\tau)\sin\omega_c t\sin\omega_c(t+\tau)$$

$$(2-61)$$

其中

$$\begin{cases} R_{\xi_C}(t,t+\tau)=E[\xi_C(t)\xi_C(t+\tau)] \\ R_{\xi_C\xi_S}(t,t+\tau)=E[\xi_C(t)\xi_S(t+\tau)] \\ R_{\xi_S\xi_C}(t,t+\tau)=E[\xi_S(t)\xi_C(t+\tau)] \\ R_{\xi_S}(t,t+\tau)=E[\xi_S(t)\xi_S(t+\tau)] \end{cases} \qquad (2-62)$$

因为 $\xi(t)$ 是平稳的，要求式(2-62)右边与时间 t 无关，而只与时间间隔 τ 有关，即

$$R_{\xi_C}(t,t+\tau)=R_{\xi_C}(\tau)$$
$$R_{\xi_C\xi_S}(t,t+\tau)=R_{\xi_C\xi_S}(\tau)$$
$$R_{\xi_S\xi_C}(t,t+\tau)=R_{\xi_S\xi_C}(\tau)$$
$$R_{\xi_S}(t,t+\tau)=R_{\xi_S}(\tau) \qquad (2-63)$$

所以有

$$R_\xi(\tau)=R_{\xi_C}(\tau)\cos\omega_c t\cos\omega_c(t+\tau)-R_{\xi_C\xi_S}(\tau)\cos\omega_c t\sin\omega_c(t+\tau)- \qquad (2-64)$$
$$R_{\xi_S\xi_C}(\tau)\sin\omega_c t\cos\omega_c(t+\tau)+R_{\xi_S}(\tau)\sin\omega_c t\sin\omega_c(t+\tau)$$

当 $t=0$ 时

$$R_\xi(\tau)=R_{\xi_C}(\tau)\cos\omega_c\tau-R_{\xi_C\xi_S}(\tau)\sin\omega_c\tau \qquad (2-65)$$

当 $t=\dfrac{\pi}{2\omega_c}$ 时

$$R_\xi(\tau)=R_{\xi_S}(\tau)\cos\omega_c\tau+R_{\xi_S\xi_C}(\tau)\sin\omega_c\tau \qquad (2-66)$$

因此，若 $\xi(t)$ 是平稳的，则 $\xi_C(t)$ 和 $\xi_S(t)$ 也是广义平稳的。

比较式(2-65)和式(2-66)，则有

$$\begin{cases} R_{\xi_C}(\tau)=R_{\xi_S}(\tau) \\ R_{\xi_C\xi_S}(\tau)=-R_{\xi_S\xi_C}(\tau) \end{cases} \qquad (2-67)$$

根据互相关函数的性质，有

$$R_{\xi_C\xi_S}(\tau)=R_{\xi_S\xi_C}(-\tau) \qquad (2-68)$$

将式(2-68)代入式(2-67)，得

$$R_{\xi_S\xi_C}(\tau)=-R_{\xi_S\xi_C}(-\tau) \qquad (2-69)$$

式(2-69)说明，$R_{\xi_S\xi_C}(\tau)$ 是时间间隔 τ 的奇函数。显然奇函数均过 0 点，所以

$$R_{\xi_S\xi_C}(0)=0 \qquad (2-70)$$

同理可得 $\qquad\qquad\qquad R_{\xi_C\xi_S}(0)=0 \qquad (2-71)$

令 $\tau=0$，由式(2-65)和式(2-66)，得

$$R_\xi(0)=R_{\xi_C}(0)=R_{\xi_S}(0) \qquad (2-72)$$

所以，一个均值为零的窄带平稳高斯过程，其同相分量 $\xi_C(t)$ 和正交分量 $\xi_s(t)$ 也是均值为零的平稳高斯过程，且方差相同，而在同一时刻上得到的 $\xi_C(t)$ 和 $\xi_s(t)$ 是不相关的。

由式(2-59)得

$$\begin{cases} a_\xi(t) = \sqrt{\xi_C^2(t) + \xi_s^2(t)} \\ \varphi_\xi(t) = \arctan \dfrac{\xi_s(t)}{\xi_C(t)} \end{cases} \tag{2-73}$$

可用随机变量变换的关系求 $a_\xi(t)$ 和 $\varphi_\xi(t)$ 的概率密度函数，从而可得 $a_\xi(t)$ 服从瑞利分布，$\varphi_\xi(t)$ 服从均匀分布。所以，窄带平稳高斯过程的包络和相位是统计独立的。

2.5 随机过程通过线性系统

2.5.1 输出与输入随机过程的关系

随机过程通过线性系统是建立在信号通过线性系统分析原理的基础之上的。从广义的角度看，随机过程通过一个传输系统就是对其进行某种数学运算或变换，由系统的网络特性来建立激励与响应之间的关系。

设线性时不变系统的单位冲激响应为 $h(t)$，其传输特性为 $H(\omega)$，则该系统的响应 $y(t)$ 与系统输入信号 $x(t)$ 的关系为

$$y(t) = x(t) * h(t) = \int_{-\infty}^{\infty} x(\tau) h(t-\tau) \mathrm{d}\tau = \int_{-\infty}^{\infty} h(\tau) x(t-\tau) \mathrm{d}\tau \tag{2-74}$$

若线性系统是物理可实现的，即 $t<0$ 时单位冲激响应 $h(t) = 0$，则

$$y(t) = x(t) * h(t) = \int_{-\infty}^{t} x(\tau) h(t-\tau) \mathrm{d}\tau = \int_{0}^{\infty} h(\tau) x(t-\tau) \mathrm{d}\tau \tag{2-75}$$

下面来观察随机过程输入线性系统的响应统计特性及功率谱密度的变化。如图 2-8 所示，当线性系统的输入端加上随机过程 $\xi_i(t)$ 时，对于 $\xi_i(t)$ 的每一个样本函数 $x_i(t)$（$i=1,2,\cdots$），系统的输出端都有一个 $y_i(t)$ 与它相对应，而 $y_i(t)$ 的整个集合就构成了输出过程 $\xi_o(t)$。

显然随机过程 $\xi_i(t)$ 的每个样本 $x_i(t)$ 与输出过程 $\xi_o(t)$ 的相应样本 $y_i(t)$ 之间都满足式(2-75)的关系，因此，就整个过程而言，便有

$$\xi_o(t) = \int_{0}^{\infty} h(\tau)\, \xi_i(t-\tau) \mathrm{d}\tau \tag{2-76}$$

图 2-8　线性系统输入与输出关系模型

即输出随机过程等于输入随机过程与系统单位冲激响应的卷积。

2.5.2 输出随机过程的数学期望

由式(2-76)可知，输出随机过程的数学期望为

$$E[\xi_o(t)] = E\left[\int_{0}^{\infty} h(\tau)\, \xi_i(t-\tau) \mathrm{d}\tau\right] = \int_{0}^{\infty} h(\tau) E[\xi_i(t-\tau)] \mathrm{d}\tau \tag{2-77}$$

因为输入随机过程是平稳的，所以

$$E[\xi_i(t-\tau)] = E[\xi_i(t)] = a_\xi \tag{2-78}$$

即输入随机过程的数学期望与时间 t 无关。于是有

$$E[\xi_o(t)] = a_\xi \int_0^\infty h(\tau) \mathrm{d}\tau \tag{2-79}$$

因为 $H(\omega) = \int_0^\infty h(t) \, \mathrm{e}^{-j\omega t} \mathrm{d}t$，可求得 $H(0) = \int_0^\infty h(t) \mathrm{d}t$，所以有

$$E[\xi_o(t)] = a_\xi H(0) \tag{2-80}$$

即输出随机过程的数学期望等于输入随机过程的数学期望乘以 $H(0)$。其物理意义是，平稳随机过程通过线性系统后输出随机过程的数学期望等于输入的直流分量乘以系统的直流传递函数。

2.5.3　输出随机过程的自相关函数

根据式(2-20)自相关函数的定义，可得输出随机过程的自相关函数为

$$
\begin{aligned}
R_o(t_1, t_1 + \tau) &= E[\xi_o(t_1) \xi_o(t_1 + \tau)] \\
&= E\left[\int_0^\infty h(\alpha) \xi_i(t_1 - \alpha) \mathrm{d}\alpha \int_0^\infty h(\beta) \xi_i(t_1 + \tau - \beta) \mathrm{d}\beta\right] \\
&= \int_0^\infty \int_0^\infty h(\alpha) h(\beta) E[\xi_i(t_1 - \alpha) \xi_i(t_1 + \tau - \beta)] \mathrm{d}\alpha \mathrm{d}\beta
\end{aligned}
\tag{2-81}
$$

根据输入随机过程的平稳性，可知

$$E[\xi_i(t_1 - \alpha) \xi_i(t_1 + \tau - \beta)] = R_i(t_1 - \alpha, t_1 + \tau - \beta) = R_i(\tau + \alpha - \beta) \tag{2-82}$$

所以有

$$
\begin{aligned}
R_o(t_1, t_1 + \tau) &= E[\xi_o(t_1) \xi_o(t_1 + \tau)] \\
&= \int_0^\infty \int_0^\infty h(\alpha) h(\beta) R_i(\tau + \alpha - \beta) \mathrm{d}\alpha \mathrm{d}\beta \\
&= R_o(\tau)
\end{aligned}
\tag{2-83}
$$

可见，输出随机过程的自相关函数只与时间间隔 τ 有关，而与时间的起点 t_1 无关。所以输出随机过程 $\xi_o(t)$ 广义平稳。

因此，可得如下推论：

1) 输入是各态历经的随机过程，输出也是各态历经的随机过程。

2) 输入是高斯过程，输出也是高斯过程，只是均值和方差发生了变化。

2.5.4　输出随机过程的功率谱密度

根据式(2-36)平稳随机过程与自相关函数的傅里叶变换关系，有

$$
\begin{aligned}
P_{\xi_o}(\omega) &= \int_{-\infty}^\infty R_o(\tau) \, \mathrm{e}^{-j\omega\tau} \mathrm{d}\tau \\
&= \int_{-\infty}^\infty \left[\int_0^\infty \int_0^\infty h(\alpha) h(\beta) R_i(\tau + \alpha - \beta) \mathrm{d}\alpha \mathrm{d}\beta\right] \mathrm{e}^{-j\omega\tau} \mathrm{d}\tau
\end{aligned}
\tag{2-84}
$$

令 $\tau' = \tau + \alpha - \beta$，则 $\tau = \tau' - \alpha + \beta$，代入式(2-84)得

$$
\begin{aligned}
P_{\xi_o}(\omega) &= \int_0^\infty h(\alpha) \, \mathrm{e}^{j\omega\alpha} \mathrm{d}\alpha \int_0^\infty h(\beta) \, \mathrm{e}^{-j\omega\beta} \mathrm{d}\beta \int_{-\infty}^\infty R_i(\tau') \, \mathrm{e}^{-j\omega\tau'} \mathrm{d}\tau' \\
&= H^*(\omega) H(\omega) P_{\xi_i}(\omega) \\
&= |H(\omega)|^2 P_{\xi_i}(\omega)
\end{aligned}
\tag{2-85}
$$

式中，$\int_0^\infty h(\alpha) \, \mathrm{e}^{j\omega\alpha} \mathrm{d}\alpha = \int_0^\infty h(\alpha) \, \mathrm{e}^{-j(-\omega)\alpha} \mathrm{d}\alpha = H(-\omega) = H^*(\omega)$，即系统输出的平稳随机过程的

功率谱密度是输入随机过程的功率谱密度与系统的 $|H(\omega)|^2$ 的乘积。

【例 2-4】 理想低通滤波器的传输特性为 $H(\omega) = \begin{cases} K_0 e^{-j\omega t_d} & |\omega| \leqslant \omega_H \\ 0 & \text{其他} \end{cases}$，试求功率谱密度为 $n_0/2$ 的白噪声通过该滤波器后的功率谱密度、自相关函数和噪声平均功率。

解：由题意可得

$$|H(\omega)|^2 = \begin{cases} K_0^2 & |\omega| \leqslant \omega_H \\ 0 & \text{其他} \end{cases}$$

所以，输出功率谱密度为

$$P_{\xi_o}(\omega) = |H(\omega)|^2 P_{\xi_i}(\omega) = \begin{cases} K_0^2 \dfrac{n_0}{2} & |\omega| \leqslant \omega_H \\ 0 & \text{其他} \end{cases}$$

自相关函数为

$$R(\tau) = \frac{1}{2\pi} \int_{-\infty}^{\infty} P_{\xi}(\omega) e^{j\omega\tau} d\omega = \frac{K_0^2 n_0}{4\pi} \int_{-\omega_H}^{\omega_H} e^{j\omega\tau} d\omega = K_0^2 n_0 f_H \frac{\sin\omega_H\tau}{\omega_H\tau}$$

其中，$f_H = \dfrac{\omega_H}{2\pi}$。

由平稳随机过程的自相关函数的性质可得白噪声的平均功率为

$$S = R(0) = K_0^2 n_0 f_H$$

2.5.5 输入输出的互相关函数

互相关函数指的是系统输入输出之间的相关性。由互相关函数的定义可知，输入输出的互相关函数为

$$\begin{aligned} R_{io}(t, t+\tau) &= E[\xi_i(t)\xi_o(t+\tau)] \\ &= E\left[\xi_i(t)\int_{-\infty}^{\infty} h(\alpha)\xi_i(t+\tau-\alpha)d\alpha\right] \\ &= \int_{-\infty}^{\infty} h(\alpha)E[\xi_i(t)\xi_i(t+\tau-\alpha)]d\alpha \\ &= \int_{-\infty}^{\infty} h(\alpha)R_i(\tau-\alpha)d\alpha \\ &= h(\tau) * R_i(\tau) \end{aligned} \qquad (2\text{-}86)$$

可见，输入输出的互相关函数等于输入的自相关函数与系统冲激响应的卷积。下面通过一个例题来说明这一结果。

【例 2-5】 输入是功率谱密度为 $N_0/2$ 的高斯白噪声，求其线性网络输入与输出的互相关函数。

解：高斯白噪声的自相关函数 $R_i(\tau) = \dfrac{N_0}{2}\delta(\tau)$。

输入输出的互相关函数为

$$R_{io}(\tau) = R_i(\tau) * h(\tau) = \frac{N_0}{2}\delta(\tau) * h(\tau) = \frac{N_0}{2}h(\tau)$$

可见，互相关函数就是该系统的冲激响应。这实际上提供了一种测量冲激响应的方法。

图 2-9 所示为冲激响应测试方法。输入是一个高斯白噪声(功率谱是均匀的),用相关仪测出输入输出的互相关函数,即可得到系统的冲激响应。

图 2-9 冲激响应测试方法

2.6 平稳随机过程通过乘法器

平稳随机过程通过线性系统传输后的输出仍然是平稳随机过程,但是在通信系统中除线性系统外,还有许多非线性系统,最典型的非线性系统就是乘法器。

图 2-10 平稳随机过程经过乘法器

与线性系统相对应,随机过程经过乘法器传输,若输入是平稳随机过程,那么输出是否还是平稳的?输出信号的功率谱密度与输入随机过程的功率谱密度之间有什么关系呢?

图 2-10 所示为平稳随机过程经过乘法器传输,其输出为

$$\xi_o(t) = \xi_i(t)\cos\omega_c t \tag{2-87}$$

$\xi_o(t)$ 的均值为

$$E[\xi_o(t)] = E[\xi_i(t)\cos\omega_c t] = E[\xi_i(t)]\cos\omega_c t \tag{2-88}$$

由式(2-88)可知,当输入 $\xi_i(t)$ 是平稳的, $E[\xi_i(t)]$ 为一常数,但 $E[\xi_o(t)]$ 与 t 有关,不为常数。所以输出 $\xi_o(t)$ 是不平稳的。

$\xi_o(t)$ 的自相关函数为

$$
\begin{aligned}
R_o(t,t+\tau) &= E[\xi_o(t)\xi_o(t+\tau)] \\
&= E[\xi_i(t)\cos\omega_c t\,\xi_i(t+\tau)\cos\omega_c(t+\tau)] \\
&= \frac{1}{2}R_i(\tau)[\cos\omega_c\tau + \cos\omega_c(2t+\tau)]
\end{aligned} \tag{2-89}
$$

可见, $\xi_o(t)$ 的自相关函数也与时间 t 有关。由此也可知平稳随机过程经乘法器传输后,输出也不再是平稳随机过程。

$\xi_o(t)$ 的自相关函数的时间平均值为

$$
\begin{aligned}
\overline{R_o(t,t+\tau)} &= \overline{\frac{1}{2}R_i(\tau)[\cos\omega_c\tau + \cos\omega_c(2t+\tau)]} \\
&= \frac{1}{2}R_i(\tau)\cos\omega_c\tau
\end{aligned} \tag{2-90}
$$

由于平稳随机过程经乘法器传输后输出已不再是平稳随机过程,因此,输出信号的功率谱密度为

$$
\begin{aligned}
P_{\xi_o}(\omega) &= \int_{-\infty}^{\infty} \overline{R_o(t,t+\tau)}\,e^{-j\omega\tau}\,d\tau \\
&= \int_{-\infty}^{\infty} \frac{1}{2}R_i(\tau)\cos\omega_c\tau\,e^{-j\omega\tau}\,d\tau
\end{aligned}
$$

因此，有

$$P_{\xi_0}(\omega)=\frac{1}{4}\Big[\,P_{\xi_i}(\omega-\omega_c)+P_{\xi_i}(\omega+\omega_c)\,\Big] \tag{2-91}$$

所以，平稳随机过程经乘法器后，输出信号的功率谱密度的幅度为原来的1/4，位置分别移到载波角频率$\pm\omega_c$处，如图2-11所示。

图2-11　随机过程经过乘法器的功率谱密度

【例2-6】　将一功率谱密度为$N_0/2$的高斯白噪声加到如图2-12所示系统的输入端，试确定其输出信号的功率谱密度和功率。

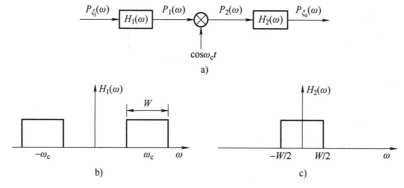

图2-12　白噪声经过接收机

解：因为输入为高斯白噪声，所以有

$$P_1(\omega)=P_{\xi_i}(\omega)\,|H_1(\omega)|^2=\frac{N_0}{2}\,|H_1(\omega)|^2=\begin{cases}\dfrac{N_0}{2} & \omega_c-\dfrac{W}{2}\leqslant|\omega|\leqslant\omega_c+\dfrac{W}{2}\\[2mm] 0 & \text{其他}\end{cases}$$

$$P_2(\omega)=\frac{1}{4}\Big[\,P_1(\omega-\omega_c)+P_1(\omega+\omega_c)\,\Big]=\begin{cases}\dfrac{N_0}{4} & -\dfrac{W}{2}\leqslant\omega\leqslant\dfrac{W}{2}\\[2mm] \dfrac{N_0}{8} & 2\omega_c-\dfrac{W}{2}\leqslant|\omega|\leqslant2\omega_c+\dfrac{W}{2}\\[2mm] 0 & \text{其他}\end{cases}$$

$$P_{\xi_0}(\omega)=P_2(\omega)\,|H_2(\omega)|^2=\begin{cases}\dfrac{N_0}{4} & -\dfrac{W}{2}\leqslant\omega\leqslant\dfrac{W}{2}\\[2mm] 0 & \text{其他}\end{cases}$$

所以，平均功率为

$$S = \frac{1}{2\pi}\int_{-\infty}^{\infty} P_{\xi_o}(\omega)\,\mathrm{d}\omega = \frac{1}{2\pi}\int_{-W/2}^{W/2} \frac{N_0}{4}\mathrm{d}\omega = \frac{N_0}{8\pi}W$$

本章小结

1) 随机信号和噪声不能用一个确定的时间函数来描述，是一个随机过程，必须用随机过程的理论来分析。

随机过程就是无数个样本函数（每个样本函数与某一概率相对应）的集合（总体），或是在时间上连续的无数个随机变量的集合（总体），其统计特性和数字特征可以用 n 维分布函数 $F_n(x_1, x_2, \cdots, x_n; t_1, t_2, \cdots, t_n)$ 或 n 维概率密度函数 $f_n(x_1, x_2, \cdots, x_n; t_1, t_2, \cdots, t_n)$ 来描述。

2) 随机过程的数学期望 $a(t)$ 通常为一时间函数，它表示随机过程各个时刻的数学期望随时间的变化情况；方差 $\sigma^2(t)$ 表示随机过程在时刻 t 对于均值的偏离程度，一般也是时间函数。采用协方差函数 $B(t_1, t_2)$ 和相关函数 $R(t_1, t_2)$ 来描述随机过程在任意两个时刻上获得的随机变量的统计相关特性，若衡量的是同一个随机过程，则 $B(t_1, t_2)$ 和 $R(t_1, t_2)$ 分别称为自协方差函数和自相关函数，自相关函数表示随机过程在 t_1、t_2 两个时刻取值的相关程度，一般 $R(t_1, t_2)$ 不仅和两个时刻的时间间隔 $\tau = t_2 - t_1$ 有关，而且和时间起点 t_1 有关。

3) 平稳随机过程的任何 n 维分布函数或概率密度函数与时间起点无关，它的数学期望、方差和均方差都是一个常数。平稳随机过程的自相关函数与时间起点无关，只与时间间隔 τ 有关，表示为 $R(\tau)$。这样的平稳随机过程也称为宽平稳随机过程或广义平稳随机过程。若平稳随机过程的各个实现（样本函数），都同样经历了随机过程的各种许可状态，称为各态历经性（遍历性）。平稳随机过程的自相关函数 $R_\xi(\tau)$ 和功率谱密度 $P_\xi(\omega)$ 是一对傅里叶变换关系，通过自相关函数，可确定平稳随机过程的平均功率、直流功率和交流功率。

4) 高斯过程的任意 n 维分布服从正态分布。高斯噪声是高斯过程的实例，若高斯噪声的功率谱密度是均匀分布的，又可称为高斯白噪声。散弹噪声和热噪声就属于高斯噪声。

5) 若随机过程的功率谱满足窄带条件，则称为窄带随机过程，随机过程通过窄带滤波器传输之后变成窄带随机过程。窄带随机过程可用包络函数 $a_\xi(t)$ 和相位函数 $\varphi_\xi(t)$ 表示，也可分解为同相分量 $\xi_c(t)$ 的正交分量 $\xi_s(t)$。因此，窄带随机过程的统计特性可由 $a_\xi(t)$ 和 $\varphi_\xi(t)$ 或 $\xi_c(t)$ 和 $\xi_s(t)$ 的统计特性来确定。

6) 由线性系统理论，输入和输出之间的关系为卷积积分。平稳随机过程通过线性系统时，系统的输出随机过程也是平稳的。输出平稳随机过程的数学期望等于输入平稳随机过程的数学期望乘以系统的直流传递函数；输出过程的功率谱密度等于输入过程的功率谱密度乘以系统传递函数绝对值的二次方。

7) 平稳随机过程通过乘法器，输出随机过程的自相关函数与时间 t 有关，是不平稳的。但乘法输出信号的功率谱密度的幅度为原来的 1/4，位置分别移到载波角频率 $\pm\omega_c$ 处。

思考题与习题

2-1 什么是随机过程？为什么要研究随机过程？

2-2 随机过程有哪些基本特征？它和随机变量有什么区别？

2-3 随机过程的数字特征有哪些？这些数字特征分别描述随机过程的哪些性质？

2-4 什么是平稳随机过程？平稳随机过程的自相关函数有哪些性质？

2-5 什么是各态历经性？一个具有各态历经性的平稳随机过程，其数学期望和方差分别代表什么？它的自相关函数在 $\tau=0$ 时的值 $R(0)$ 又代表什么？

2-6 什么是高斯过程？高斯过程的一维概率密度函数有什么特性？

2-7 高斯随机过程、高斯白噪声、带限高斯白噪声各有什么特点？

2-8 什么是窄带随机过程？窄带随机过程的波形有什么特点？它的包络和相位各服从什么概率分布？

2-9 平稳随机过程通过线性系统时，输出随机过程和输入随机过程的数学期望、自相关函数及功率谱密度之间有什么关系？

2-10 平稳随机过程通过乘法器，输出是否是平稳的？其输出信号的功率谱密度与输入随机过程的功率谱密度之间有什么关系？

2-11 设随机过程 $\xi(t)$ 可表示成 $\xi(t)=2\cos(2\pi t+\theta)$，其中 θ 是一个离散随机变量，且 $P(\theta=0)=1/2$，$P(\theta=\pi/2)=1/2$，试求：

(1) 当 $t=1$ 时，$\xi(t)$ 的均值 $E[\xi(1)]$。

(2) 当 $t=0$ 和 $t=1$ 时的自相关函数 $R_\xi(0,1)$。

2-12 已知 $X(t)$ 与 $Y(t)$ 是统计独立的平稳随机过程，且它们的自相关函数分别为 $R_X(\tau)$、$R_Y(\tau)$，求乘积 $Z(t)=X(t)Y(t)$ 的自相关函数。

2-13 图 2-13 所示为随机过程 $X(t)$ 的自相关函数 $R_X(\tau)$。求：

(1) $E[X(t)]$。

(2) 均方值 $E[X^2(t)]$。

(3) 方差 σ^2。

图 2-13 习题 2-13 图

2-14 已知噪声 $n(t)$ 的自相关函数 $R_n(\tau)=\dfrac{a}{2}\exp(-a|\tau|)$，

其中 a 为常数。

(1) 求噪声功率谱 $P_n(\omega)$ 和平均功率 S。

(2) 画出 $R_n(\tau)$ 与 $P_n(\omega)$ 的波形。

2-15 两个随机过程为

$$X(t)=A\cos\omega_0 t+B\sin\omega_0 t$$
$$Y(t)=B\cos\omega_0 t+A\sin\omega_0 t$$

其中，A、B 都是随机变量，为常数。若已知 A 与 B 互不相关，均值都为 0，方差相等为 σ^2。试求：

(1) $X(t)$ 和 $Y(t)$ 的互相关函数 $R_{X,Y}(t,t+\tau)$。

(2) $Z(t)=X(t)+Y(t)$ 是否广义平稳？

2-16 设随机过程 $X(t)=\xi\cos(\omega_0 t+\Theta)$，其中 ξ 是均值为 0、方差为 σ^2 的高斯变量，Θ 是 $(-\pi,\pi)$ 内的均匀分布的相位随机变量，且 ξ 与 Θ 统计独立。

(1) 证明 $X(t)$ 为广义平稳。

(2) $X(t)$ 是否是遍历平稳？

(3) 求 $X(t)$ 的功率谱 $P_X(\omega)$ 和平均功率 S。

2-17 随机过程 $X(t)$ 的功率谱如图 2-14 所示。求：

(1) 自相关函数 $R_X(\tau)$，并画出波形。

(2) $X(t)$ 包含的直流分量。

(3) $X(t)$ 包含的交流分量。

2-18 设 $\xi(t)$ 是一个平稳随机过程，它的自相关函数是周期为 2 的周期函数，且在区间 $(-1,1)$ 上，自相关函数 $R(\tau)=1-|\tau|$。试求 $\xi(t)$ 的功率谱密度 $P_\xi(\omega)$ 并画出波形。

2-19 将一个均值为 0、功率谱密度为 $n_0/2$ 的高斯白噪声加到一个理想带通滤波器上，如图 2-15 所示，该滤波器的中心频率为 f_c、带宽为 B。

(1) 求滤波器输出噪声的自相关函数。

（2）写出输出噪声的一维概率密度函数。

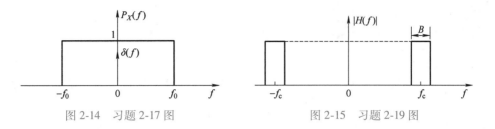

图 2-14　习题 2-17 图　　　　　　　图 2-15　习题 2-19 图

2-20　设 RC 低通滤波器如图 2-16 所示，求当输入均值为 0、功率谱密度为 $n_0/2$ 的白噪声时，求：

（1）输出过程的功率谱密度和自相关函数。

（2）输出过程的一维概率密度函数。

2-21　平稳随机过程 $X(t)$ 的均值为 1，方差为 2，现有另一个随机过程 $Y(t)=2+3X(t)$，求：

（1）$Y(t)$ 是否是广义平稳随机过程？

（2）$Y(t)$ 的平均功率。

（3）$Y(t)$ 的方差。

2-22　系统如图 2-17 所示，若输入 $X(t)$ 是平稳随机过程，其功率谱密度为 $P_X(\omega)$，求 $X(t)$ 通过该系统后的自相关函数及功率谱密度。

图 2-16　习题 2-20 图　　　　图 2-17　习题 2-22 图

2-23　信号在信道介入了高斯白噪声为 $n(t)$，通过带通滤波器（BPF）为理想带通高斯白噪声 $n_i(t)$，中心频率 $f_0=1\mathrm{MHz}$，带宽 $W=10\mathrm{kHz}$，白噪声单边功率谱为 $n_0=2\times10^{-10}\mathrm{W/Hz}$。通过乘法器后，以基带带宽 $B=10\mathrm{kHz}$ 理想低通滤波器（LPF）输出。如图 2-18 所示。

图 2-18　习题 2-23 图

（1）画出图中 a、b、c、d 四点处的噪声功率谱。

（2）计算 b、d 点的噪声功率。

第 3 章

信道、噪声与同步

在研究通信系统中消息传输性能时，需要研究信道。信道是通信系统必不可少的组成部分，任何一个通信系统都由发送设备、信道和接收设备三个部分组成。信号在信道中传输遇到噪声是不可避免的，即信道允许信号通过的同时又给信号加以限制和损害。同步是数据传输通信系统不可或缺的环节，其性能好坏直接影响系统性能。因此对信道、噪声和同步的研究是研究通信其他问题的基础。本章首先研究信道的分类和数学模型，讨论狭义信道传输，再介绍信道中所存在的噪声，接着介绍通信传输中的信号衰减和增益现象，然后分析信道中的信道容量，最后分析数据传输系统中的同步问题。

3.1 信道的定义与数学模型

3.1.1 信道的定义

通常对信道有两种理解：一种是指信号的传输介质，如对称电缆、同轴电缆、超短波及微波视距传播(包括卫星中继)路径、短波电离层反射路径、对流层散射路径以及光纤等，称此种类型的信道称为狭义信道。狭义信道包括有线信道和无线信道。

另一种是将传输介质和各种信号形式的转换、耦合等设备都归在一起，包括发送设备、接收设备、馈线与天线、调制器等部件和电路在内的传输路径或传输通路，这种范围扩大了的信道称为广义信道。广义信道按照所包括的功能，可以分为调制信道和编码信道。

调制信道与编码信道如图 3-1 所示。

图 3-1 调制信道与编码信道

从研究调制与解调的基本问题出发，调制信道的范围是从调制器输出端到解调器输入端。从调制和解调的角度来看，调制信道包括由调制器输出端到解调器输入端的所有转换器及传输介质。不管其中间过程如何，其作用是把已调信号进行某种变换，变换过程中需要关心的是最终结果，而无须关心形成这个最终结果的详细过程。因此，研究调制与解调问题时，定义一个调制信道是方便和恰当的。调制信道通常用在模拟通信中。

数字通信系统中，在研究编码与译码问题时，则采用编码信道会使得问题分析更容易。编码信道的范围是指编码器输出端到译码器输入端的部分，即编码信道包括调制器、调制信道和解调器。

在信道中发生的基本物理过程是电（或光）信号的传播。不论何种类型的信道，都有以下几个特征：

1）所有信道都有输入和输出。

2）大多数信道的输入和输出存在线性叠加关系，但在某些条件下会存在非线性关系。

3）信号经过信道时要衰减。

4）信号经过信道时产生延迟。

5）所有信道都存在噪声或干扰。

3.1.2 信道的数学模型

信道的数学模型用来表征实际物理信道的特性，以便于对通信系统进行分析和设计。

1. 调制信道的模型

调制信道的范围是从调制器输出端到解调器输入端。通常它具有如下性质：

1）有一对（或多对）输入端和一对（或多对）输出端。

2）绝大部分信道都是线性的，即满足叠加原理。

3）信号通过信道会出现延迟时间。

4）信道对信号有损耗，它包括固定损耗或时变损耗。

5）即使没有信号输入，在信道的输出端仍可能有一定的功率输出（噪声）。

根据以上性质，调制信道可以用一个二端口或多端口线性时变网络来表示，称为调制信道模型，如图 3-2 所示。

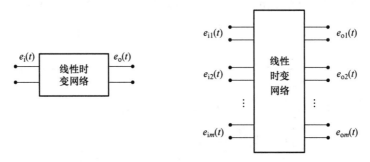

图 3-2　调制信道模型

对于二端口调制信道模型来说，其输出与输入之间的关系可表示为

$$e_o(t) = f[e_i(t)] + n(t) \tag{3-1}$$

将式（3-1）进一步简化可得

$$e_o(t) = k(t)e_i(t) + n(t) \tag{3-2}$$

式中，$e_i(t)$ 为输入的已调信号；$e_o(t)$ 为调制信道对输入信号的响应输出波形；$n(t)$ 为加性噪声，$n(t)$ 与 $e_i(t)$ 相互独立。$f[e_i(t)]$ 反映了信道特性，不同的物理信道具有不同的特性。一般情况下，$e_o(t)$ 可以表示为信道单位冲激响应 $h(t)$ 与输入信号的卷积，即

$$e_o(t) = h(t) * e_i(t) \tag{3-3}$$

或

$$E_o(\omega) = H(\omega)E_i(\omega) \tag{3-4}$$

其中，$H(\omega)$ 依赖于信道特性。对于信号来说，$H(\omega)$ 可看成乘性干扰。

通常信道特性 $h(t)$ 是：一个较复杂的函数，它可能包括各种线性失真、非线性失真、交调失真、衰落等。根据信道传输函数 $H(\omega)$ 的时变特性的不同可以分为两大类：一类是信道传输函数 $H(\omega)$ 基本不随时间变化，即信道对信号的影响是固定的或变化极为缓慢的，这类信道称为恒参信道；另一类信道传输函数 $H(\omega)$ 随时间随机变化，这类信道称为随参信道。

这样信道对信号的影响可归纳为两点：一是乘性干扰 $k(t)$；二是加性干扰 $n(t)$。不同特性的信道，仅反映信道模型有不同的 $k(t)$ 及 $n(t)$。

（1）恒参信道

恒参信道对信号传输的影响是确定的或者是变化极其缓慢的。因此，其传输特性可以等效为一个线性时不变网络。

线性网络的传输特性可以用幅度频率特性和相位频率特性来表征。

1）理想恒参信道特性。理想恒参信道就是理想的无失真传输信道，其等效的线性网络传输特性为

$$H(\omega) = K_0 e^{-j\omega t_d} \tag{3-5}$$

式中，K_0 为传输系数；t_d 为延迟时间。且有

$$\begin{cases} |H(\omega)| = K_0 \\ \varphi(\omega) = \omega t_d \end{cases} \tag{3-6}$$

信道的相频特性通常还采用群延迟频率特性来衡量。群延迟频率特性可以表示为

$$\tau(\omega) = \frac{\mathrm{d}\varphi(\omega)}{\mathrm{d}\omega} = t_d \tag{3-7}$$

理想恒参信道的幅频特性、相频特性和群延迟频率特性曲线如图 3-3 所示。

图 3-3　理想恒参信道的幅频特性、相频特性和群延迟频率特性曲线

理想恒参信道的冲激响应为

$$h(t) = K_0 \delta(t - t_d) \tag{3-8}$$

若输入信号为 $s(t)$，则理想恒参信道的输出为

$$r(t) = K_0 s(t - t_d) \tag{3-9}$$

由此可见，理想恒参信道对信号传输的影响是对信号在幅度上产生固定的衰减，对信号在时间上产生固定的延迟。这种情况也称为信号是无失真传输。

由理想恒参信道的特性可知，在整个频率范围内，其幅频特性为常数（或在信号频带范围之内为常数），其相频特性为 ω 的线性函数（或在信号频带范围内为 ω 的线性函数）。如果信道的幅度频率特性在信号范围内不是常数，则会使信号产生幅度频率失真；如果信道的相位频率特性在信号频带范围之内不是 ω 的线性函数，则会使信号产生相位频率失真。

2）幅度频率失真。幅度频率失真是由实际信道的幅度频率特性的不理想所引起的，又称为频率失真，属于线性失真。CCITTM.1020 建议规定的典型音频电话信道的幅度衰减特性如图 3-4 所示。

信道的幅度频率特性不理想会使得通过它的信号波形产生失真，若在这种信道中传输数字信号，则会引起相邻数字信号波形之间在时间上的相互重叠，造成码间干扰。

3）相位频率失真。当信道的相位频率特性偏离线性关系时，将会使通过信道的信号产生相位频率失真，属于线性失真。图 3-5 和图 3-6 分别为一个典型的电话信道的相位频率特性和群延迟频率特性。可以看出，相频特性和群延迟频率特性都偏离了理想特性的要求。因此，将会使信号产生严重的相频失真或群延迟频率失真。在话音传输中，由于人耳对相频失真不太敏感，因此相频

图 3-4 典型音频电话信道的幅度衰减特性

失真对模拟话音传输影响不明显。如果传输的是数字信号，相频失真同样会引起码间干扰，特别是当传输速率较高时，相频失真会引起严重的码间干扰，使误码率性能降低。

图 3-5 典型电话信道的相位频率特性

图 3-6 典型电话信道的群延迟频率特性

（2）随参信道

随参信道的传输媒介具有以下三个特点：

1）对信号的衰耗随时间变化。

2）信号传输的时延随时间随机变化。

3）多径传播。

由于随参信道比恒参信道复杂得多，它对信号传输的影响也比恒参信道严重得多。

1）多径衰落与频率弥散。假设发送信号为单一频率正弦波，即

$$s(t) = A\cos\omega_c t \tag{3-10}$$

多径信道一共有 n 条路径，各条路径具有时变衰耗和时变传输时延且各条路径到达接收端的信号相互独立，则接收端接收到的合成波为

57

$$r(t) = a_1(t)\cos\omega_c[t-\tau_1(t)] + a_2(t)\cos\omega_c[t-\tau_2(t)] + \cdots + a_n(t)\cos\omega_c[t-\tau_n(t)]$$

$$= \sum_{i=1}^{n} a_i(t)\cos\omega_c[t-\tau_i(t)] \tag{3-11}$$

式中，$a_i(t)$ 为第 i 条路径到达接收端信号的振幅；$\tau_i(t)$ 为第 i 条路径的传输时延。传输时延可以转换为相位的形式，即

$$r(t) = \sum_{i=1}^{n} a_i(t)\cos[\omega_c t + \varphi_i(t)] \tag{3-12}$$

式中，$\varphi_i(t)$ 为第 i 条路径到达接收端信号的随机相位，$\varphi_i(t) = -\omega_c \tau_i(t)$。

式(3-12)可变换为

$$r(t) = \sum_{i=1}^{n} a_i(t)\cos\varphi_i \cos\omega_c t - \sum_{i=1}^{n} a_i(t)\sin\varphi_i \sin\omega_c t$$

$$= X(t)\cos\omega_c t - Y(t)\sin\omega_c t \tag{3-13}$$

式中，$X(t) = \sum_{i=1}^{n} a_i(t)\cos\varphi_i$；$Y(t) = \sum_{i=1}^{n} a_i(t)\sin\varphi_i$。

由于 $X(t)$ 和 $Y(t)$ 都是相互独立的随机变量之和，根据概率论中心极限定理，当 n 足够大时，$X(t)$ 和 $Y(t)$ 都趋于正态分布。通常情况下 $X(t)$ 和 $Y(t)$ 的均值为零，方差相等，其一维概率密度函数分别为

$$f(x) = \frac{1}{\sqrt{2\pi}\,\sigma_x}\exp\left(-\frac{x^2}{2\sigma_x^2}\right) \tag{3-14}$$

$$f(y) = \frac{1}{\sqrt{2\pi}\,\sigma_y}\exp\left(-\frac{y^2}{2\sigma_y^2}\right) \tag{3-15}$$

式中，$\sigma_x = \sigma_y$。式(3-14)和式(3-15)也可以表示为包络和相位的形式，即

$$r(t) = V(t)\cos[\omega_c t + \varphi(t)] \tag{3-16}$$

式中，$V(t) = \sqrt{X^2(t) + Y^2(t)}$；$\varphi(t) = \arctan\dfrac{Y(t)}{X(t)}$。

包络 $V(t)$ 的一维分布服从瑞利分布，相位 $\varphi(t)$ 的一维分布服从均匀分布，可表示为

$$f(v) = \frac{v}{\sigma_v}\exp\left(-\frac{v^2}{2\sigma_v^2}\right) \tag{3-17}$$

$$f(\varphi) = \begin{cases} \dfrac{1}{2\pi} & 0 \leqslant \varphi \leqslant 2\pi \\ 0 & \text{其他 } \varphi \end{cases} \tag{3-18}$$

式中，$\sigma_x = \sigma_y = \sigma_v = \sigma$。

路径幅度 $a_i(t)$ 和相位函数 $\varphi_i(t)$ 随时间的变化与发射信号载波频率相比要缓慢得多。因此，相对于载波来说，$V(t)$ 和 $\varphi(t)$ 是缓慢变化的随机过程，于是 $r(t)$ 可以看成是一个窄带随机过程。$r(t)$ 的包络服从瑞利分布，是一种衰落信号，$r(t)$ 的频谱是中心在 f_c 的窄带谱。

由此可以得到以下结论：多径传播使单一频率的正弦信号变成了包络和相位受调制的窄带信号，这种信号称为衰落信号，即多径传播使信号产生瑞利型衰落；多径传播使单一谱线变成了窄带频谱，即多径传播引起了频率弥散。

2）频率选择性衰落与相关带宽。当发送信号是具有一定频带宽度的信号时，多径传播除了会使信号产生瑞利型衰落之外，还会产生频率选择性衰落。

假设多径传播的路径只有两条，信道模型如图 3-7 所示。其中，k 为两条路径的衰减系数，$\Delta\tau(t)$ 为两条路径信号传输相对时延差。

图 3-7　两条路径信道模型

当信道输入信号为 $s_i(t)$ 时，输出信号为

$$s_o(t) = ks_i(t) + ks_i[t - \Delta\tau(t)] \tag{3-19}$$

其频域表示式为

$$S_o(\omega) = kS_i(\omega) + kS_i(\omega)e^{-j\omega\Delta\tau(t)} = kS_i(\omega)[1 + e^{-j\omega\Delta\tau(t)}] \tag{3-20}$$

信道传输函数为

$$H(\omega) = \frac{S_o(\omega)}{S_i(\omega)} = k[1 + e^{-j\omega\Delta\tau(t)}] \tag{3-21}$$

信道幅频特性为

$$
\begin{aligned}
|H(\omega)| &= |k[1 + e^{-j\omega\Delta\tau(t)}]| \\
&= k|1 + \cos\omega\Delta\tau(t) - j\sin\omega\Delta\tau(t)| \\
&= k\left|2\cos^2\frac{\omega\Delta\tau(t)}{2} - j2\sin\frac{\omega\Delta\tau(t)}{2}\cos\frac{\omega\Delta\tau(t)}{2}\right| \\
&= 2k\left|\cos\frac{\omega\Delta\tau(t)}{2}\right|\left|\cos\frac{\omega\Delta\tau(t)}{2} - j\sin\frac{\omega\Delta\tau(t)}{2}\right| \\
&= 2k\left|\cos\frac{\omega\Delta\tau(t)}{2}\right|
\end{aligned}
\tag{3-22}
$$

对于固定的 $\Delta\tau(t) = \Delta\tau_i$，信道幅频特性如图 3-8 所示。式 (3-22) 表明，对于信号不同的频率成分，信道将有不同的衰减。显然，信号通过这种传输特性的信道时信号的频谱将产生失真。当失真随时间随机变化时就形成频率选择性衰落。

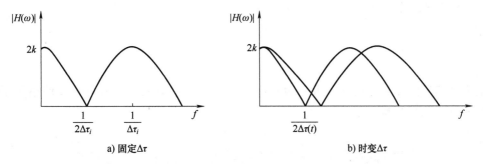

a) 固定 $\Delta\tau$　　　　　　　　b) 时变 $\Delta\tau$

图 3-8　信道幅频特性

另外，相对时延差 $\Delta\tau(t)$ 通常是时变参量，故传输特性中零点、极点在频率轴上的位置也随时间随机变化，这使得传输特性变得更复杂，其特性如图 3-8b 所示。

对于一般的多径选择，信道的传输特性将比两条路径信道传输特性复杂得多，但同样存在频率选择性衰落现象。多径传播时的相对时延差通常用最大多径时延差来表征。设信道最大多径时延差为 $\Delta\tau_{\mathrm{m}}$，则定义多径传播信道的相关带宽为

$$B_c = \frac{1}{\Delta\tau_{\mathrm{m}}} \tag{3-23}$$

式(3-23)表示信道传输特性相邻两个零点之间的频率间隔。如果信号的频谱比相关带宽宽，则将产生严重的频率选择性衰落。为了减小频率选择性衰落，就应使信号的频谱小于相关带宽。在工程设计中，为了保证接收信号质量，通常选择信号带宽为相关带宽的 1/5 ~ 1/3。

当在多径信道中传输数字信号时，特别是传输高速数字信号，频率选择性衰落将会引起严重的码间干扰。为了减小码间干扰的影响，就必须限制数字信号的传输速率。

2. 编码信道的模型

编码信道输入是离散时间信号，输出也是离散时间信号，对信号的影响则是将输入数字序列变成另一种输出数字序列。由于信道噪声或其他因素的影响，将导致输出数字序列发生错误，因此输入输出数字序列之间的关系可以用一组转移概率来表征。二进制数字传输系统的一种简单的编码信道模型如图 3-9 所示。

图 3-9 模型中，把 $p(0/0)$、$p(0/1)$、$p(1/0)$、$p(1/1)$ 称为信道转移概率。以 $p(1/0)$ 为例，其含义是经信道传输，把 0 转移为 1 的概率。

转移概率由编码信道的特性决定，一个特定的编码信道就会有相应确定的转移概率。在图 3-9 所示的编码信道模型中，由于信道噪声或其他因素影响导致输出数字序列发生错误是统计独立的。因此这种信道是无记忆编码信道。根据无记忆编码信道的性质可得

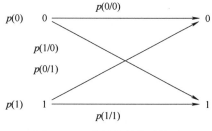

图 3-9　二进制编码信道模型

$$p(0/0) + p(1/0) = 1 \tag{3-24}$$
$$p(1/1) + p(0/1) = 1 \tag{3-25}$$

由二进制无记忆编码信道模型，可以容易地推广到多进制无记忆编码信道模型。如果编码信道是有记忆的，即信道噪声或其他因素影响导致输出数字序列发生错误是不独立的，则编码信道模型要复杂得多。

3.2　有线信道

信道是信号的传输介质，它可分为有线信道与无线信道两类。其中有线信道包括双绞线、同轴电缆及光纤等。

3.2.1　双绞线

1. 双绞线的定义

双绞线采用一对互相绝缘的金属导线互相绞合的方式来抵御一部分外界电磁波干扰。把两根绝缘的铜导线按一定密度互相绞在一起，每一根导线在传输中辐射的电波会被另一根导线上发出的电波抵消，因此可以降低信号干扰的程度。双绞线一般由两根 22 ~ 26 号绝缘铜

导线相互缠绕而成，实际使用时，双绞线是由多对（典型的双绞线为四对）双绞线一起包在一个绝缘电缆套管里，称为双绞线电缆（也称双扭线电缆）。在双绞线电缆内，不同线对具有不同的扭绞长度，一般扭绞长度在3.81~14cm内，按逆时针方向扭绞。相邻线对的扭绞长度在12.7mm以上，一般扭线越密其抗干扰能力就越强，与其他传输介质相比，双绞线在传输距离、信道宽度和数据传输速率等方面均受到一定限制，但价格较为低廉。

2. 双绞线的分类

常见的双绞线有三类线、五类线和超五类线，以及最新的六类线。前者线径细而后者线径粗。双绞线的具体型号如下：

1）一类线：主要用于传输语音（一类线标准主要用于20世纪80年代初之前的电话线缆），不用于数据传输。

2）二类线：传输频率为1MHz，用于语音传输和最高传输速率4Mbit/s的数据传输，常见于使用4Mbit/s规范令牌传递协议的旧的令牌网。

3）三类线：指目前在ANSI和EIA/TIA568标准中指定的电缆，该电缆的传输频率为16MHz，用于语音传输及最高传输速率为10Mbit/s的数据传输，主要用于10BASE-T。

4）四类线：传输频率为20MHz，用于语音传输和最高传输速率16Mbit/s的数据传输，主要用于基于令牌的局域网和10BASE-T/100BASE-T。

5）五类线：该类电缆增加了绕线密度，外套一种高质量的绝缘材料，传输频率为100MHz，用于语音传输和最高传输速率为10Mbit/s的数据传输，主要用于100BASE-T和10BASE-T网络。五类线是最常用的以太网电缆。

6）超五类线：衰减小，串扰少，并且具有更高的衰减串扰比（ACR）和信噪比（Structural Return Loss）、更小的时延误差，性能得到很大提高。超五类线主要用于千兆位以太网（1000Mbit/s）。

7）六类线：传输频率为1~250MHz。六类布线系统在200MHz时综合衰减串扰比（PS-ACR）应该有较大的余量，它提供了两倍于超五类的带宽。六类线的传输性能远远高于超五类标准，用于传输速率高于1Gbit/s的应用。

六类线与超五类线的一个重要的不同点在于改善了串扰以及回波损耗方面的性能，对于新一代全双工的高速网络应用而言，优良的回波损耗性能是极重要的。六类线标准中取消了基本链路模型，布线标准采用星形拓扑结构，要求的布线距离为永久链路的长度不能超过90m，信道长度不能超过100m。

目前，双绞线可分为非屏蔽双绞线（Unshilded Twisted Pair，UTP）和屏蔽双绞线（Shielded Twisted Pair，STP），如图3-10和图3-11所示。

图3-10 非屏蔽双绞线（UTP）

图3-11 屏蔽双绞线（STP）

屏蔽双绞线电缆的外层由铝箔包裹，以减小辐射，但并不能完全消除辐射，屏蔽双绞线价格相对较高，安装时要比非屏蔽双绞线电缆困难。

双绞线又可分为 100Ω 电缆、双体电缆、大对数电缆、150Ω 屏蔽电缆等。

3. 双绞线的特点

双绞线具有以下特点：

1）成本低，易于安装。相对于各种同轴电缆，双绞线是比较容易制作的，它的材料成本与安装成本也都比较低，这使得双绞线得到了广泛的应用。

2）应用广泛。目前在世界范围内已经安装了大量的双绞线，绝大多数以太网线和用户电话线都是双绞线。

3）带宽有限。由于材料与本身结构的特点，双绞线的频带宽度是有限的。如在千兆以太网中就不得不使用四对导线同时进行传输，此时单对导线已无法满足要求。

4）信号传输距离短。双绞线的传输距离只能达到 100m 左右，这对于很多场合的布线存在比较大的限制，而且传输距离的增长还会伴随着传输性能的下降。

5）抗干扰能力不强。双绞线对于外部干扰很敏感，特别是外来的电磁干扰，而且湿气、腐蚀以及相邻电缆这些环境因素都会对双绞线产生干扰。在实际布线中，双绞线一般不应与电源线平行布置，否则就会引入干扰；而且对于需要埋入建筑物的双绞线，还应套入其他防腐防潮的管材中，以消除湿气的影响。

3.2.2　同轴电缆

1. 同轴电缆的定义

同轴电缆是由对地不对称的同轴管构成的一种通信回路。其内导体是一铜质芯线，外面包有绝缘层和网状编织物的外导体屏蔽层，最外面是塑料保护外层。电磁场封闭在内外导体之间，故辐射损耗小，受外界干扰影响小，常用于传送多路电话和电视。同轴电缆的结构如图 3-12 所示。

同轴电缆的传输性能优于双绞线，这主要是缘于同轴电缆使用了更粗的铜导体和更好的屏蔽层。更粗的铜导体可以提供更宽的频谱，一般可达数百 MHz。另外信号传输时的衰减更小，也可以提供更长的传输距离。普通的非屏蔽双绞线没有接地屏蔽，因此同轴电缆的误码率大大优于双绞线，可以达到

图 3-12　同轴电缆的结构

10^{-9} 的水平。同轴电缆的这种结构使它具有高带宽和极好的噪声抑制特性。实际应用中，同轴电缆的可用带宽取决于电缆长度。1km 的电缆最高可以达到 1~2Gbit/s 的数据传输速率。也可以使用更长的同轴电缆，但是传输速率就要降低或需要使用信号放大器。

2. 同轴电缆的分类

同轴电缆根据其直径大小可以分为粗同轴电缆（简称粗缆）与细同轴电缆（简称细缆）。粗缆适用于比较大型的局部网络，它的标准距离长，可靠性高，由于安装时不需要切断电缆，因此可以根据需要灵活调整计算机的入网位置，但粗缆网络必须安装收发器电缆，安装难度大，所以总体造价高。相反，细缆安装则比较简单，造价低，但由于安装过程要切断电缆，两头需装上基本网络连接头（BNC），然后接在 T 形连接器两端，所以当接头多时容易产生不良的隐患，这是目前运行中的以太网所发生的最常见故障之一。

无论是粗缆还是细缆均为总线拓扑结构，即一根缆上接多部机器，这种拓扑适用于机器

密集的环境，但是当一接点发生故障时，故障会串联影响到整根缆上的所有机器。故障的诊断和修复都很麻烦，因此，在网络通信上同轴电缆将被非屏蔽双绞线或光纤取代。

3. 同轴电缆的特点

1）可用频带宽。同轴电缆可供传输的频谱宽度最高可达 1GHz，比双绞线更适于提供视频或是宽带接入业务，也可以采用调制和复用技术来支持多信道传输。

2）抗干扰能力强，误码率低，但这会受到屏蔽层接地质量的影响。

3）性能价格比高。虽然同轴电缆的成本要高于双绞线，但是它也有明显优于双绞线的传输性能，而且绝对成本并不很高，因此其性能价格比还是比较高的。

4）安装较复杂。双绞线和同轴电缆一样，线缆都是制作好的，使用时需要截取相应的长度并与相应的连接件相连。在这一环节中，由于同轴电缆的铜导体较粗，因此一般需要通过焊接与连接件相连，其安装比双绞线更为复杂。

4. 同轴电缆的应用

同轴电缆以其良好的性能在很多方面得到了应用。

1）局域网。目前仍有相当数量的以太网采用同轴电缆作为传输介质，当用于 10M 以太网时，传输距离可以达到 1000m。很多早期的网卡均同时提供连接同轴电缆和双绞线的两种接口。

2）局间中继线路。同轴电缆也被广泛用于电话通信网中局端设备之间的连接，特别是作为 PCME1 链路的传输介质。

3）有线电视（CATV）系统的信号线。直接与用户电视机相连的电视电缆多采用同轴电缆。同轴电缆一般既可以用于模拟传输，也可以用于数字传输。在传输电视信号时一般利用调制和频分复用技术将声音和视频信号在不同的信道上分别传送。

4）射频信号线。同轴电缆也经常在通信设备中被用作射频信号线，例如基站设备中功率放大器与天线之间的连接线。相对于用作基带信号传输的同轴电缆（如以太网线），用于射频信号传输的同轴电缆对于屏蔽层接地的要求更为严格。

3.2.3 光纤

光纤又称光导纤维，通常由非常透明的石英玻璃拉成细丝状，是一根很细的、能传导光束的介质。光纤的构造和同轴电缆相似，但没有网状屏蔽层，中心是玻璃纤芯，芯外面包围着一层玻璃封套，又称包层，再外面是一层薄的塑料外壳，用来保护玻璃封套。

1. 光纤的物理原理

塑料制成的外壳可以吸收光线，防止串音，保护外层表面；透明玻璃制成的纤芯和包层可使光线沿着纤芯传播，并在它们之间的接触面上进行光的反射；纤芯的折射率要高于包层，因此光线在纤芯中传输速度比在包层中慢，这样就使从纤芯向包层传送的光波能被反射回纤芯，并沿光纤传播。

2. 光纤的传输原理

光纤利用光导纤维传递光脉冲来完成通信。光源被放置在发送端，如采用发光二极管或半导体激光器，并使之在电脉冲的作用下产生光脉冲，有光脉冲相当于"1"，无光脉冲相当于"0"，在接收端利用光电二极管制成光检测器，在检测到光脉冲时便可还原出电脉冲。

3. 光纤的分类

1）按光在光纤中的传输模式可分为单模光纤和多模光纤。

单模光纤：中心玻璃芯较细（芯径一般为 9μm 或 10μm），只能传一种模式的光。一般光纤跳线用黄色表示，接头和保护套为蓝色；传输距离较长。因此，其模间色散很小，适用于远程通信，但其色度色散起主要作用，这样单模光纤对光源的谱宽和稳定性有较高的要求，即谱宽要窄，稳定性要好。

多模光纤：中心玻璃芯较粗（50μm 或 62.5μm），可传多种模式的光。但其模间色散较大，这就限制了传输数字信号的频率，而且随距离的增加会更加严重。如 600Mbit/km 的光纤在 2km 时则只有 300Mbit 的带宽。一般光纤跳线用橙色表示，也有的用灰色表示，接头和保护套用米色或者黑色；传输距离较短。因此，多模光纤传输的距离比较近，一般只有几千米。

2）按最佳传输频率窗口分为常规型光纤和色散位移型光纤。

常规型光纤：光纤生产厂家将光纤传输频率最佳化在单一波长的光上，如 1300nm。

色散位移型光纤：光纤生产厂家将光纤传输频率最佳化在两个波长的光上，如 1300nm 和 1550nm。

3）按折射率分布情况分为突变型光纤和渐变型光纤。

突变型光纤：光纤中心芯到玻璃包层的折射率是突变的。其成本低，模间色散高。适用于短途低速通信，如工控。单模光纤由于模间色散很小，所以单模光纤都采用突变型。

渐变型光纤：光纤中心芯到玻璃包层的折射率逐渐变小，可使高模光按正弦形式传播，减少了模间色散，提高了光纤带宽，增加了传输距离，但成本较高，现在的多模光纤多为渐变型光纤。

4. 光纤的类型

光纤的类型由纤芯（玻璃或塑料纤维）和包层直径决定，纤芯的直径决定光的传输质量。常见的光纤类型见表 3-1。

表 3-1　常见的光纤类型

光纤类型	纤芯直径/μm	包层直径/μm	工作模式
8.3/125	8.3	125	单模
50/125	50	125	多模
62.5/125	62.5	125	多模
100/140	100	140	多模

5. 光纤的连接方式

光纤有三种连接方式：①可以将光纤接入连接头并插入光纤插座，连接头要损耗 10%～20% 的光，但它会使重新配置系统变得很容易；②可以用机械方法将光纤接合，方法是将两根切割好的光纤的一端放在一个套管中，然后钳起来，使光纤通过接合处来调整，从而使信号达到最大，机械接合需要训练过的人员花大约 5min 的时间完成，光的损耗大约为 10%；③两根光纤可以被融合在一起形成坚实的连接。融合方法形成的光纤和单根光纤差不多是相同的，但也有一点衰减。对于这三种连接方法，接合处都有反射，且反射的能量会和信号交互作用。

6. 光纤的特点

从传输特性等分析，光纤具有以下特点：

1）传输频带宽，速率高。

2）传输损耗低，传输距离远。

3）抗雷电和电磁干扰的能力强。

4）保密性好，不易被窃听或截获数据。

5）传输的误码率很低，可靠性高。

6）体积小、质量轻。

7）光纤的缺点是接续困难，光纤接口比较昂贵。

3.3 无线信道

3.3.1 无线信道的基本概念

无线信道是对无线通信中发送端和接收端之间通路的一种形象比喻，对于无线电波而言，它从发送端传送到接收端，其间并没有一个有形的连接，它的传播路径也有可能不只一条，但是为了形象地描述发送端与接收端之间的工作，可以想象两者之间有一条看不见的道路衔接，这条衔接通路称为无线信道。信道具有一定的频率带宽，正如公路有一定的宽度一样。无线通信不使用物理导体来传输电磁波，而是将信号以电磁波形式通过空间传播。无线信道按通信设备的工作频率不同可分为长波通信、中波通信、短波通信、微波通信和光通信等。

3.3.2 电磁波在无线信道中的传播

电磁波的传播特性是研究任何无线通信系统首先遇到的问题。传播特性直接关系到通信设备的能力、天线高度的确定、通信距离的计算以及为实现优质可靠的通信所必须采用的技术措施等一系列系统设计问题。不仅如此，移动通信系统的无线信道环境比固定无线通信的信道环境更复杂，因而不能简单地用固定无线通信的电波传播模式来分析，必须根据移动通信的特点按照不同的传播环境和地理特征进行分析。

对于不同频段的无线电波，其传播方式和特点是不相同的。在陆地移动系统中，移动台处于城市建筑群之中或处于地形复杂的区域，其天线将接收从多条路径传来的信号，再加上移动台本身的运动，使得移动台和基站之间的无线信道越发多变而且难以控制。

1. 基本传播机制

无线信号最基本的四种传播机制为直射、反射、绕射和散射。

1）直射。即无线信号在自由空间中的传播。

2）反射。当电磁波遇到比波长大得多的物体时会发生反射，反射一般在地球表面，建筑物、墙壁表面发生。

3）绕射。当接收机和发射机之间的无线路径被尖锐的物体边缘阻挡时会发生绕射。

4）散射。当无线路径中存在小于波长的物体并且单位体积内这种障碍物体的数量较多时会发生散射。散射发生在粗糙表面、小物体或其他不规则物体上，例如一般树叶、灯柱等都会引起散射。

2. 无线信道的指标

（1）传播损耗

多种传播机制的存在使得任何一点接收到的无线信号都极少是经过直线传播的原有信

号。一般认为无线信号的损耗主要由以下三种构成：

1）路径损耗。由于电波的弥散特性造成，路径损耗反映了在千米量级的空间距离内接收信号电平的衰减，也称大尺度衰落。

2）阴影衰落。即慢衰落，是接收信号的场强在长时间内的缓慢变化。阴影衰落一般由于电波在传播路径上遇到由于障碍物的电磁场阴影区所引起。

3）多径衰落。即快衰落，是接收信号场强在整个波长内迅速的随机变化。多径衰落一般主要由多径效应引起。

（2）传播时延

传播时延包括传播时延的平均值、传播时延的最大值和传播时延的统计特性等。

（3）时延扩展

信号通过不同的路径沿不同的方向到达接收端会引起时延扩展，时延扩展是对信道色散效应的描述。

（4）多普勒扩展

多普勒扩展是一种由于多普勒频移现象引起的衰落过程的频率扩散，又称时间选择性衰落，是对信道时变效应的描述。

（5）干扰

干扰包括干扰的性质以及干扰的强度。

3.3.3 无线信道的特点

1. 频谱资源有限

虽然可供通信用的无线频谱从数十 MHz 到数十 GHz，但由于无线频谱在各个国家都是一种被严格管制使用的资源，因此对于某个特定的通信系统来说，频谱资源是非常有限的，而且目前移动用户处于快速增长中，因此必须精心设计移动通信系统，以充分利用有限的频谱资源。

2. 传播环境复杂

电磁波在无线信道中会存在多种传播机制，这会使得接收端的信号处于极不稳定的状态，接收信号的幅度、频率、相位等均可能处于不断变化之中。

3. 存在多种干扰

电磁波在空气中的传播处于一个开放环境中，而很多的工业设备或民用设备都会产生电磁波，这就对相同频率的有用信号的传播形成了干扰，此外，由于射频器件的非线性还会引入互调干扰，以及同一通信系统内不同信道间的隔离度不够还会引入邻道干扰。

4. 网络拓扑处于不断变化之中

无线通信产生的一个重要原因是可以使用户自由的移动。同一系统中处于不同位置的用户以及同一用户的移动行为，都会使得在同一移动通信系统中存在着不同的传播路径，并进一步会产生信号在不同传播路径之间的干扰。此外，近年来兴起的自组织网络，更是具有接收机和发射机同时移动的特点，也会对无线信道的研究产生新的影响。

3.3.4 无线传输介质

1. 微波中继信道

微波频段的频率范围一般为几百 MHz 到几十 GHz，其传输特点是在自由空间沿视距传输。由于受地形和天线高度的限制，两点间的传输距离一般为 30~50km，当长距离通信时，需要在中间建立多个中继站，如图 3-13 所示。

图 3-13　微波中继信道的构成

微波中继信道具有传输容量大、长途传输质量稳定、节约有色金属、投资少、维护方便等优点。因此，广泛用来传输多路电话及电视等。

2. 卫星中继信道

卫星中继信道是利用人造卫星作为中继站构成的通信信道。若卫星运行轨道在赤道平面、离地面高度为 35780km 时，绕地球运行一周的时间恰为 24h 与地球自转同步，这种卫星称为静止卫星。不按静止轨道运行的卫星称为移动卫星。

若以静止卫星作为中继站，采用三个相差 120° 的静止通信卫星就可以覆盖地球的绝大部分地域（两极盲区除外），如图 3-14 所示。若采用中、低轨道移动卫星，则需要多颗卫星覆盖地球。所需卫星的个数与卫星轨道高度有关，轨道越低所需卫星数越多。

卫星中继信道的主要特点是通信容量大、传输质量稳定、传输距离远、覆盖区域广等。另外，由于卫星轨道离地面较远，信号衰减大，电波往返所需要的时间较长。卫星中继信道主要用来传输多路电话、电视和数据。

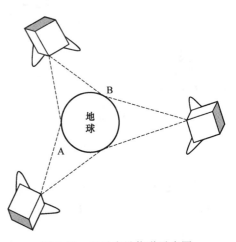

图 3-14　卫星中继信道示意图

3. 陆地移动信道

陆地移动通信工作频段主要在 VHF 和 UHF 频段，电波传播特点是以直射波为主。但是，由于城市建筑群和其他地形地物的影响，电波在传播过程中会产生反射波、散射波以及它们的合成波，电波传输环境较为复杂，因此陆地移动信道是典型的随参信道。

（1）自由空间传播

当移动台和基站天线在视距范围内时，电波传播的主要方式是直射波。设发射机输入给天线的功率为 $P_T(\text{W})$，则接收天线上获得的功率 P_R 为

$$P_R = P_T G_T G_R \left(\frac{\lambda}{4\pi d} \right)^2 \tag{3-26}$$

式中，G_T 为发射天线增益；G_R 为接收天线增益；d 为接收天线与发射天线之间的直线距离；$\frac{\lambda^2}{4\pi}$ 为各向同性天线的有效面积。当发射天线增益和接收天线增益都等于 1 时，式（3-26）简化为

$$P_R = P_T \left(\frac{\lambda}{4\pi d} \right)^2 \tag{3-27}$$

将自由空间传播损耗定义为

$$L_{fs} = \frac{P_T}{P_R} \qquad (3-28)$$

将式(3-26)代入式(3-28)得

$$L_{fs} = \left(\frac{4\pi d}{\lambda}\right)^2 \qquad (3-29)$$

用 dB 可表示为

$$[L_{fs}] = 20\lg\frac{4\pi d}{\lambda}\text{dB} = (32.44 + 20\lg d + 20\lg f)\text{dB} \qquad (3-30)$$

68

式中，d 为接收天线与发射天线之间的直线距离(km)；f 为工作频率(MHz)。

1）反射波与散射波。当电波辐射到地面或建筑物表面时，会发生反射或散射，从而产生多径传播现象，如图 3-15 所示。

2）折射波。电波在空间传播中，由于大气中介质密度随高度增加而减小，导致电波在空间传播时会产生折射、散射等，如图 3-16 所示。大气折射对电波传输的影响通常可用地球等效半径来表征。地球实际半径和地球等效半径之间的关系为

图 3-15 移动信道的多径传播

图 3-16 折射波示意图

$$k = \frac{r_e}{r_o} \qquad (3-31)$$

式中，k 为地球等效半径系数；r_o 为地球实际半径，$r_o = 6370\text{km}$；r_e 为地球等效半径。在标准大气折射情况下，地球等效半径系数 $k = 4/3$，此时地球等效半径为

$$r_e = kr_o = \frac{4}{3} \times 6370\text{km} = 8493\text{km}$$

（2）短波电离层反射信道

短波电离层反射信道是利用地面反射的无线电波在电离层或电离层与地面之间的一次反射或多次反射所形成的信道。离地面 60~600km 的大气层称为电离层。电离层是由分子、原子、粒子及自由电子组成。当频率范围为 3~30MHz 的无线电波射入电离层时，会使电波发生反射，返回地面，从而形成短波电离层反射信道。

电离层厚度有数百 km，可分为 D、E、F_1 和 F_2 四层，如图 3-17 所示。由于太阳辐射的变化，电离层的密度和厚度也随时间随机变化，因此短波电离层反射信道也是随参信道。在白天，由于太阳辐射强，所以 D、E、F_1 和 F_2 四层都存在。在夜晚，由于太阳辐射减弱，D 层和 F_1 层几乎完全消失，F_2 层是反射层，一次反射的最大距离约为 4000km。

由于电离层密度和厚度随时间随机变化，因此短波电波满足反射条件的频率范围也随时

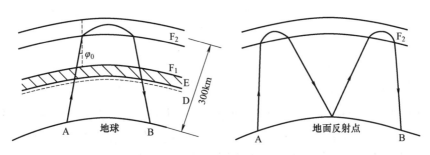

图 3-17　电离层结构示意图

间变化。通常用最高可用频率给出工作频率上限。最高可用频率是指当电波以 φ_0 角入射时能从电离层反射的最高频率，可表示为

$$f_{\mathrm{MUF}} = f_0 \sec \varphi_0 \tag{3-32}$$

式中，f_0 为 $\varphi_0 = 0$ 时能从电离层反射的最高频率，称为临界频率。

在白天，电离层较厚，F_2 层的电子密度较大，最高可用频率较高。在夜晚，电离层较薄，F_2 层的电子密度较小，最高可用频率要比白天低。

短波电离层反射信道最主要的特征是多径传播，多径传播有以下几种形式：

1）电波从电离层的一次反射和多次反射。

2）电离层反射区高度所形成的细多径。

3）地球磁场引起的寻常波和非寻常波。

4）电离层不均匀性引起的漫射现象。

以上四种形式如图 3-18 所示。

a) 一次反射和两次反射　　　　b) 反射区高度不同

c) 寻常波与非寻常波　　　　d) 漫射现象

图 3-18　多径传播示意图

3.4 信道的噪声及特性描述

3.4.1 噪声的定义及分类

任何通信系统的各个环节都有可能受到噪声和干扰的影响。为了方便分析，将各个环节产生的噪声及受到的干扰集中于信道中考虑。按噪声或干扰与信号的关系，将噪声分为加性噪声和乘性噪声两类。加性噪声的存在独立于信号，而乘性噪声的存在与信号的存在密切相关。实际上，在恒参信道和随参信道中所存在的噪声通常为加性噪声。这里所说的噪声是指通信系统中对信号有影响的所有干扰的集合。

信道内噪声的来源有很多，表现形式也是多种多样。根据来源，可以将噪声分为以下四类：

（1）无线电噪声

无线电噪声来源于各种用途的无线电发射机。这类噪声的频率范围很宽广，从甚低频到特高频都可能有无线电干扰存在，并且干扰的强度有时很大。无线电噪声的特点是干扰频率固定，因此可以预先设法防止，特别是在加强无线电频率的管理之后，频率的稳定性、准确性以及谐波辐射等方面都有严格的规定，从而使得信号受无线电噪声的影响可减到最低程度。

（2）工业噪声

工业噪声来源于各种电气设备，如电力线、点火系统、电车、电源开关、电力铁道、高频电炉等。这类干扰来源分布很广泛，无论是城市还是农村，内地还是边疆，各地都有工业干扰存在。尤其是在现代化社会里，各种电气设备越来越多，因此这类干扰的强度也越来越大。工业噪声的特点是干扰频谱集中于较低的频率范围，如几十兆赫兹以内。因此，选择高于这个频段工作的信道就可以防止受到它的干扰。另外，也可以从干扰源方面设法消除或减小工业干扰的产生，如加强屏蔽和滤波措施，防止接触不良和消除波形失真。

（3）天电噪声

天电噪声来源于闪电、大气中的磁暴、太阳黑子以及宇宙射线（天体辐射波）等，可以说整个宇宙空间都是产生这类噪声的根源。因此天电噪声的存在是客观的。由于这类自然现象和发生的时间、季节、地区等关系很大，因此受天电干扰的影响也是大小不同的。例如，夏季比冬季严重，赤道比两极严重，在太阳黑子发生变动的年份天电干扰更为加剧。这类干扰所占的频谱范围很宽，并且不像无线电干扰那样频率是固定的，因此对它所产生的干扰影响很难防止。

（4）内部噪声

内部噪声来源于信道本身所包含的各种电子器件、转换器以及天线或传输线等。例如，电阻及各种导体都会在分子热运动的影响下产生热噪声，电子管或晶体管等电子器件由于电子发射不均匀等也会产生散弹噪声。内部干扰是由无数个自由电子做不规则运动所形成的，因此它的波形也是不规则变化的，在示波器上观察就像一堆杂乱无章的茅草一样，通常称为起伏噪声。由于在数学上可以用随机过程来描述这类干扰，因此又可称为随机噪声，或简称为噪声。

以上是从噪声的来源对其进行分类，优点是比较直观。但是，从防止或减小噪声对信号传输影响的角度考虑，按噪声的性质进行分类会更为有利。

从噪声性质可以将噪声分为三类：

（1）单频噪声

单频噪声主要指无线电干扰。因为电台发射的频谱集中在比较窄的频率范围内，因此可以近似地看作是单频性质的。另外，像电源交流电、反馈系统自激振荡等也都属于单频干扰。单频干扰是一种连续波干扰，并且其频率可以通过实测来确定，因此采取适当的措施有可能防止单频干扰。

（2）脉冲干扰

脉冲干扰包括工业干扰中的电火花、断续电流以及天电干扰中的闪电等。它的特点是波形不连续，呈脉冲性质。并且发生脉冲干扰的时间很短，强度很大，而周期是随机的，因此它可以用随机的窄脉冲序列来表示。由于脉冲很窄，所以占用的频谱必然很宽。但是，随着频率的提高，频谱幅度逐渐减小，干扰影响也就减弱。因此，在适当选择工作频段的情况下，这类干扰的影响也是可以防止的。

（3）起伏噪声

起伏噪声主要指信道内部的热噪声和散弹噪声，以及来自空间的宇宙噪声。它们都是不规则的随机过程，只能采用大量统计的方法来寻求其统计特性。由于起伏噪声来自信道本身，因此它对信号传输的影响是不可避免的。

根据以上分析可以认为，尽管对信号传输有影响的加性干扰种类很多，但是影响最大的是起伏噪声，它是通信系统中最基本的噪声源。通信系统模型中的噪声源就是分散在通信系统各处加性噪声（以后简称噪声），是起伏噪声的集中表示，它概括了信道内所有的热噪声、散弹噪声和宇宙噪声等。

3.4.2　白噪声

白噪声（或白杂讯）是一种功率频谱密度为常数的随机信号或随机过程。换句话说，此信号在各个频段上的功率是一样的，由于白光是由各种频率（颜色）的单色光混合而成，因而称具有平坦功率谱的性质为"白色的"，此信号也因此被称作白噪声。相对而言，其他不具有这一性质的噪声信号被称为有色噪声。

白噪声的功率谱密度通常被定义为

$$P_n(\omega) = \frac{n_0}{2} \quad -\infty < \omega < \infty \tag{3-33}$$

式中，n_0 是一个常数（W/Hz）。若采用单边频谱，即频率在 $0 \sim +\infty$ 范围内，白噪声的功率谱密度函数又常写成

$$P_n(\omega) = n_0 \quad -\infty < \omega < \infty \tag{3-34}$$

由信号分析的有关理论可知，功率信号的功率谱密度与其自相关函数 $R(\tau)$ 互为傅里叶变换对，即

$$R_n(\tau) \leftrightarrow P_n(\omega) \tag{3-35}$$

因此，白噪声的自相关函数为

$$R_n(\tau) = \frac{1}{2\pi} \int_{-\infty}^{+\infty} \frac{n_0}{2} e^{j\omega\tau} d\omega = \frac{n_0}{2} \delta(\tau) \tag{3-36}$$

式（3-36）表明，白噪声的自相关函数是一个位于 $\tau = 0$ 处的冲激函数。这说明白噪声只有在 $n_0/2$ 时才相关，而在任意两个不同时刻上的随机取值都是不相关的。白噪声的功率谱

密度及其自相关函数如图 3-19 所示。

理想的白噪声具有无限带宽，因而其能量是无限大，这是不可能存在的。实际上，常常将有限带宽的平整信号视为白噪声，因为这会使数学分析更加方便。然而，白噪声是系统分析的有力工具。一般地，只要一个噪声过程所具有的频谱宽度远远大于它所作用系统的带宽，并且在该带宽中其频谱密度基本上可以作为常数来考虑，就可以把它作

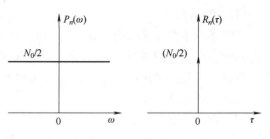

图 3-19　白噪声的功率谱密度与自相关函数

为白噪声来处理。例如，热噪声和散弹噪声在很宽的频率范围内具有均匀的功率谱密度，通常可以认为它们是白噪声。

3.4.3　高斯噪声

在实际信道中，另一种常见噪声是高斯噪声。所谓高斯噪声是指它的概率密度函数服从高斯分布（即正态分布）的一类噪声。其一维概率密度函数可用式（2-42）表示，有关密度函数的图形表示及性质请参见 2.3 节。

通常，通信信道中噪声的均值 $a = 0$。由此，可得到一个重要的结论：在噪声均值为零时，噪声的平均功率等于噪声的方差。证明如下：

因为噪声的平均功率为

$$P_n = \frac{1}{2\pi} \int_{-\infty}^{+\infty} P_n(\omega) \, \mathrm{d}\omega = R(0) \tag{3-37}$$

噪声的方差为

$$\begin{aligned} \sigma^2 &= D[n(t)] = E\{n(t) - E[n(t)]^2\} \\ &= E[n^2(t)] - \{E[n(t)]\}^2 = R(0) - a^2 = R(0) \end{aligned} \tag{3-38}$$

所以，有 $P_n = \sigma^2$。

上述结论非常有用，在通信系统的性能分析中，常常通过求自相关函数或方差的方法来计算噪声的功率。

3.4.4　高斯型白噪声

上面介绍的白噪声是根据噪声的功率谱密度是否均匀来定义的，而高斯噪声则是根据它的概率密度函数呈正态分布来定义的。

高斯型白噪声也称高斯白噪声，是指噪声的概率密度函数满足正态分布统计特性，同时它的功率谱密度函数是常数的一类噪声。值得注意的是，高斯型白噪声同时涉及噪声的两个不同方面，即概率密度函数的正态分布性和功率谱密度函数均匀性，二者缺一不可。

在通信系统的理论分析中，特别是在分析、计算系统抗噪声性能时，经常假定系统中的信道噪声（即起伏噪声）为高斯型白噪声。其原因在于：一是高斯型白噪声可用具体的数学表达式表述，便于推导分析和运算；二是高斯型白噪声确实反映了实际信道中的加性噪声情况，比较真实地代表了信道噪声的特性。

3.4.5　窄带高斯噪声

通信的目的在于传递信息，通信系统的组成往往是为携带信息的信号提供一定带宽的通

道，其作用在于一方面让信号畅通无阻，同时最大限度地抑制带外噪声。所以实际通信系统往往是一个带通系统。下面研究带通情况下的噪声情况。

当高斯噪声通过以 ω_c 为中心角频率的窄带系统时，即可形成窄带高斯噪声。窄带高斯噪声的特点是频谱局限在 $\pm\omega_c$ 附近很窄的频率范围内，其包络和相位都在缓慢地随机变化。如用示波器观察其波形，它是一个频率近似为 f_c、包络和相位随机变化的正弦波。

因此，窄带高斯噪声 $n(t)$ 可表示为

$$n(t)=\rho(t)\cos\left[\omega_c t+\varphi(t)\right] \tag{3-39}$$

式中，$\rho(t)$ 为噪声 $n(t)$ 的随机包络；$\varphi(t)$ 为噪声 $n(t)$ 的随机相位。相对于载波 $\cos\omega_c t$ 的变化而言，它们的变化要缓慢得多。

窄带高斯噪声的频谱和波形示意图见图 2-7。窄带高斯噪声的统计特征参见 2.4.2 节。

3.5 衰减、增益和失真

3.5.1 衰减和增益

信号衰减是通信传输的一个重要特征。信号衰减程度不但是评价通信质量优劣的重要指标，而且直接影响着通信系统的扩容升级、通信传输缆线布置中的中继距离等特性。信号在传输介质中传播时，将会有一部分能量转化成热能或者被传输介质吸收，从而造成信号强度不断减弱，这种现象称为衰减。与信号衰减正好相反，当信号经过传输系统传输后，信号的功率增加，这种现象称为信号的增益。

衰减和增益的计算公式为

$$D = 10\lg\left(\frac{P_1}{P_2}\right) \tag{3-40}$$

式中，D 为衰减值（dB）；P_2 为源信号功率；P_1 为测量点信号功率。

分贝有时可以用来度量电压或电流的差别，由 $P=\dfrac{U^2}{R}=I^2 R$，式（3-40）可以推导为

$$D = 10\lg\left(\frac{P_1}{P_2}\right) = 20\lg\left(\frac{U_1}{U_2}\right) = 20\lg\left(\frac{I_1}{I_2}\right) \tag{3-41}$$

当 $P_1<P_2$ 时，$D<0$，表示信号功率从 P_1 到 P_2 出现衰减；当 $P_1>P_2$ 时，$D>0$，表示信号功率从 P_1 到 P_2 出现增益。

使用式（3-40）可方便计算整个系统的衰减或增益，整个传输线路上的衰减或增益等于各分段线路上的衰减与增益的代数和。

【例 3-1】 如果 10mW 功率的信号加到传输线上，在某距离上测得的功率是 5mW，则在这段线路上的衰减为多少？

解：根据 $D = 10\lg\left(\dfrac{P_1}{P_2}\right)$，$P_1 = 5\text{mW}$，$P_2 = 10\text{mW}$，则在这段线路上的衰减为

$$D = 10\lg(5/10) = 10(-0.3)\,\text{dB} = -3\text{dB}$$

随着传输距离越远，信号的衰减就越严重。当信号衰减到一定程度，接收方无法辨认出接收到的信号时，通信将不能继续下去。因此，为了进行长距离的通信，通常需要在传输线路中采用放大器或中继器来增加信号强度。

例如，由于用户线路的衰减为 1dB/km，而电话线通用标准为最大损耗低于 6dB，所以双绞线传输模拟信号时每隔 5~6km 需要加放大器；而对于数字信号则每隔 2~3km 需要加一个中继器。

3.5.2　失真

当信号通过一个系统过程中，信号波形会发生变化，其输出波形与输入波形不相同，就说信号在传输过程中产生了失真。

一个线性系统引起的信号失真由以下两方面因素造成：

1）系统对于信号中各频率分量的幅度产生不同的衰减，使输出信号的各频率分量的相对幅度发生了变化，从而引起幅度失真。图 3-20 所示为振幅失真的信号波形。信号 C 由频率较低的正弦波 A 和频率较高的正弦波 B 叠加而成，如图 3-20a 所示。由于频率高的正弦波在传输中衰减较大，因此正弦波 B 的振幅比正弦波 A 的振幅衰减更大，各频率分量的相对幅度发生变化，使得进入接收端的波形与原来的波形产生幅度失真，如图 3-20b 所示。

a) 原始波形　　　　　　　　　　　b) 振幅失真波形

图 3-20　振幅失真的信号波形

2）系统对各个频率分量产生的相移不与频率成正比，使输出信号的各频率分量在时间轴上的相对位置发生变化，从而引起相位失真。

3.6　信道容量

3.6.1　信道容量的定义

信道容量是指信道中信息无差错传输的最大速率。前面介绍过两种广义信道，即调制信道和编码信道。这两种信道分别为连续信道和离散信道。因此信道容量也存在连续信道的信道容量和离散信道的信道容量两种。

3.6.2　香农公式

设信道带宽为 $B(\mathrm{Hz})$，信道输出信号功率为 $S(\mathrm{W})$，输出加性高斯噪声功率为 $N(\mathrm{W})$，则可以证明该信道容量为

$$C = B \, \text{lb}\left(1 + \frac{S}{N}\right) \ (\text{bit/s}) \qquad (3\text{-}42)$$

式(3-40)即为著名的香农公式，用于计算信道容量。它表明当信号与信道加性高斯噪声的平均功率给定时，在具有一定频带宽度 B 的信道上，理论上单位时间内可能传输的信息量的极限数值。

香农公式表明，信道的带宽或信道中的信噪比越大，则信息的极限传输速率就越高。香农公式给出了信息传输速率的极限，即对于一定的传输带宽(Hz)和一定的信噪比，即可确定信息传输速率的上限。这个极限是不能够突破的。要想提高信息的传输速率，必须设法提高传输线路的带宽，或者必须设法提高所传信号的信噪比。

由于噪声功率 N 与信道带宽 B 有关，若噪声单边功率谱密度为 n_0，则噪声功率 N 将等于 $n_0 B$。因此，香农公式可以表示为另外一种形式，即

$$C = B \, \text{lb}\left(1 + \frac{S}{n_0 B}\right) \qquad (3\text{-}43)$$

模拟信道的信道容量可根据香农定理来计算。

【例 3-2】 有一个经调制解调器传输数据信号的电话网信道，该信道带宽为 3000Hz，信道噪声为加性高斯白噪声，其信噪比为 20dB，求该信道的信道容量。

解：
$$10\lg(S/N) = 20\text{dB}$$
$$S/N = 10^2 = 100$$
$$C = B \, \text{lb}\left(1 + \frac{S}{N}\right) = 3000 \, \text{lb}(1 + 100) \, \text{bit/s} = 19974\text{bit/s}$$

【例 3-3】 已知仅存在加性高斯白噪声的信道容量为 33.6kbit/s，其信噪比为 30dB，此模拟信道的带宽为多少？

解：
$$10\lg(S/N) = 30\text{dB}$$
$$S/N = 10^3 = 1000$$
$$C = B \, \text{lb}\left(1 + \frac{S}{N}\right) = B \, \text{lb}(1 + 1000) \, \text{bit/s} = 33.6\text{kbit/s}$$
$$B = \frac{33.6 \times 1000}{\text{lb}1001}\text{Hz} = 3371\text{Hz}$$

3.6.3 数字信道的信道容量

典型的数字信道是平稳、对称、无记忆的离散信道，它可以用二进制或多进制传输。数字信道内传输的信号是离散的数字信号；对称是指任何码元正确传输和错误传输的概率与其他码元一样；平稳是指对任何码元来说，错误概率的取值都是相同的；无记忆是指接收到的第 i 个码元仅与发送的第 i 个码元有关，而与第 i 个码元以前的发送码元无关。

根据奈奎斯特准则，带宽为 B 的信道所能传送的信号最高码元速率为 $2B$ Baud。因此，无噪声数字信道容量为

$$C = 2B \, \text{lb}M \ (\text{bit/s}) \qquad (3\text{-}44)$$

式中，M 为传输时数据信号的取值状态，也就是进制数。

【例 3-4】 假设一个传送四进制数字信号的无噪声数字信道，带宽为 3000Hz，求其信道容量。

解： $$C = 2B\,\mathrm{lb}M = 2\times3000\times\mathrm{lb}4\mathrm{bit/s} = 12000\mathrm{bit/s}$$

3.7 数据传输系统中的同步

同步是通信领域中非常重要的一个技术问题。随着现代通信与网络技术的飞速发展，许多先进的通信技术与系统，都要求精确地实现载波同步、时钟同步与码序列同步。通信系统能否有效、可靠地进行工作，在很大程度上依赖于有无良好的同步系统。

通信的过程主要就是发送信号、传输信号和接收信号，发送端发送信号经过信道传输，接收端能从传输过程中受到噪声、干扰和畸变的信号中提取信号，获取发送的信息。提取信号就是估计信号的某个或数个特征参数，如幅度、频率和相位等。同步的主要过程就是进行信号参数的估计。在通信系统中的同步，主要分为载波同步、位同步、群同步和网同步。

3.7.1 载波同步

当采用同步解调或相干解调时，接收端需要有与发送端调制载波同频同相的本地相干载波，从接收信号中获取这个相干载波就称为载波同步。载波同步的方法有两种：一种是直接法，也称为自同步法；另外一种是插入导频法，也称为外同步法。直接法不需要专门传输导频，而是在接收端直接从接收信号中提取相干载波。插入导频法是在发送有用信号的同时，在适当的频率位置上插入一个或多个称作导频的正弦波，接收端通过窄带滤波取出的导频信号来提取载波。

1. 直接法

用直接法进行载波同步的方法可分为两类：如果接收的已调信号中包含载频分量则可用带通滤波器或锁相环直接提取；若已调信号没有载频分量，如抑制载频的双边带信号、2PSK 信号，这时需对已调信号进行非线性变换或采用特殊的锁相环来提取相干载波。更详细的内容见 5.6 节。

2. 插入导频法

插入导频法用于已调制的数字信号中没有载波分量以及虽然有载波分量但难分出载波的情况。所谓插入导频，就是在已调信号频谱中额外插入一个低功率的线谱（此线谱对应的正弦波称为导频信号），在接收端利用窄带滤波器把它提取出来，经过适当的处理形成接收端的相干载波。插入导频的传输方法有多种，基本原理相似。更详细的内容见 5.6 节。

3. 性能指标

载波同步系统的性能指标主要有效率、精度、同步建立时间和同步保持时间。对载波同步系统的主要性能要求是高效率、高精度，同步建立时间快、保持时间长等。

（1）高效率

高效率是指为了获得载波信号而尽量少消耗发送功率。在这方面，直接法由于不需要专门发送导频，因而效率高；插入导频法则由于插入导频要消耗一部分发送功率，因而效率要低一些。

（2）高精度

高精度是指接收端提取的同步载波与需要的载波标准比较，应该有尽量小的相位误差。相位误差通常由稳态相位误差和随机相位误差组成。

（3）同步建立时间和保持时间

从开机或失步到同步所需要的时间称为同步建立时间。显然同步建立时间越短越好。从开始失去信号到失去载频同步的时间称为同步保持时间。显然同步保持时间越长越好。长的同步保持时间有可能在信号短暂丢失或接收断续信号时，不需要重新建立同步，也能保持连续稳定的本地载频。在同步电路中，低通滤波器和环路滤波器都是通频带很窄的电路。一个滤波器的通频带越窄，其惰性越大。也就是说，一个滤波器的通频带越窄，则当在其输入端加入一个正弦振荡时，其输出端振荡的建立时间越长；当其输入振荡截止时，其输出端振荡的保持时间也越长。显然，这个特性和与对同步性能的要求是矛盾的，即建立时间短和保持时间长两者是相互矛盾的。在设计同步系统时需要折中考虑同步建立时间和保持时间。

3.7.2　位同步

在数字通信系统中，发送端按照确定的时间顺序，逐个传输数码脉冲序列中的每个码元，每个码元波形的起止时刻由位定时脉冲决定。而在接收端必须有准确的抽样判决时刻才能正确判决所发送的码元，因此，接收端必须提供一个确定抽样判决时刻的定时脉冲序列。这个定时脉冲序列的重复频率必须与发送的数码脉冲序列一致，同时在最佳判决时刻（或称为最佳相位时刻）对接收码元进行抽样判决。该定时脉冲序列称为码元同步，或称位同步。

位同步的方法与载波同步的方法类似，也可分为直接法（自同步法）和插入导频法（外同步法）两种，而在直接法中也分为滤波法和锁相法。

1. 直接法

直接法是直接从数字信号中提取位定时信号的方法，也称自同步法，这是数字通信中经常用到的一种方法。直接从数字信号中提取位定时信号的方法主要有滤波法和锁相法。

滤波法是指直接从数字序列流中用窄带滤波器提取位定时频率从而得到位定时脉冲的位同步方法。对于数字序列功率谱密度中存在位定时频率线谱的码流，如归零脉冲序列，可直接用窄带滤波器取出位定时频率，而不存在位定时频率线谱的序列，无法用窄带滤波器直接滤出位定时频率。但如果对序列进行某种变换，使变换后的序列包含位定时频率线谱，再用窄带滤波器，即可取出位定时频率。由于窄带滤波器滤出的位定时频率信号，一般与要求的位同步信号存在着一定的相位差，所以窄带滤波器取出的位定时频率信号，需要再通过一个移相器调整相位，方可形成所需的位同步脉冲，特点是先形成含有位同步线谱的序列，再用滤波器将其滤出。另一种常用的波形变换方法是对带限信号进行包络检波。在某些数字微波中继通信系统中，经常在中频上用对频带受限信号的二相移相信号进行包络检波的方法来提取位同步信号。

与载波同步的提取类似，采用锁相环来提取位同步信号的方法称为锁相法。该方法工作稳定可靠，信号中断后的同步保持时间长，所以在位同步中用得很多。在数字通信中，这种锁相电路常采用数字锁相环来实现。数字锁相环由高稳定度振荡器（晶振）、分频器、相位比较器和控制电路组成，如图 3-21 所示。其中，控制电路包括扣除门和添加门。高稳定度振荡器产生的信号经整形电路变成周期性脉冲，然后经控制器再送入分频器，输出位同步脉冲序列。输入相位基准与由高稳定振荡器产生的经过整形的 n 次分频后的相位脉冲进行比较，由两者相位的超前或滞后，来确定扣除或添加一个脉冲，以调整位同步脉冲的相位。

2. 插入导频法

插入导频法与载波同步时的插入导频法类似，它也是在发送端信号中插入频率为码元速

图 3-21　数字锁相环原理框图

率（$1/T$）或码元速率的倍数的位同步信号。对于基带信号频谱，第一个零点位于 $1/T$ 处，则插入导频信号就在 $1/T$ 处；假如某种相关编码的基带信号，其频谱的第一个零点在 $1/(2T)$ 处，则插入导频信号就应在 $1/(2T)$ 处。在接收端，对于第一种情况，将 $1/T$ 的导频信号取出，就可作为位同步信号；对于第二种情况，则需要利用一个中心频率为 $1/(2T)$ 的窄带滤波器取出 $1/(2T)$ 频率的导频，由于 $1/(2T)$ 是位同步信号频率的 1/2，所以需要将所得的导频信号倍频，才能得到所需的位同步脉冲。

插入位同步信息的方法有多种。从时域考虑，可以连续插入，并随信号码元同时传输；也可以在每组信号码元之前增加一个位同步头，由它在接收端建立位同步，并用锁相环使同步状态在相邻两个位同步头之间得以保持。从频域考虑，可以在信号码元频谱之外占用一段频谱，专门用于传输同步信息；也可以利用信号码元频谱中的空隙处，插入同步信息。

3. 性能指标

与载波同步系统相似，位同步系统的性能指标主要有相位误差、同步建立时间、同步保持时间、位同步门限信噪比、相位抖动、同步带宽。

（1）相位误差 θ_e。

相位误差是指位同步信号的平均相位和最佳采样点的相位之间的偏差。相位误差越小，误码率越低。对于数字锁相环法提取位同步信号而言，相位误差主要是由于位同步脉冲的相位在跳变地调整所引起的。因为每调整一次，相位改变 $2\pi/n$（n 为分频器的分频次数），故最大相位误差为 $\theta_e = \dfrac{2\pi}{n}$。可见 n 越大，最大相位误差越小。

（2）同步建立时间 t_s

同步建立时间即为失去同步后重建同步所需要的最长时间。通常要求同步建立时间要短，尤其对突发工作的高速数字卫星通信，否则将会造成信息部分丢失。

（3）同步保持时间 t_c

同步保持时间是指从接收信号消失开始到位同步电路输出位同步信号中断为止的这段时间。一般希望同步保持时间长一些较好。

（4）位同步门限信噪比

位同步门限信噪比是在保证一定的位同步质量的前提下接收机输入端所允许的最小信噪比。该性能反映了位同步恢复对深衰落的适应能力。

（5）相位抖动

相位抖动是位同步的瞬时相位和平均相位之差的方均根值。这一项性能要求十分重要，因为位同步信号的相位抖动都通常会沿着中继段累积，从而严重影响整个传输线路及网络的质量。

（6）同步带宽 Δf_s。

同步带宽是指位同步频率与码元速率之差，即位同步信号恢复锁相环的本地振时钟频率能够跟踪时钟频率变化的带宽，也是由失锁状态能进入锁定状态的最大固有带宽。如果这个频差超过一定的范围，就无法使接收端位同步脉冲的相位与输入端信号的相位同步。

3.7.3 群同步

数字通信时，一般总是以若干个码元组成一个字，若干个字组成一个句，即组成一个个的群进行传输。群同步的任务就是在位同步的基础上识别出这些数字信息群（字、句、帧）开头和结尾的时刻，使接收设备的群定时与接收到的信号中的群定时处于同步状态。

实现群同步的方法主要有两种：①在发送的数字序列中插入专门的群同步脉冲或群同步码组，这种方法称为外同步法；②利用数字序列本身的特性来提取群同步脉冲。例如，有纠错能力的抗干扰编码，为了能纠正接收数字序列中的错码，加入一些监督码，在接收端有可能根据这些监督码的位置恢复出群同步信号，从而不再需要发送另外的群同步信号。这种方法称为自同步法。

具体的外同步法有起止式同步法、加高或加宽式同步法和插入特殊码组实现的群同步法等。插入特殊码组法又分为连贯插入法和间隔式插入法。

1）起止式同步法。起止式同步法就是在每一组信号码元的前面和末尾都加一个同步码元。由于这种同步方法中的起止脉冲宽度和码元宽度不一致，会给同步传输带来不便，同时其效率较低。

2）加高或加宽式同步法。在二进制数字序列中，如果在每组信号码元前增加一个幅度或宽度特别大的群同步脉冲，可为接收端的识别提供方便，称此方法为加高或加宽式同步法。加高式同步法增加的群同步脉冲的幅度一般选择为信息码元幅度的 1.2~1.7 倍。在接收端，只要采用一个限幅器，就可以把群同步脉冲提取出来。加高式同步法的优点是容易产生和提取，其缺点是抗干扰性差，在起伏噪声的影响下，容易出现误选或漏选，被数字序列所调制的调制器的功能不能充分利用。而加宽式同步法是发送端插入宽度比信息脉冲宽度更宽一些的脉冲作为群同步信号，通常，它约为信息码元宽度的 1.5 倍，在接收端用一个脉冲鉴宽器就可以把这个同步脉冲分离出来。这种方法可以采用限幅器除掉起伏噪声的影响，因而，它比加高式抗干扰性能好。但由于同步脉冲至少要占用两个码元的宽度，故会影响传输效率。

3）连贯式插入法。连贯式插入法就是在每群的开头集中插入群同步码组的方法。这种群同步码组，应该是一种特殊的序列，以便接收端能方便地把它与信息码区别出来。可采用的具体码组有很多，如全"1"码、全"0"码、"0""1"交替码等。但目前用得最广泛的是巴克（Barker）码。它是一种非周期序列，具有尖锐的局部自相关函数，因而在接收端很容易识别。

4）间隔式插入法。间隔式插入法就是群同步码组不是集中插入信息码流，而是将它分散地插入，即每隔一定数量的信息码元，插入一个群同步码元。

3.7.4 网同步

网同步是指通信网的时钟同步，解决网中各站的载波同步、位同步和群同步等问题。

实现网同步的方法主要有两大类：一类是全网同步系统，即在通信网中使各站的时钟彼此同步，各站的时钟频率和相位都保持一致，建立这种网同步的主要有主从同步方式和互同步方式；另一类是准同步系统，也称独立时钟法，即在各站均采用高稳定性的时钟，相互独立，允许其速率偏差在一定的范围之内，在转接时设法把各处输入的数码速率变换成本站的数码速率，再传送出去。在变换过程中要采取一定措施使信息不致丢失。实现这种方式的方法有两种：码速调整法和水库法。

1. 全网同步系统

全网同步方式采用频率控制系统去控制各交换站的时钟，使它们都达到同步，即使它们的频率和相位均保持一致，没有滑动。这种方法可使用稳定度低而价廉的时钟，经济性好。

（1）主从同步方式

在通信网内设立一个主站，它备有一个高稳定的主时钟源，再将主时钟源产生的时钟逐站传输至网内的各从站，控制各从站的时钟频率。主从同步方式中，同步信息可以包含在传送信息业务的数字比特流中，接收端从所接收的比特流中提取同步时钟信号；也可以用指定的链路专门传送主基准时钟源的时钟信号。各从站数字传输设备通过锁相环电路使其时钟频率锁定在主时钟基准源的时钟频率上，从而使网络内各从站时钟与主站时钟同步。

（2）互同步方式

互同步方式是在网内不设主时钟，由网内各从站的时钟相互控制，最后都调整到一个稳定的、统一的系统频率上，实现全网的时钟同步。

（3）同步网的组网方式及等级结构

我国数字同步网采用等级主从同步方式，按照时钟性能可划分为四级。同步网的基本功能是应能准确地将同步信息从基准时钟向同步网内的各等级时钟逐级站传递，通过主从同步方式使各从时钟与基准时钟同步。

2. 准同步系统

（1）码速调整法

准同步系统各站各自采用高稳定时钟，不受其他站的控制，它们之间的时钟频率允许有一定的容差。这样各站送来的数字码流首先进行码速调整，使之变成相互同步的数字码流，即对本来是异步的各种数字码流进行码速调整。

（2）水库法

水库法是依靠在各交换站设置极高稳定度的时钟源和容量大的缓冲存储器，使得在很长的时间间隔内存储器不发生"取空"或"溢出"的现象。容量足够大的存储器就像水库一样，很难将水抽干，也很难将水库灌满，因而可用作水流量的自然调节，故称为水库法。

本 章 小 结

信道是通信系统必不可少的组成部分，信道通常是指以传输媒介为基础的信号通道，信号在信道中传输中不可避免地会遇到噪声，因而信道和噪声均是通信系统中研究的主要问题。

1）信道是信号传输的通道，它允许信号通过，但同时会对信号产生损耗。信道有狭义信道和广义信道两种。狭义信道可以分为有线信道和无线信道。有线信道包括明线、对称电缆、同轴电缆及光纤等。无线信道按通信设备工作频率的不同可分为长波通信、中波通信、短波通信、微波通信、光通信等。广义信道可以分为调制信道和编码信道。调制信道又可分为恒参信道和随参信道。

2）恒参信道对信号传输的影响是确定的或者是变化极其缓慢的。因此，其传输特性可以等效为一个线性时不变网络，可以用幅度频率特性和相位频率特性来表征。

3）随参信道的参数随时间不断变化，因此，它对信号影响也比较大，有慢衰落和快衰落两种。由于信道中参数变化所引起的信号衰落为慢衰落，由于多径传播造成的信号衰落为快衰落。

4）信道中的噪声是指通信系统中对信号有影响的所有干扰的集合。按照来源，可以将噪声分为无线电噪声、工业噪声、天电噪声和内部噪声四类。按照性质，可以将噪声分为单频噪声、脉冲噪声和起伏噪声。目前通信系统中常见的噪声有白噪声、高斯噪声、高斯白噪声和窄带高斯噪声等。

5）衰减是指信号在传输介质中传播时，将会有一部分能量转化成热能或者被传输介质吸收，从而造成信号强度不断减弱。增益是指信号经过传输系统传输后，信号的功率不断增加。失真是指当信号通过一个系统后，其输出波形与输入波形不相同，失真包括幅度失真和相位失真。

6）信道容量是在一定条件下能达到的最大信息传输速率。在信号平均功率受限、高斯白噪声的模拟信道中，信道的信道容量（极限信息传输速率）为

$$C = B \, \mathrm{lb} \left(1 + \frac{S}{N} \right)$$

无噪声数字信道的信道容量为

$$C = 2B \, \mathrm{lb} M$$

7）数据通信系统中的同步主要分为载波同步、位同步、群同步和网同步。载波同步要求接收端和发送端具有相同的载波；位同步是指接收端和发送端用于确定抽样判决时刻的定时脉冲序列需要一致；群同步是在位同步的基础上识别出字、句、帧"开头"和"结尾"的时刻，使接收设备和接收到的信号中的群定时处于同步状态；网同步是指通信网的时钟同步保持一致。

思考题与习题

3-1　什么是调制信道？什么是编码信道？

3-2　什么是恒参信道？什么是随参信道？目前常见的信道中，哪些属于恒参信道？哪些属于随参信道？

3-3　什么是群迟延频率特性？它与相位频率特性有何关系？

3-4　试画出二进制数字系统无记忆编码信道的模型图。

3-5　信道中常见的起伏噪声有哪些？它们的主要特点是什么？

3-6　信道容量是如何定义的？解释奈奎斯特信道容量公式和香农公式。

3-7　具有6.5MHz带宽的某高斯信道，若信道中信号功率与噪声功率谱密度之比为45.5MHz，试求其信道容量。

3-8　设高斯信道的带宽为4kHz，信号与噪声的功率比为63，试确定利用这种信道的理想通信系统的传信率和差错率。

3-9　若希望以9.6kbit/s的速率在2.7kHz带宽的模拟话音信道上传输数据，且仅考虑高斯白噪声的影响，则要求信道信噪比是多少？

3-10　某一待传输的图片约含2.25×10^6个像元，为了很好地重现图片需要12个亮度电平。假设所有这些亮度电平等概率出现，试计算用3min传送一张图片时所需的信道带宽（设信道中信噪比为30dB）。

3-11　什么是衰减？什么是失真？

3-12　数据通信系统为什么要实现同步？

3-13　载波同步中的自同步法和外同步法有什么不同？

第 **4** 章

数据信号的基带传输

数据基带传输是数据通信中的基本传输方式，数据终端只要经过简单的电平和码型变换后就可以在信道中直接传输。本章首先讨论数据信号的波形和频谱，接着通过分析基带传输系统模型来分析在基带传输过程中的码间干扰以及如何消除码间干扰，然后利用眼图法来分析码间干扰和噪声对系统性能的影响，最后研究改善数据基带传输的三个措施，即部分响应技术原理、均衡原理和数据传输的加解扰。

4.1 数据信号及特性描述

在实际基带传输系统中，并非所有原始基带数字信号都能在信道中传输。例如，有的信号含有丰富的直流和低频分量，不便于提取同步信号；有的信号易于形成码间干扰等。因此在基带传输系统中首先要考虑传输过程中到底选择什么形式的信号以及如何确定码元脉冲的波形及码元序列的码型。通常，为了在传输信道中能够获得较好的传输特性，一般要对码元进行适当的码型变换，使其能够适合在信道传输。

对于传输码型的选择，应该考虑以下几点原则：

1）传输码型中应不含有直流分量，由于传输码中高、低频能量在传输中均有大的衰减，且低频时要求元件尺寸大，高频能量对邻近线路会造成串音，因此低频分量和过高频分量也不要太多。

2）传输码型中应含有定时时钟信息，以利于接收端定时时钟的提取。

3）传输码型应具有误码检测能力，若传输码型有一定的规律性，则可以根据这个规律性来检测传输质量，以便做到自动检测。

4）码型变换设备简单、易于实现。

5）码型没有或者只有很小的误码增值，所谓误码增值是指单个的数字传输错误在接收端解码时，造成错误码元的平均个数增加。

6）编码方案对发送消息类型不应有任何限制，适合所有的二进制信号。这种与信源统计特性无关的特性称为对信源具有透明性。

7）码型具有较高的编码效率。

8）码型具有一定的抗噪声能力。

4.1.1 常用的数据基带信号

数据基带信号是指消息代码的电波形，它是用不同的电平或脉冲来表示相应的消息代码。基带信号的类型有很多，常见的有矩形脉冲、三角波、高斯脉冲和升余弦脉冲等。最常用的是矩形脉冲，因为矩形脉冲易于形成和变换。下面就以矩形脉冲为例介绍几种最常见的基带信号波形。

1. 单极性不归零码（NRZ）

单极性就是"1"码用高电平来表示，"0"码用零电平来表示，不归零是指在整个码元周期内电平保持不变，如图4-1所示。

图4-1　单极性不归零码波形示意图

单极性不归零码波形是一种最简单的基带信号波形。具有以下特点：

1）发送能量大，有利于提高接收端信噪比。

2）在信道上占用带宽窄。

3）包含有大量的直流分量，会导致信号的失真与畸变，而且无法使用一些交流耦合的线路和设备。

4）位同步信息包含在电平的转换之中，当出现连0序列时没有位同步信息。

5）接收单极性不归零码的判决电平取"1"码电平的一半。由于信道衰减或特性随各种因素变化时，接收波形的振幅和宽度容易变化，因而判决门限不能稳定在最佳电平，使得抗噪性能变坏。

由于单极性不归零码具有以上缺点，在实际的基带数据信号传输中很少采用这种码型，通常只适合用于设备内部和短距离通信中。

2. 单极性归零码（RZ）

单极性归零码与单极性不归零码一样，"1"码用高电平来表示，"0"码用零电平来表示；归零是指脉冲间隔 τ 应小于整个码元周期 T_b，即每个电脉冲在小于码元长度内总要回到零电平，所以称为归零波形，如图4-2所示。其中，τ 为脉冲间隔，T_b 为码元周期，τ/T_b 为占空比，通常取50%。

图4-2　单极性归零码波形示意图

单极性归零码与单极性不归零码相比较，除了具有单极性不归零码的大部分特点外，还具备以下特点：

1）相对于单极性不归零码，所占的带宽增大。

2）可以直接提取同步信息。

由于单极性归零码可以直接提取同步信息，因此是其他波形提取位定时信号时需要采用的一种过渡波形。一般用于设备内部和短距离通信中。

3. 双极性不归零码（BNRZ）

双极性就是用高电平表示"1"码，用低电平来表示"0"码。双极性不归零码是指在整个码元周期间电平保持不变，如图4-3所示。

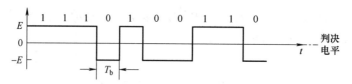

图4-3　双极性不归零码波形示意图

双极性不归零码具有以下特点：

1）发送能量大，有利于提高接收端信噪比。

2）在信道上占用带宽窄。

3）不能提取同步信号。

4）当"0""1"符号等概率出现时无直流分量，不等概率出现时仍有直流分量。

5）恢复信号的判决电平为"0"，因而不受信道特性变化的影响，抗干扰能力较强。

6）可以在电缆等无接地线上传输。

4. 双极性归零码（BRZ）

双极性归零码与双极性不归零码一样，用高电平表示"1"码，用低电平表示"0"码，但每个码元内的脉冲都回到零电平，即相邻脉冲之间必定留有零电平的间隔，即在双极性归零码中存在有占空，如图4-4所示。

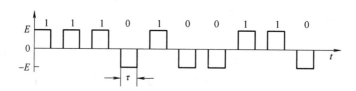

图4-4　双极性归零码波形示意图

双极性归零码除了具有双极性码所有的优点外，还比较容易提取同步信息。

5. 差分码

上面介绍的四种码型都只有两种电平，"1"码表示一种电平，"0"码表示另外一种电平，这种码型所对应的波形称为绝对码波形，记作 a_n。而差分码是用相邻两个电平变化与否表示"1"和"0"，所以又称为相对码，记作 b_n。

差分码可以分为两种：传号码和空号码。传号码是指相邻两个电平变化表示为"1"码，如果不变表示为"0"码。其中"1"码用高电平来表示，"0"码用低电平来表示。而空号码则是相反的。相邻两个电平变化表示"0"码，不变表示"1"码，如图4-5所示。

用差分波形传送代码可以消除设备初始状态的影响，特别是在相位调制系统中用于解决载波相位模糊问题。差分码是数据传输系统中的一种常用码型。

6. 极性交替码（AMI）

AMI码是传号交替反转码。其编码规则是将二进制消息代码"1"（传号）交替地变换为传

图 4-5　差分码波形示意图

输码的"+1"和"−1"，而"0"（空号）保持不变。这种码型实际上把二进制脉冲序列变为三电平的符号序列，因此又称为伪三元序列，如图 4-6 所示。

图 4-6　极性交替码波形示意图

极性交替码具有以下特点：

1）在"1""0"码不等概率的情况下，不包含直流分量，且零频附近低频分量小。因此，对于具有变压器或其他交流耦合的传输信道而言，不易受隔直特性影响。

2）编译码电路简单，并便于观察误码情况。

3）可以方便地提取定时信息。

4）若接收端收到的码元极性与发送端完全相反，也能够正确判决。

5）用来获取定时信息时，由于它可能出现长的连"0"串，因而会造成提取定时信号困难。

由于 AMI 码具有以上特点，是 CCITT 建议采用的传输码型之一。

7. 三阶高密度双极性码（HDB_3）

当信息序列出现连"0"串时，信号的电平长时间不跳变，造成提取定时信号困难。解决连"0"码问题的有效方法之一是采用高密度双极性码，如 HDB_1、HDB_2、HDB_3 等，其中 HDB_3 码是采用最广泛而且也是最重要的一种码型。HDB_3 码的全称是三阶高密度双极性码，它是 AMI 码的一种改进型，其目的是为了保持 AMI 码的优点而克服其缺点，使连"0"个数不超过 3 个。其编码规则如下：

1）当信息序列中连"0"个数不超过 3 时，仍按 AMI 码的规则编码，即传号极性交替。

2）当连"0"个数超过 3 时，则将第四个"0"改为非"0"脉冲，记为+V 或−V，称之为破坏脉冲，即用 000V 替代长连"0"小段 0000，V 码的极性与前一个非零码的极性相同。

3）检查 V 码是否极性交替。若不交替，将四连"0"的第一个"0"更改为与该破坏脉冲相同极性的脉冲，并记为+B 或−B，称之为补救脉冲，即把当前的 000V 用 B00V 代替，B 码的极性与前一个非零码的极性相反，加上 B 码后，则后边所有非零码极性相反，如图 4-7 所示。

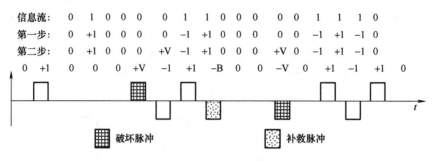

图 4-7　三阶高密度双极性码波形示意图

编码完成后，可以通过以下两个准则来判断是否编码正确：

1）"1"码与 B 码合起来极性是否交替。

2）V 码极性是否交替。

满足以上两个交替准则，则可以判断编码正确。

在接收端译码，可以采用以下方法：

1）按照上述编码原理，每一个破坏脉冲 V 码总是与前一非"0"码同极性（包括 B 码在内），因此首先检测 V 码，由两个相邻同极性码找到 V 码，即同极性码中后面那个码就是 V 码。

2）由 V 码向前的第三个码如果不是"0"码，表明该码为补救脉冲 B 码，则用 0000 取代 B00V 或 000V。

3）V 码和 B 码去掉后则全部是信息序列，将其全波整流还原成单极性码。

HDB$_3$具有以下特点：

1）编码比较复杂，但译码却比较简单。

2）无直流分量，低频成分也少。

3）除保持了 AMI 码的优点外，还增加了使连"0"串减少到至多 3 个的优点，这对于定时信号的恢复十分有利。

4）HDB$_3$码若产生一个误码，可能造成假四连"0"，译码端会引起多于一个的误码，即 HDB$_3$有误码增值。

8. 曼彻斯特码和差分曼彻斯特码

曼彻斯特码又称为数字双相码。在一个码元周期内，"1"码用高低电平表示，"0"码用低高电平表示，如图 4-8a 所示。

差分曼彻斯特码首先将信息序列进行差分码编码，然后对差分码进行曼彻斯特编码，如图 4-8b 所示。

双相码只有极性相反的两个电平，而不像 AMI 码和 HDB$_3$ 码具有三个电平。因为双相码在每个码元周期的中心点都存在电平跳变，所以含有丰富的位定时信息。又因为这种码的正、负电平各半，所以无直流分量。而且编码过程也简单，但带宽比原信息序列要大一倍，当极性反转时候会引起译码错误。

9. CMI 码

CMI 码是传号反转码的简称，与数字双相码类似，它也是一种双极性二电平码。编码规则为："1"码交替用"11"和"00"两位码表示；"0"码固定用"01"表示。

CMI 码有较多的电平跃变，因此含有丰富的定时信息。此外，由于"10"为禁用码组，

a) 曼彻斯特编码

b) 差分曼彻斯特编码

图 4-8　曼彻斯特码和差分曼彻斯特码波形示意图

不会出现三个以上的连码，这个规律可用来宏观检错。

　　由于 CMI 码易于实现，且具有上述特点，因此是 CCITT 推荐的 PCM 高次群采用的接口码型，在速率低于 8.448Mbit/s 的光纤传输系统中有时也用作线路传输码型。

　　在 CMI 码中，每个原二进制信息序列都用一组两位的二进码表示，因此这类码又称为 1B/2B 码。

　　10. 密勒码

　　密勒(Miller)码又称延迟调制码，它是曼彻斯特码的一种变形，编码规则为："1"码用码元间隔中心点出现跃变来表示，即用"10"或"01"表示；"0"码有两种情况，即单个"0"码时，在码元间隔内不出现电平跃变，且相邻码元的边界处也不跃变，连"0"时，在两个"0"码边界处出现电平跃变，即"00"与"11"交替。例如：

消息代码：1　1　0　1　0　0　1　0

密勒码：　10　10　00　01　11　00　01　11

或：　　　　01　01　11　10　00　11　10　00

　　密勒码是双相码的"0"差分形式，它可以克服双相码中存在的信源相位不稳定问题，同时密勒码直流分量很少，频带窄。利用密勒码的脉冲最大宽度为两个码元、最小宽度为一个码元的特点，可检测传输的误码或线路的故障。

　　11. 成对选择三进码(PST 码)

　　成对选择三进码(PST 码)的编码过程为：先将二进制代码两两分组，然后再把每一码组编码成两个三进制码字(+、-、0)。因为两个三进制数字共有九种状态，故可灵活地选择其中四种状态。表 4-1 列出了其中一种使用广泛的格式，编码时两个模式交替变换。

表 4-1　PST 码

二进制代码	+模式	-模式
00	-　+	-　+
01	0　+	0　-
10	+　+	-　0
11	+　+	+　-

例如：消息代码：01　00　11　10　10　11　00

　　　　PST 码：　0+　-+　+-　-0　+0　+-　-+

　　　　　或：　　0-　-+　+-　+0　-0　+-　-+

PST 码能够提供定时分量，且无直流成分，编码过程也简单，在接收识别时需要提供分组信息，即需要建立帧同步，因为在"分组"编码时不可能出现 00、++ 和 -- 的情况，因此如果接收识别时出现上述情况，说明帧没有同步，需要重新建立帧同步。

12. nB/mB 码

nB/mB 码是把原信息序列中的 n 位二进制码作为一组，编成 m 位二进制码的新码组。

由于 $m>n$，新码组可能有 2^m 种组合，故多出 (2^m-2^n) 种组合。从中选择一部分有利码组作为可用码组，其余为禁用码组，以获得好的特性。在光纤数字传输系统中，通常选 $m=n+1$，有 1B/2B 码、2B/3B 码、3B/4B 码以及 5B/6B 码等，其中，5B/6B 码型已实用化，用作三次群和四次群以上的线路传输码型。

nB/mB 码具有差分码的特点，比较容易提取同步信息。

4.1.2　基带信号的频谱特性

前面是从时域的角度来分析不同码型和波形的特点，此外，还可以从频域的角度来分析基带信号的频谱特性，频谱特性分析的内容包括信号需要占据的频带宽度、信号所包含的频谱分量、信号有无直流分量以及信号有无定时分量。针对信号频谱的特点可以选择相匹配的信道，以及确定是否可从信号中提取定时信号。

数据基带信号是一个随机脉冲序列，这是由于假如在数据通信系统中所传输的数字序列不是随机的，而是确定的，那么所发送的消息就不携带任何信息，通信也就失去了意义。因此，在分析数据基带信号的频谱特性时，是以随机过程功率谱的原始定义为出发点，求出数字随机序列的功率谱公式。

1. 二进制基带信号的功率谱

数据基带信号的消息代码的波形并非一定是矩形，还可以是其他形式。但无论采用什么形式的波形，数据基带信号都可以用数学式表示。假设基带信号中各码元波形相同但取值不同，则可以表示为

$$s(t)=a_n g(t-nT_b) \tag{4-1}$$

式中，a_n 是第 n 个信息码元所对应的电平值（0、1 或 1、-1 等），具体取值由信码和编码规律决定；T_b 为码元间隔；$g(t)$ 为某种类型脉冲波形。对于二进制序列，假设 $g_1(t)$ 表示"0"码，$g_2(t)$ 表示"1"码，则

$$a_n g(t-nT_b)=\begin{cases} g_1(t-nT_b) & \text{表示符号"0"} \\ g_2(t-nT_b) & \text{表示符号"1"} \end{cases} \tag{4-2}$$

由于 a_n 是一个随机量，因此，通常在实际中遇到的基带信号 $s(t)$ 都是一个随机的脉冲序列。一般情况下，数字基带信号可用随机序列表示，即

$$s(t)=\sum_{n=-\infty}^{\infty} s_n(t) \tag{4-3}$$

其中

$$s_n(t)=\begin{cases} g_1(t-nT_b) & \text{以概率 } p \text{ 出现} \\ g_2(t-nT_b) & \text{以概率 } 1-p \text{ 出现} \end{cases} \tag{4-4}$$

式中，T_b 为随机脉冲周期，$g_1(t)$、$g_2(t)$ 分别表示二进制码"0"和"1"。经推导可得随机脉冲的双边功率谱 $P_x(\omega)$ 为

$$P_x(\omega) = \sum_{m=-\infty}^{\infty} |f_b[pG_1(mf_b) + (1-p)G_2(mf_b)]|^2 \delta(f - mf_b) + f_bp(1-p)|G_1(f) - G_2(f)|^2$$

(4-5)

式中，$G_1(f)$、$G_2(f)$ 分别为 $g_1(t)$、$g_2(t)$ 的傅里叶变换；$f_b = 1/T_b$。

从式(4-5)可以得到以下结论：

1）二进制随机脉冲序列的功率谱一般包含连续谱和离散谱两部分。

2）对于连续谱而言，由于代表数字信息的 $g_1(t)$ 及 $g_2(t)$ 不能完全相同，故 $G_1(f) \neq G_2(f)$，因而连续谱总是存在的。谱形取决于 $g_1(t)$、$g_2(t)$ 的频谱以及出现的概率 p。根据连续谱可以确定随机序列的带宽。

3）离散谱是否存在取决于 $g_1(t)$ 和 $g_2(t)$ 的波形及其出现的概率 p。一般情况下，离散谱也总是存在的，但对于双极性信号 $g_1(t) = -g_2(t) = g(t)$ 且概率 $p = 1/2$ 时，则没有离散分量 $\delta(f - mf_b)$。而离散谱的存在与否关系到能否从脉冲序列中直接提取定时信号，因此，离散谱的存在非常重要。

对于单极性波形，若设 $g_1(t) = 0$，$g_2(t) = g(t)$，则随机脉冲序列的双边功率谱密度为

$$P_s(f) = f_bp(1-p)|G(f)|^2 + \sum_{m=-\infty}^{\infty} |f_b(1-p)G(mf_b)|^2 \delta(f - mf_b)$$

(4-6)

当"0"和"1"等概率（即 $p = 1/2$）出现时，式(4-6)可简化为

$$P_s(f) = \frac{1}{4}f_b|G(f)|^2 + \frac{1}{4}f_b^2 \sum_{m=-\infty}^{\infty} |G(mf_b)|^2 \delta(f - mf_b)$$

(4-7)

1）若表示"1"码的波形 $g_2(t) = g(t)$ 为不归零矩形脉冲，即

$$G(f) = T_b\left(\frac{\sin\pi fT_b}{\pi fT_b}\right) = T_bSa(\pi fT_b)$$

(4-8)

当 $f = mf_b$，$G(mf_b)$ 的取值情况有：$m = 0$ 时，$G(mf_b) = T_bSa(0) \neq 0$，因此离散谱中有直流分量；$m$ 为不等于零的整数时，$G(mf_b) = T_bSa(n\pi) = 0$，离散谱均为零，因此无定时信号。

此时，式(4-7)变为

$$P_s(f) = \frac{1}{4}f_bT_b^2\left(\frac{\sin\pi fT_b}{\pi fT_b}\right) + \frac{1}{4}\delta(f)$$

(4-9)

随机序列的带宽取决于连续谱，实际由单个码元的频谱函数 $G(f)$ 决定，该频谱的第一个零点在 $f = f_b$，因此单极性不归零信号的带宽为 $B = f_b$。功率谱结构如图 4-9a 所示。

2）若表示"1"码的波形 $g_2(t) = g(t)$ 为半占空归零矩形脉冲，即脉冲宽度 $\tau = T_b/2$ 时，则频谱函数为

$$G(f) = \frac{T_b}{2}Sa\left(\frac{\pi fT_b}{2}\right)$$

(4-10)

当 $f = mf_b$，$G(mf_b)$ 的取值情况有：$m = 0$ 时，$G(mf_b) = T_bSa(0) \neq 0$，因此离散谱中有直流分量；$m$ 为奇数时，$G(mf_b) = T_bSa(0) \neq 0$，此时有离散谱，其中 $m = 1$ 时，$G(mf_b) = \frac{T_b}{2}Sa\left(\frac{m\pi}{2}\right) \neq 0$，因而有定时信号；$m$ 为偶数时，$G(mf_b) = \frac{T_b}{2}Sa\left(\frac{m\pi}{2}\right) = 0$，此时无离散谱。

此时，式(4-7)变成

$$P_s(f) = \frac{T_b}{16} Sa^2 \left(\frac{\pi f T_b}{2} \right) + \frac{1}{16} \sum_{m=-\infty}^{\infty} Sa^2 \left(\frac{m\pi}{2} \right) \delta(f - mf_b) \tag{4-11}$$

不难求出，单极性半占空归零信号的带宽为 $B = 2f_b$。功率谱结构如图 4-9b 所示。

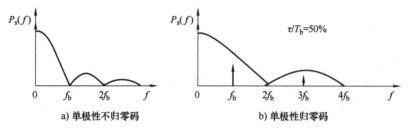

a) 单极性不归零码　　　　b) 单极性归零码

图 4-9　单极性码功率谱结构示意图

对于双极性波形：若设 $g_1(t) = -g_2(t) = g(t)$，则

$$P_s(f) = 4f_b p(1 - p) |G(f)|^2 + \sum_{m=-\infty}^{\infty} |f_b(2p - 1) G(mf_b)|^2 \delta(f - mf_b) \tag{4-12}$$

当"1"码和"0"码等概率(即 $p = 1/2$)出现时，式(4-12)变为

$$P_s(f) = f_b |G(f)|^2 \tag{4-13}$$

若 $g(t)$ 为高为 1、脉宽等于码元周期的矩形脉冲，那么式(4-13)可写为

$$P_s(f) = T_b Sa^2(\pi f T_b) \tag{4-14}$$

综上可以得到以下结论：

1) 随机序列的带宽主要依赖单个码元波形的频谱函数 $G_1(f)$ 或 $G_2(f)$，两者之中应取较大带宽的一个作为序列带宽。时间波形的占空比越小，频带越宽。通常以谱的第一个零点作为矩形脉冲的近似带宽，它等于脉宽 τ 的倒数，即 $B = 1/\tau$。由图 4-9 可知，不归零脉冲的 $\tau = T_b$，则 $B = f_b$；半占空归零脉冲的 $\tau = T_b/2$，则 $B = 1/\tau = 2f_b$。其中 $f_b = 1/T_b$，为位定时信号的频率，在数值上与码元速率 R_B 相等。

2) 单极性基带信号是否存在离散谱取决于矩形脉冲的占空比，单极性归零信号中有定时分量，可直接提取。单极性不归零信号中无定时分量，若想获取定时分量，需要进行波形变换。"0""1"等概率的双极性信号没有离散谱，也就是说无直流分量和定时分量。

综上分析，研究随机脉冲序列的功率谱是十分有意义的。一方面可以根据它的连续谱来确定序列的带宽，另一方面根据它的离散谱是否存在这一特点，可以明确能否从脉冲序列中直接提取定时分量，以及采用什么方法可以从基带脉冲序列中获得所需的离散分量。这一点，在研究位同步、载波同步等问题时十分重要。

2. AMI 码和 HDB$_3$ 码的功率谱

AMI 码和 HDB$_3$ 码都是三元码，不能利用二进制随机脉冲序列的双边功率谱密度的公式来计算它们的功率谱。但若认为它们是各态历经的，则可利用平稳随机过程的相关函数去求功率谱密度。

图 4-10 为 AMI 码和 HDB$_3$ 码的功率谱结构示意图。由图 4-10 可见，AMI 码和 HDB$_3$ 码的高、低频分量少，能量主要集中在频率为 1/2 码速处，有利于提高信道的利

图 4-10　AMI 码和 HDB$_3$ 码
功率谱结构示意图

用率。虽然其功率谱中不存在离散谱，但经过简单的变换就能得到位定时信号。

4.2　基带传输系统的组成

基带传输系统的基本结构如图 4-11 所示，主要由码型变换器、发送滤波器、信道、接收滤波器、同步系统和抽样判决器组成。其中，a 为原始的数据序列；b 为基带脉冲序列；c 为基带数据信号；d 为信道的输出信号；e 为接收滤波器的输出信号；f 为经抽样脉冲恢复的数据基带信号。

图 4-11　基带传输系统的组成

基带传输系统各组成部分的作用如下：

（1）码型变换器

数据终端（DTE）产生的脉冲序列，往往不适合直接在信道中传输。这是因为数据终端产生的基带信号含有直流，而信道往往不能传输直流，而且直流基带信号不便于提取同步信息，这些都不利于信道的传输。码型变换器的作用就是将数据信号转换成更适合信道传输的码型，达到与信道匹配的目的。

（2）发送滤波器

码型变换器变换后输出的各种波形为矩形波，这种以矩形为基本波形的码型往往含有大量的低频分量和高频分量，占用频带也比较宽，不利于信道的传输。因此，发送滤波器的作用是限制信号频带并起波形形成作用，如将矩形波变换为升余弦波形。

（3）信道

信道是信号的传输媒介，可以是各种形式的电缆。

（4）接收滤波器

接收滤波器的作用是完成抑制带外噪声、均衡信号波形等功能，使其输出波形更有利于抽样判决。

（5）同步系统

同步系统的作用是通过特定方法提取同步信息，并产生同步控制信号。位定时的准确与否将直接影响判决效果。

（6）抽样判决器

抽样判决器是在位同步脉冲的控制下对信号波形抽样，并按照特定码型的判决规则恢复原始数据信号。

图 4-12 为基带系统的各点波形示意图。其中，a 为单极性非归零码；b 为双极性非归零码；c 为发送滤波器输出波形；d 为信道输出的波形，由于信道频率特性不理想，波形发生失真并叠加了噪声；e 为接收滤波器输出波形，与 d 相比，失真和噪声减弱；cp 为位定时同

步脉冲；f 为经抽样脉冲恢复的数据基带信号。其中第六个码元发生误码。

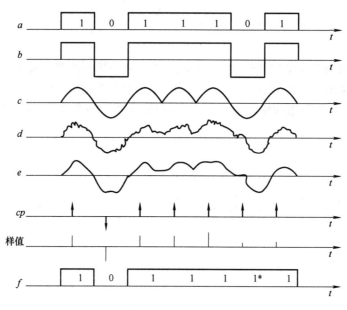

图 4-12 基带系统的各点波形示意图

4.3 无码间干扰的基带传输

4.3.1 码间干扰的概念

图 4-12 中，经抽样脉冲恢复的数据基带信号的第六个码元发生误码。误码发生的原因有两个：

1）信道加性噪声。由于噪声是随机过程，在抽样判决时刻，噪声的值是随机的，大小不一，因此会造成错误判决。

2）系统的传输总特性，包括发送滤波器、接收滤波器以及信道的特性的不理想引起的波形延迟、展宽、拖尾等畸变，使码元之间相互干扰。

也就是说，实际抽样判决值不仅有本码元的值，还有噪声和其他码元在该码元抽样时刻的串扰值。接收端能否正确恢复信息，在于能否有效地抑制噪声和减小码间干扰。

下面通过分析基带传输系统模型来分析码间干扰。基带传输系统模型如图 4-13 所示。

图 4-13 基带传输系统模型

图 4-13 中，$\{a_n\}$ 为发送滤波器的输入符号序列，在二进制下，a_n 取值为 0、1 或 −1、+1。为了分析方便，假设 $\{a_n\}$ 对应的基带信号为

$$d(t) = \sum_{n=-\infty}^{\infty} a_n \delta(t - nT_b) \tag{4-15}$$

式中，$d(t)$ 为间隔为 T_b、强度由 a_n 决定的单位冲激序列。

$d(t)$ 通过发送滤波器产生 $s(t)$，即

$$s(t) = d(t) * g_T(t) = \sum_{n=+\infty}^{\infty} a_n g_T(t - nT_b) \tag{4-16}$$

式中，$g_T(t)$ 为单位冲激序列 δ 作用下形成的发送基本波形，即发送滤波器的单位冲激响应。若发送滤波器的传输特性为 $G_T(\omega)$，则 $g_T(t)$ 为

$$g_T(t) = \frac{1}{2\pi} \int_{-\infty}^{\infty} G_T(\omega) e^{j\omega t} d\omega \tag{4-17}$$

若再设信道的传输特性为 $C(\omega)$，接收滤波器的传输特性为 $G_R(\omega)$，则图 4-13 基带传输系统的总传输特性为

$$H(\omega) = G_T(\omega) C(\omega) G_R(\omega) \tag{4-18}$$

其单位冲激响应为

$$h(t) = \frac{1}{2\pi} \int_{-\infty}^{\infty} H(\omega) e^{j\omega t} d\omega \tag{4-19}$$

式中，$h(t)$ 是单位冲激序列作用下 $H(\omega)$ 形成的输出波形。因此在 $d(t)$ 作用下，接收滤波器输出信号 $y(t)$ 可表示为

$$y(t) = d(t) * h(t) + n_R(t) = \sum_{n=-\infty}^{\infty} a_n h(t - nT_b) + n_R(t) \tag{4-20}$$

式中，$n_R(t)$ 是加性噪声 $n(t)$ 经过接收滤波器后输出的噪声。

抽样判决器对 $y(t)$ 进行抽样判决，以确定所传输的数字信号序列 $\{a_n\}$。如要对第 k 个码元 a_k 进行判决，应在 $t = kT_b + t_0$ 时刻上（t_0 是信道和接收滤波器所造成的延迟）对 $y(t)$ 抽样。由式 (4-20) 可得

$$y(kT_b + t_0) = a_k h(t_0) + \sum_{n \neq k} a_n h[(k - n)T_b + t_0] + n_R(kT_b + t_0) \tag{4-21}$$

式 (4-21) 右端各项具有以下意义：

1）第一项 $a_k h(t_0)$ 是第 k 个码元波形的抽样值，包括大小、极性，以及受滤波器、信道的影响。它是确定 a_k 的依据。

2）第二项 $\sum\limits_{n \neq k} a_n h[(k - n)T_b + t_0]$ 是除第 k 个码元以外的其他码元波形在第 k 个抽样时刻上的总和，它对当前码元 a_k 的判决起着干扰的作用，所以称为码间串扰值。

3）第三项 $n_R(kT_b + t_0)$ 是信道加性噪声在抽样瞬间的值，它是一种随机干扰，也要影响对第 k 个码元的正确判决。

由于码间干扰和随机噪声的存在，当 $y(kT_b + t_0)$ 加到判决电路时，对 a_k 取值的判决可能判对也可能判错。例如，在二进制数字通信时，a_k 的可能取值为 "0" 或 "1"，判决电路的判决门限为 V_0，且判决规则为当 $y(kT_b + t_0) > V_0$ 时，判 a_k 为 "1"，当 $y(kT_b + t_0) < V_0$ 时，判 a_k 为 "0"。显然，只有当码间干扰值和噪声足够小时，才能基本保证上述判决的正确，否则，有可能发生错判，造成误码。因此，为了使误码率尽可能的小，必须最大限度地减小码间干扰和随机噪声的影响。这也正是研究基带脉冲传输的基本出发点。

4.3.2　消除码间干扰的基本思想

由式(4-21)可知，要想消除码间干扰，则必须满足

$$\sum_{n \neq k} a_n h[(k-n)T_b + t_0] = 0 \tag{4-22}$$

由于 a_n 是随机的，不一定为零，因此，需要对 $h(t)$ 的波形提出要求，即如果相邻码元的前一个码元的波形在到达后一个码元抽样时刻就衰减为零，如图 4-14a 所示，则前一个码元就不会对后一个码元引起码间干扰。但是，由于 $h(t)$ 的波形有很长的拖尾，在实际当中很难实现，因此，只能使 $h[(k-n)T_b + t_0]$ 在 t_0+T_b, t_0+2T_b, $\cdots$, $(k-n)T_b + t_0$, $\cdots$ 等抽样判决时刻正好为零，就能消除码间干扰，如图 4-14b 所示。这也是消除码间干扰的基本思想。

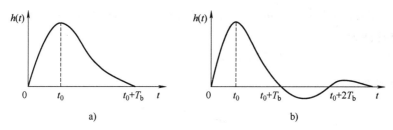

图 4-14　无码间干扰示意图

4.3.3　无码间干扰的时域条件

根据消除码间干扰的基本思想，只要满足基带传输系统的冲激响应 $h(t)$ 在本码元的抽样时刻点上为波形的峰值点，在其他码元的抽样时刻点为零，就可以消除码间干扰。假设信道和接收滤波器所引起的延迟 $t_0=0$，则基带传输系统无码间干扰的冲激响应必须满足

$$h(kT_b) = \begin{cases} 1 & k=0 \\ 0 & k \neq 0 \end{cases} \tag{4-23}$$

由式(4-23)可知，基带传输系统无码间干扰的冲激响应除了 $t=0$ 时取值为峰值，其他抽样时刻 $t=kT_b$ 上的取值均为零，满足这个条件就可以实现无码间干扰。

满足这种波形特点的函数有很多，如 $h(t)=Sa(m\pi t/T_b)$ 和 $h(t)=Sa^2(\pi t/T_b)$，这些曲线都能在 $T_b, 2T_b, \cdots, nT_b$ 这些特殊点上取值为零。基带传输系统的冲激响应通常采用函数 $h(t)=Sa(\pi t/T_b)$，该曲线对应的传输函数满足理想低通特性。

4.3.4　理想低通网络波形形成(奈奎斯特第一准则)

下面对满足理想低通特性的冲激响应函数进行推导。按照信号与系统理论可知，传输特性 $H(\omega)$ 和单位冲激响应 $h(t)$ 是一对傅里叶变换对，即

$$h(t) = \frac{1}{2\pi} \int_{-\infty}^{+\infty} H(\omega) e^{j\omega t} d\omega \tag{4-24}$$

当 $t=kT_b$ 时，有

$$h(kT_b) = \frac{1}{2\pi} \int_{-\infty}^{+\infty} H(\omega) e^{j\omega kT_b} d\omega \tag{4-25}$$

式(4-25)按照 $\omega_b = 2\pi/T_b$ 的长度用分段积分的形式表示为

$$h(kT_b) = \frac{1}{2\pi} \sum_{n=-\infty}^{+\infty} \int_{n\omega_b-\omega_b/2}^{n\omega_b+\omega_b/2} H(\omega) e^{j\omega kT_b} d\omega \tag{4-26}$$

用 $H_n(\omega)$ 表示第 n 个区间内的 $H(\omega)$，则有

$$h(kT_b) = \frac{1}{2\pi} \sum_{n=-\infty}^{+\infty} \int_{n\omega_b-\omega_b/2}^{n\omega_b+\omega_b/2} H_n(\omega) e^{j\omega kT_b} d\omega \tag{4-27}$$

令 $\omega' = \omega - n\omega_b$，则 $\omega = \omega' + n\omega_b$，$d\omega = d\omega'$，所以有

$$
\begin{aligned}
h(kT_b) &= \frac{1}{2\pi} \sum_{-\infty}^{+\infty} \int_{-\omega_b/2}^{\omega_b/2} H_n(\omega' + n\omega_b) e^{j\omega' kT_b} e^{j2nk\pi} d\omega' \\
&= \frac{1}{2\pi} \int_{-\omega_b/2}^{\omega_b/2} \sum_{n=-\infty}^{+\infty} H_n(\omega + n\omega_b) e^{j\omega kT_b} d\omega \\
&= \frac{1}{2\pi} \int_{-\omega_b/2}^{\omega_b/2} H_{eq}(\omega) e^{j\omega kT_b} d\omega
\end{aligned}
\tag{4-28}
$$

其中，定义基带传输系统的等效传输特性 $H_{eq}(\omega) = \sum_{n=-\infty}^{+\infty} H_n(\omega + n\omega_b)$。从表达式可以看出，$H_{eq}(\omega)$ 为一周期函数，周期为 ω_b。

若 $H_{eq}(\omega)$ 满足理想传输特性，即

$$H_{eq}(\omega) = \begin{cases} c & |\omega| \leq \pi/T_b \\ 0 & |\omega| > \pi/T_b \end{cases} \tag{4-29}$$

此时系统的冲激响应满足无码间干扰的时域条件，可实现无码间干扰传输。

从理想传输特性，定义基带传输系统的奈奎斯特带宽 $B = \pi/T_b = f_b/2$。

基带传输系统的等效传输特性是通过将 $H(\omega)$ 在 ω 轴上以 $2\pi/T_b$ 为宽度分割成段，然后将每一段沿 ω 轴平移到 $(-\pi/T_b, \pi/T_b)$ 区间内进行叠加，所得到的结果为一常数。也就是说，在实际当中，只要 $H(\omega)$ 的特性能等效成一个理想低通滤波器，就可以实现无码间干扰。

下面分析基带传输系统的特性。如图 4-15 所示是一个三角传输特性，画出其等效传输特性，考察在奈奎斯特带宽内是否满足理想低通特性。

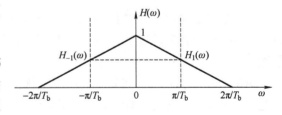

图 4-15 三角传输特性

经过切割、平移、叠加之后，可以将三角传输特性等效成一个理想低通滤波器，如图 4-16 所示，可以认为 $H(\omega)$ 满足奈奎斯特第一准则。因此，能够满足奈奎斯特第一准则的 $H(\omega)$ 并不是唯一的。

如果系统的传递函数 $H(\omega)$ 其本身就是理想低通滤波器的传递函数，不用分割后再叠加成为常数，即

$$H(\omega) = H_{eq}(\omega) = \begin{cases} c & |\omega| \leq \pi/T_b \\ 0 & |\omega| > \pi/T_b \end{cases} \tag{4-30}$$

如图 4-17 所示。此时 $H_{eq}(\omega)$ 中 n 取 1，对应的冲激响应为

$$h(t) = \frac{1}{2\pi} \int_{-\infty}^{+\infty} H(\omega) e^{j\omega t} d\omega = \frac{1}{2\pi} \int_{-\pi/T_b}^{\pi/T_b} e^{j\omega t} d\omega = \frac{1}{T_b} \frac{\sin(\pi t/T_b)}{\pi t/T_b} = f_b Sa(\pi t/T_b) \tag{4-31}$$

如图 4-18 所示。

图 4-16   三角传输特性的等效传输特性

图 4-17   理想传输特性   图 4-18   单位冲激响应

　　由理想低通系统产生的信号称为理想低通信号。由图 4-18 可知，理想低通信号在 $t=\pm n\pi(n\neq 0)$ 时有周期性零点。如果发送码元波形的时间间隔为 T_b，接收端在 $t=nT_b$ 时抽样，就能达到无码间干扰。

　　由图 4-18 和式(4-31)可知，无码间干扰传输码元周期为 T_b 的序列时，所需的最小传输带宽为 $1/(2T_b)$。这是在抽样值无干扰条件下，基带系统传输所能达到的极限情况。也就是说，当系统的传输特性在奈奎斯特带宽内是理想低通特性时，若发送端以其截止频率 2 倍的速率传输信号，接收端仍以间隔 T_b 在码元峰值处抽样就可以消除码间干扰，传输速率为 $R_B=1/T_b=f_b$ Baud，信道带宽为 $B=f_b/2$ Hz，此时可以得到最大的频带利用率 $\eta=R_B/B=2$ Baud/Hz，这种用于判断一个给定的系统特性 $H(\omega)$ 能否满足无码间干扰的准则称为奈奎斯特第一准则。数据传输示意图如图 4-19 所示。

　　由以上分析可知，如果基带传输系统的总传输特性为理想低通特性，则基带信号的传输不存在码间干扰。但是这种传输条件实际上不可能达到，因为理想低通的传输特性意味着有无限陡峭的过渡带，这在工程上是无法实现的。即使获得了这种传输特性，其冲激响应波形的尾部衰减特性很差，尾部仅按 $1/t$ 的速度衰减，且接收波形在再生判决中还要再抽样一次，这样就要求接收端的抽样定时脉冲必须准确无误，若稍有偏差，就会引入码间干扰。所以上述无码间干扰的传递函数条件只有理论上的意义，但它给出了基带传输系统传输能力的极限值。实际中，一般不采用理想低通传输特性。因此，需要寻找一个传输系统，既可以物

图 4-19　数据传输示意图

理上实现，又能满足奈奎斯特第一准则的基本要求。

4.3.5　具有幅度滚降特性的低通网络波形形成

理想低通形成网络之所以物理上不能实现，是因为它的幅频特性 $H(\omega)$ 在截止频率 ω_N 和 $-\omega_N$ 处是陡直变化的。因此，可以把理想低通形成网络在 ω_N 处进行平滑或者滚降处理，得到它的滚降特性图，使得它在 ω_N 处不是垂直截止，而是有一定的缓变过渡特性。如图 4-20 所示，滚降特性图的起始频率是 $\omega_N(1-\alpha)$，终止频率是 $(1+\alpha)\omega_N$，其中，$\alpha = \omega_r/\omega_N$ 为滚降系数。ω_r 为起始频率 $\omega_N(1-\alpha) \sim \omega_N$ 的频率范围，或者是 $\omega_N \sim$ 终止频率 $(1+\alpha)\omega_N$。

a) 理想低通特性　　　　b) 附加特性　　　　c) 升余弦特性

图 4-20　升余弦滚降特性的分解

很显然，α 的取值范围为 $0 \le \alpha \le 1$，当 $\alpha = 0$ 时，就是理想低通特性。由此可见，理想低通是滚降低通的一个特例。当 $\alpha = 1$ 时，所占频带的带宽最宽，是理想系统带宽的 2 倍，因而频带利用率为 $1\text{bit}/(\text{s}\cdot\text{Hz})$。当 $0 < \alpha < 1$ 时，带宽 $B = (1+\alpha)/2T_b$，频带利用率 $\eta = 2/(1+\alpha)\,\text{bit}/(\text{s}\cdot\text{Hz})$。由于抽样时刻不可能完全没有时间上的误差，为了减小抽样定时脉冲误差所带来的影响，滚降系数 α 不能太小，通常选择 $\alpha \ge 0.2$。

由于滚降截止频率为 $(1+\alpha)\omega_N$，因此此时系统的带宽 $B = (1+\alpha)f_N = (1+\alpha)f_b/2$，可以计算出系统的频带利用率为

$$\eta = \frac{R_B}{B} = \frac{2f_b}{(1+\alpha)f_b} = \frac{2}{1+\alpha}(\text{Baud/Hz}) \tag{4-32}$$

图 4-20b 中，对 $|\omega| > \omega_N$ 的频率部分增加了部分传输能力，即增加了 $(1+\alpha)\omega_N$，而对于小于 ω_N 的频率正好减少这部分传输能力，即关于 C 点旋转 180° 正好补平减少部分的传输缺口，且系统的相频特性仍是线性的。这样的系统，它的冲激脉冲响应的前导和后尾仍是每隔 $T_b = \pi/\omega_N$ 秒经过零点，从而满足按间隔 $T = \pi/\omega_N$ 的抽样点上无码间干扰的要求。

因此，滚降低通在物理上是可以实现的，同时，若滚降低通网络的幅度特性 $|H(\omega)|$ 以 C 点 $(\omega_N, 1/2)$ 呈奇对称滚降，则其输出响应波形 $h(t)$ 在抽样判决点无码间干扰，即满足奈奎斯特第一准则。

图 4-21　例 4-1 图

【例 4-1】　一滚降低通网络的幅度特性 $|H(f)|$ 如图 4-21 所示，试判断此滚降低通网络是否满足无码间干扰的条件。

解：此滚降低通网络不满足无码间干扰的条件。因为虽然它的幅度特性呈奇对称滚降，但滚降的对称点不是 $(f_N, 1/2)$，而是 $(1.5f_N, 1/2)$。

【例 4-2】　一形成滤波器幅度特性如图 4-22 所示。

（1）如果码元奈奎斯特第一准则，其码元速率为多少？α 为多少？

（2）采用八电平传输时，传信速率为多少？

（3）频带利用率 η 为多少 Baud/Hz？

解：（1）如果码元奈奎斯特第一准则，$|H(f)|$ 应以 C 点 $(f_N, 0.5)$ 呈奇对称滚降，由图 4-22 可得

$$f_N = \left(2000 + \frac{4000-2000}{2} \right) \text{Hz} = 3000\text{Hz}$$

码元速率　　　　　　　　$f_b = 2f_N = 2 \times 3000\text{Baud} = 6000\text{Baud}$

滚降系数　　　　　　　　$\alpha = \frac{4000-3000}{3000} = \frac{1000}{3000} = \frac{1}{3}$

（2）传信速率 $R = f_b \text{lb} M = 6000 \times \text{lb}8\text{bit/s} = 18000\text{bit/s}$

（3）频带利用率 $\eta = \dfrac{f_b}{B} = \dfrac{6000}{4000}\text{Baud/Hz} = 1.5\text{Baud/Hz}$

实际中，最常用的传递函数为升余弦滚降低通网络，如图 4-23 所示。

图 4-22　例 4-2 图

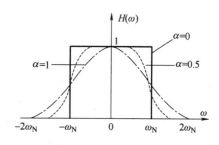

图 4-23　升余弦滚降低通网络

升余弦滚降低通特性 $H(\omega)$ 可表示为

$$H(\omega) = \begin{cases} T_b & |\omega| \leqslant \omega_N(1-\alpha) \\ \dfrac{T_b}{2}\left[1 + \sin \dfrac{T_b}{2\alpha}(\omega_N - \omega) \right] & (1-\alpha)\omega_N < |\omega| < (1+\alpha)\omega_N \\ 0 & |\omega| > (1+\alpha)\omega_N \end{cases} \tag{4-33}$$

对应的冲激响应 $h(t)$ 为

$$h(t) = \frac{\sin(\pi t/T_b)}{\pi t/T_b} \frac{\cos(\pi\alpha t/T_b)}{1-4\alpha^2 t^2/T_b^2} = Sa(\pi t/T_b)\frac{\cos(\pi\alpha t/T_b)}{1-4\alpha^2 t^2/T_b^2} \tag{4-34}$$

升余弦滚降低通冲激响应如图 4-24 所示。

通过分析升余弦滚降低通特性冲激响应可知，升余弦滚降系统的 $h(t)$ 满足在抽样时刻上无码间干扰的传输条件，且在各抽样值之间又增加了一个零点，其尾部以 $1/t^3$ 速度衰减，有利于减小码间干扰且对定时脉冲精度的要求不会很高。但由于升余弦滚降系统的频带被展宽，因而其频带利用率不能达到极限频带利用率。

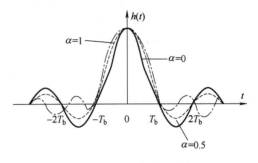

图 4-24　升余弦滚降低通冲激响应

4.4　眼图

从理论上讲，只要基带传输总特性 $H(\omega)$ 满足奈奎斯特第一准则，即可实现无码间串扰传输。在实际的基带数据传输系统中，由于滤波器设计的误差、传输线路不稳定等因素，完全消除码间干扰是十分困难的，而码间干扰对误码率的影响目前尚未找到数学上便于处理的统计规律，还不能进行准确计算。为了衡量基带传输系统的性能优劣，在实验室中，通常用示波器观察接收信号波形的方法来分析码间干扰和噪声对系统性能的影响，这种方法称为眼图分析法。

眼图是指利用实验的方法估计和改善（通过调整）传输系统性能时在示波器上观察到的一种图形。观察眼图的方法是：用一个示波器跨接在接收滤波器的输出端，然后调整示波器扫描周期，使示波器水平扫描周期与接收码元的周期同步，在示波器上显示的图形很像人的眼睛，因此被称为眼图。

二进制信号传输时的眼图只有一只"眼睛"，当传输三元码时，会显示两只"眼睛"。眼图是由各段码元波形叠加而成的，眼图中央的垂直线表示最佳抽样时刻，位于上下两峰值中间位置的水平线是判决门限电平，眼图模型如图 4-25 所示。

图 4-25　眼图模型

借助图 4-25 可了解眼图的形成原理。为了便于理解，暂先不考虑噪声的影响。图 4-26a 所示为接收滤波器输出的无码间串扰的双极性基带波形，用示波器观察它，并将示波器扫描周期调整到码元周期 T_b，由于示波器的余辉作用，扫描所得的每一个码元波形将重叠在一起，形成如图 4-26b 所示的迹线细而清晰的大"眼睛"；图 4-26c 所示为有码间串扰的双极性基带波形，由于存在码间串扰，此波形已经失真，示波器的扫描迹线不完全重合，于是形成的眼图迹线杂乱，"眼睛"张开得较小，且眼图不端正，如图 4-26d 所示。对比图 4-26b 和图 4-26d 可知，眼图的"眼睛"张开得越大，且眼图越端正，表示码间串扰越小，反之，表示码间串扰越大。

图 4-26　基带传输眼图示意图

观察图 4-26 可知，在无码间干扰和噪声的理想情况下，波形无失真，"眼睛"开启得最大。当有码间干扰时，波形失真，引起"眼睛"部分闭合。若再加上噪声的影响，则使眼图的线条变得模糊，"眼睛"开启得更小，因此，"眼睛"张开的大小表示了失真的程度。由此可知，眼图能直观地表明码间干扰和噪声的影响，可评价一个基带传输系统性能的优劣。另外也可以用此图形对接收滤波器的特性加以调整，以减小码间干扰和改善系统的传输性能。通常眼图可以用图 4-25 所示的图形来描述。由图可以获得以下信息：

1）眼图张开的宽度决定了接收波形可以不受串扰影响而抽样再生的时间间隔。显然，最佳抽样时刻应选在"眼睛"张开最大的时刻。

2）眼图斜边的斜率，表示系统对定时抖动（或误差）的灵敏度，斜边越陡，系统对定时抖动越敏感。

3）眼图左（右）角阴影部分的水平宽度表示信号零点的变化范围，称为零点失真量，在许多接收设备中，定时信息是由信号零点位置来提取的，对于这种设备零点失真量很重要。

4）在抽样时刻，阴影区的垂直宽度表示最大信号失真量。

5）在抽样时刻上、下两阴影区间隔的一半是最小噪声容限，噪声瞬时值超过它就有可能发生错误判决。

6）横轴对应判决门限电平。

4.5　无码间干扰基带系统的抗噪声性能

码间干扰和信道噪声是影响接收端正确判决而造成误码的两个因素。4.4 节讨论了不考虑噪声影响时，能够消除码间串扰的基带传输特性。本节讨论在无码间串扰的条件下，噪声对基带信号传输的影响，即计算噪声引起的误码率。

4.5.1 二电平传输系统的误码率

若认为信道噪声只对接收端产生影响，则分析模型如图 4-27 所示。设二进制接收波形为 $s(t)$，信道噪声 $n(t)$ 通过接收滤波器后的输出噪声为 $n_R(t)$，则接收滤波器的输出是信号加噪声的混合波形，即

$$x(t) = s(t) + n_R(t) \tag{4-35}$$

图 4-27 抗噪声性能分析模型

若二进制基带信号为双极性，设它在抽样时刻的电平取值为 $+A$ 或 $-A$（分别对应与信码"1"或"0"），则 $x(t)$ 在抽样时刻的取值为

$$x(kT_b) = \begin{cases} A + n_R(kT_b) & \text{发送"1"时} \\ -A + n_R(kT_b) & \text{发送"0"时} \end{cases} \tag{4-36}$$

设判决电路的判决门限电平为 V_d，判决规则为

$$x(kT_b) > V_d，判为"1"码$$
$$x(kT_b) < V_d，判为"0"码$$

上述判决过程的典型波形如图 4-28 所示。其中，图 4-28a 所示为无噪声影响时的信号波形，而图 4-28b 所示为在图 4-28a 波形叠加上噪声后的混合波形。

显然，这时的判决门限应选择在 0 电平，不难看出，对图 4-28a 波形能够毫无差错地恢复基带信号，但对图 4-28b 的波形就可能出现两种判决错误：原"1"错判成"0"或原"0"错判成"1"，图中带"*"的码元就是错码。下面具体分析由于信道加性噪声引起误码的概率 p_e，简称误码率。

图 4-28 判决过程波形示意图

信道加性噪声 $n(t)$ 通常被假设为均值为零、双边功率谱密度为 $n_0/2$ 的平稳高斯白噪声，而接收滤波器又是一个线性网络，故判决电路输入噪声 $n_R(t)$ 也是均值为零的平稳高斯噪声，且它的功率谱密度 $P_n(\omega)$ 为

$$P_n(\omega) = \frac{n_0}{2} \mid G_R(\omega) \mid^2 \tag{4-37}$$

方差（噪声平均功率）为

$$\sigma_n^2 = \frac{1}{2\pi} \int_{-\infty}^{\infty} \frac{n_0}{2} \mid G_R(\omega) \mid^2 \mathrm{d}\omega \tag{4-38}$$

可见，$n_R(t)$ 是均值为 0、方差为 σ_n^2 的高斯噪声，因此它的瞬时值的统计特性可用一维概率密度函数描述为

$$f(v) = \frac{1}{\sqrt{2\pi}\,\sigma_n} \mathrm{e}^{-v^2/2\sigma_n^2} \tag{4-39}$$

式中，v 为噪声的瞬时取值 $n_R(kT_b)$。

根据式（4-39），当发送"1"时，$A + n_R(kT_b)$ 的一维概率密度函数为

$$f_1(x) = \frac{1}{\sqrt{2\pi}\,\sigma_n} \exp\left[-\frac{(x-A)^2}{2\sigma_n^2} \right] \tag{4-40}$$

当发送"0"时，$-A + n_R(kT_b)$ 的一维概率密度函数为

$$f_0(x) = \frac{1}{\sqrt{2\pi}\,\sigma_n} \exp\left[-\frac{(x+A)^2}{2\sigma_n^2} \right] \tag{4-41}$$

这时，在 $-A$ 到 $+A$ 之间选择一个适当的电平 V_d 作为判决门限，根据判决规则将会出现以下几种情况：

1）对于"1"码：当 $x > V_d$，判为"1"码（判决正确）；当 $x < V_d$，判为"0"码（判决错误）。

2）对于"0"码：当 $x < V_d$，判为"0"码（判决正确）；当 $x > V_d$，判为"1"码（判决错误）。

可见，在二进制基带信号传输过程中，噪声会引起两种误码概率：

发"1"错判为"0"的概率 $p(0/1)$ 为

$$
\begin{aligned}
p(0/1) &= p(x < V_d) = \int_{-\infty}^{V_d} f_1(x)\,\mathrm{d}x \\
&= \int_{-\infty}^{V_d} \frac{1}{\sqrt{2\pi}\,\sigma_n} \exp\left[-\frac{(x-A)^2}{2\sigma_n^2} \right] \mathrm{d}x \\
&= \frac{1}{2} + \frac{1}{2} erf\left(\frac{V_d - A}{\sqrt{2}\,\sigma_n} \right)
\end{aligned} \tag{4-42}
$$

发"0"错判为"1"的概率 $p(1/0)$ 为

$$
\begin{aligned}
p(1/0) &= p(x > V_d) = \int_{V_d}^{\infty} f_0(x)\,\mathrm{d}x \\
&= \int_{V_d}^{\infty} \frac{1}{\sqrt{2\pi}\,\sigma_n} \exp\left[-\frac{(x+A)^2}{2\sigma_n^2} \right] \mathrm{d}x \\
&= \frac{1}{2} - \frac{1}{2} erf\left(\frac{V_d + A}{\sqrt{2}\,\sigma_n} \right)
\end{aligned} \tag{4-43}
$$

$p(0/1)$ 和 $p(1/0)$ 分别如图 4-29 中的阴影部分所示。若发送"1"码的概率为 $p(1)$，发送

"0"码的概率为 $p(0)$，则基带传输系统总的误码率可表示为

$$p_e = p(1)p(0/1) + p(0)p(1/0) \qquad (4-44)$$

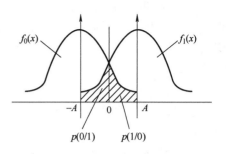

由式(4-43)可见，误码率与 $p(1)$、$p(0)$、$f_0(x)$、$f_1(x)$ 和 V_d 有关，而 $f_0(x)$ 和 $f_1(x)$ 又与信号的峰值 A 和噪声功率 σ_n^2 有关。通常 $p(1)$ 和 $p(0)$ 是给定的，因此误码率最终由 A、σ_n^2 和判决门限电平 V_d 决定。在 A 和 σ_n^2 一定的条件下，可以找到一个使误码率最小的判决门限电平，称为最佳门限电平。若令

图 4-29　接收端信号概率密度曲线

$$\frac{\mathrm{d}p_0}{\mathrm{d}V_d} = 0 \qquad (4-45)$$

则可求得最佳门限电平为

$$V_d^* = \frac{\sigma_n^2}{2A}\ln\frac{p(0)}{p(1)} \qquad (4-46)$$

当 $p(1) = p(0) = 1/2$ 时，$V_d^* = 0$，这时，基带传输系统的总误码率为

$$p_e = \frac{1}{2}p(0/1) + \frac{1}{2}p(1/0) = \frac{1}{2}\left[1 - erf\left(\frac{A}{\sqrt{2}\,\sigma_n}\right)\right] = \frac{1}{2}erfc\left(\frac{A}{\sqrt{2}\,\sigma_n}\right) \qquad (4-47)$$

由式(4-47)可见，在发送概率相等，且在最佳门限电平下，系统的总误码率仅依赖于信号峰值 A 与噪声方均根值 σ_n 的比值，而与采用什么样的信号形式无关(当然，这里的信号形式必须能够消除码间干扰)。比值 A/σ_n 越大，p_e 就越小。

以上分析的是双极性信号的情况。对于单极性信号，电平取值为 $+A$(对应"1"码)或 0(对应"0"码)。因此，在发"0"码时，只需将图 4-29 中 $f_0(x)$ 曲线的分布中心由 $-A$ 移到 0 即可。此时式(4-46)和式(4-47)将分别变为

$$V_d^* = \frac{A}{2} \qquad (4-48)$$

此时

$$p_e = \frac{1}{2}\left[1 - erf\left(\frac{A}{2\sqrt{2}\,\sigma_n}\right)\right] = \frac{1}{2}erfc\left(\frac{A}{2\sqrt{2}\,\sigma_n}\right) \qquad (4-49)$$

式中，A 为单极性基带波形的峰值。

比较式(4-47)与式(4-49)可见，在单极性与双极性基带信号的峰值 A 相等、噪声方均根值 σ_n 也相等时，单极性基带系统的抗噪声性能不如双极性基带系统。此外，在等概率条件下，单极性基带信号的最佳判决门限电平为 $A/2$，当信道特性发生变化时，信号幅度 A 将随之变化，故判决门限电平也随之改变，而不能保持最佳状态，从而导致误码率增大。而双极性的最佳判决门限电平为 0，与信号幅度无关，因而不随信道特性变化而变，故能保持最佳状态。因此，基带系统多采用双极性信号进行传输。

图 4-30 所示为单、双极性基带信号误码率-信噪比(p_e-ρ)的关系曲线。由图 4-30 可以得出以下结论：

1) 在信噪比 ρ 相同的条件下，双极性信号的误码率比单极性信号低，抗干扰性能好。

2) 在误码率相同的条件下，单极性信号需要的信噪比要比双极性高 3dB。

3）p_e-ρ 曲线总的趋势是 $\rho\uparrow$，$p_e\downarrow$，但当 ρ 达到一定值后，$\rho\uparrow$，p_e 将大大降低。

4.5.2　多电平传输系统的误码率

理想信道下的最佳基带传输系统为：$C(\omega)=1$，$G_T(\omega)=G_R(\omega)=H^{1/2}(\omega)$。设输入数据序列 $\{a_n\}$ 有 L 种电平，各电平的出现概率相等且相互独立，L 种电平取值为 $\pm d,\pm 3d,\cdots,\pm(L-1)d$，则该信号通过最佳基带系统后的误码率为

$$p_e=\left(1-\frac{1}{L}\right)erfc\left[\left(\frac{3}{L^2-1}\frac{E}{n_0}\right)^{1/2}\right] \quad(4\text{-}50)$$

式中，E 为码元的平均能量；n_0 为信道加性高斯白噪声的单边功率谱密度。

当 $L=2$ 时，有

图 4-30　单、双极性基带信号误码率-信噪比关系曲线

$$p_e=\frac{1}{2}erfc\left(\sqrt{\frac{E}{n_0}}\right) \quad(4\text{-}51)$$

4.5.3　误码性能的分析

根据误码率的性质，在相同噪声功率谱密度和误码率（符号错误率）下，采用 L 种电平传输，则传输速率将比二电平传输时提高 lbL 倍，但必须提高信号的发送平均功率；而在相同噪声功率谱密度和比特错误率（误比特率）下，采用多电平传输可以节省传输频带，但同时必须提高信号的发送平均功率。

4.6　改善数据传输系统性能的措施

从前面的讨论可知，只要基带传输特性 $H(f)$ 是理想低通，则以系统频带宽度 B 的 2 倍大小的速率传输数据信号时，不仅能消除码间干扰，还能实现极限频带利用率。但理想低通传输特性实际上是无法实现的，即使能实现，它的冲激响应 $h(t)$ 的前导和后尾振荡幅度大，收敛慢，从而对抽样判决定时要求十分严格，稍有偏差就会造成码间干扰。于是又提出幅度滚降特性，此特性的 $h(t)$ 虽然前导和后尾振荡幅度减小，对定时的要求也有所放松，但频带利用率下降，因此不能适应高速传输的发展。可见频带利用率与码间干扰的消除是一对矛盾。

本节通过改善数据传输系统的性能，使得系统既能够获得高的频带利用率，又能尽量消除码间干扰。

4.6.1　部分响应技术

上面分析了两种无码间干扰系统，即理想低通特性系统和升余弦滚降特性系统。这两种系统都是将冲激响应完全传输的系统，所以称为完全响应系统。另外还有一种仅传输部分响

应的系统，称为部分响应系统。

部分响应系统采用增加有规律的和受控制的码间干扰，使干扰信号的拖尾和信号拖尾互相抵消。部分响应系统能使频带利用率提高到理论上的最大值，又可形成"尾巴"衰减大、收敛快的传输波形，从而降低对定时采样精度的要求，改善了系统的频率特性，提高了传码率。用于部分响应系统的传输波形称为部分响应波形。

下面先通过一个实例对部分响应系统的基本概念加以说明。由于 $Sa(x)=\dfrac{\sin x}{x}$ 波形具有

理想矩形频谱但波形"拖尾"严重，而相距一个码元间隔的两个 $\dfrac{\sin x}{x}$ 波形的"拖尾"刚好正负

相反，因此利用这样的波形组合可以构成"拖尾"衰减很快的脉冲波形。将两个时间上相隔一个码元 T_b 的 $Sa(x)$ 波形相加，如图 4-31a 所示，则相加后的波形 $g(t)$ 为

$$g(t)=\dfrac{\sin\left[\dfrac{\pi}{T_b}\left(t+\dfrac{T_b}{2}\right)\right]}{\dfrac{\pi}{T_b}\left(t+\dfrac{T_b}{2}\right)}+\dfrac{\sin\left[\dfrac{\pi}{T_b}\left(t-\dfrac{T_b}{2}\right)\right]}{\dfrac{\pi}{T_b}\left(t-\dfrac{T_b}{2}\right)}=Sa\left[\dfrac{\pi}{T_b}\left(t+\dfrac{T_b}{2}\right)\right]+Sa\left[\dfrac{\pi}{T_b}\left(t-\dfrac{T_b}{2}\right)\right] \tag{4-52}$$

经过简化后，可得

$$g(t)=\dfrac{4}{\pi}\dfrac{\cos(\pi t/T_b)}{\left[1-(4t^2/T_b^2)\right]} \tag{4-53}$$

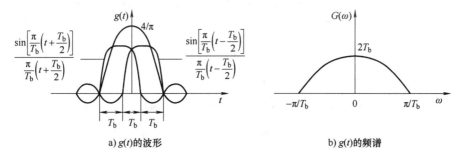

a) $g(t)$ 的波形　　　　b) $g(t)$ 的频谱

图 4-31　$g(t)$ 的波形及频谱

由图 4-31a 可见，除了在相邻的抽样时刻 $t=\pm T_b/2$ 处 $g(t)=1$ 外，其余的抽样时刻上，$g(t)$ 具有等间隔零点。

对式(4-53)进行傅里叶变换，可以得到 $g(t)$ 的频谱函数为

$$G(\omega)=\begin{cases}2T_b\cos\left(\dfrac{\omega T_b}{2}\right) & |\omega|\leqslant\dfrac{\pi}{T_b} \\[3mm] 0 & |\omega|>\dfrac{\pi}{T_b}\end{cases} \tag{4-54}$$

由图 4-31b 可见，$g(t)$ 的频谱 $G(\omega)$ 限制在 $\left(-\dfrac{\pi}{T_b},\ \dfrac{\pi}{T_b}\right)$ 内，且呈缓变的半余弦滤波特性。$g(t)$ 的波形具有以下特点：

1) 由式(4-53)可见，$g(t)$ 波形的拖尾幅度与 t^2 成反比，而 $Sa(x)$ 波形幅度与 t 成反比，这说明 $g(t)$ 波形比由理想低通形成的 $h(t)$ 衰减大，收敛也快。

2）若将 $g(t)$ 作为传送波形，且传送码元间隔为 T_b，则在抽样时刻上仅发生发送码元与其前后码元相互干扰，而与其他码元不发生干扰。表面上看，由于前后码元的干扰很大，故似乎无法按 $1/T_b$ 的速率进行传送。但由于这种干扰是确定的，在接收端可以消除掉，故仍可按 $1/T_b$ 传输速率传送码元。

设输入的二进制码元序列为 $\{a_k\}$，并设 a_k 在抽样点上的取值为 +1 和 −1，则当发送码元 a_k 时，接收波形 $g(t)$ 在抽样时刻的取值 c_k 为

$$c_k = a_k + a_{k-1} \tag{4-55}$$

式中，a_{k-1} 为 a_k 前一码元在第 k 个时刻上的抽样值。不难看出，c_k 将可能有 −2、0 及 +2 三种取值。显然，如果前一码元 a_{k-1} 已经判定，则发送码元 a_k 的取值为

$$a_k = c_k - a_{k-1} \tag{4-56}$$

从上例可以看出，实际中确实能找到频带利用率高（达 2Baud/Hz）和"尾巴"衰减大、收敛也快的传送波形。而且，在上例中，码间干扰被利用（或者说被控制）。这说明，利用存在一定码间干扰的波形，有可能同时达到充分利用频带和"尾巴"振荡衰减加快两个目的。

3）上述判决方法虽然在原理上是可行的，但可能会造成误码的传播。因为，由式（4-56）容易看出，只要有一个码元发生错误，则这种错误会相继影响以后的码元，一直到再次出现传输错误时才能纠正过来。

对于接收端，a_k 的恢复不仅仅由 c_k 来确定，而必须参考前一码元 a_{k-1} 的判决结果。

如果 $\{c_k\}$ 序列中某个抽样值因干扰而发生差错，则不但会造成当前恢复的 a_k 值错误，而且还会影响到以后所有的 a_{k+1}，a_{k+2}，…的抽样值，这种现象称为错误传播现象。

【例 4-3】

输入序列:	1	0	1	1	0	1	0	0	1	1	0	0	0	1	0
发送端 a_k:	+1	−1	+1	+1	−1	+1	−1	−1	+1	+1	−1	−1	−1	+1	−1
a_{k-1}:		+1	−1	+1	+1	−1	+1	−1	−1	+1	+1	−1	−1	−1	+1
接收端 c_k:		0	0	+2	0	0	0	−2	0	+2	0	−2	−2	0	0
设接收 c_k':		0	0	+2	0	0	0	0	0	+2	0	−2	−2	0	0
恢复 a_k':	−1	+1	+1	−1	+1	−1	+1	−1	+3	−3	+1	−3	+3	−3

由例 4-3 可见，$\{c_k'\}$ 出现错误之后，接收端恢复出来的 $\{a_k'\}$ 全部是错误的。此外，在接收端恢复 $\{a_k'\}$ 时还必须有正确的初始值（+1），否则也不可能得到正确的 $\{a_k'\}$ 序列。

出现错误传播是因为相邻码间出现相关性。为了克服错误传播，实际应用中，部分响应系统中发送端将 a_k 通过预编码变成 b_k 后发送，即

$$b_k = a_k \oplus b_{k-1} \quad \text{或者} \quad a_k = b_k \oplus b_{k-1} \tag{4-57}$$

式中，"$\oplus$"表示模 2 加。

$\{b_k\}$ 用双极性二元码波形作为发送序列，则此时对应的 $c_k = a_k + a_{k-1}$ 改写为

$$c_k = b_k + b_{k-1} \tag{4-58}$$

式中，c_k 的关系式称为相关编码。

由于二进制只有两个码元"1"码和"0"码，当 $a_k = 1$ 时，$b_k \neq b_{k-1}$，则 $c_k = 1$，当 $a_k = 0$ 时，$b_k = b_{k-1}$，则 $c_k = 2$ 或 0，显然，对上式进行模 2（mod2）处理，则有

$$[c_k]\mathrm{mod}2=[b_k+b_{k-1}]\mathrm{mod}2=b_k\oplus b_{k-1}=a_k$$

或 $\qquad\qquad a_k=[c_k]\mathrm{mod}2$ （4-59）

式（4-59）说明，对接收到的 c_k 做模 2 处理后便直接得到发送端的 a_k，此时不需要预先知道 a_{k-1}，因而不存在错误传播现象，预编码解除了码间的相关性。

上述处理过程可概括为"预编码—相关编码—模 2 判决"过程，第 I 类部分响应原理如图 4-32 所示。

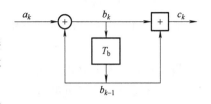

图 4-32　第 I 类部分响应原理图

对例 4-3 用"预编码—相关编码—模 2 判决"方法进行处理，过程如下：

输入序列：	1	0	1	1	0	1	0	0	1	1	0	0	0	1	0
b_{k-1}：	0	1	1	0	1	1	0	0	0	1	0	0	0	0	1
b_k：	1	1	0	1	1	0	0	0	1	0	0	0	0	1	1
接收端 c_k：	1	2	1	1	2	1	0	0	1	1	0	0	0	1	2
设接收 c'_k：	1	2	1	1	2	1	1	0	0	1	1	0	0	0	1	2
恢复 a'_k：	1	0	1	1	0	1	1	0	0	1	1	0	0	0	1	0

从上面的处理过程来看，即使接收过程出现一个错误码元也不会引起错误传播。

部分响应波形的形成波是由若干个在时间上错开的 $\dfrac{\sin(\pi t/T_b)}{\pi t/T_b}$ 所组成，其表达式为

$$g(t)=R_1\frac{\sin\left(\dfrac{\pi}{T_b}t\right)}{\dfrac{\pi}{T_b}t}+R_2\frac{\sin\left[\dfrac{\pi}{T_b}(t-T_b)\right]}{\dfrac{\pi}{T_b}(t-T_b)}+\cdots+R_N\frac{\sin\left\{\dfrac{\pi}{T_b}[t-(N-1)T_b]\right\}}{\dfrac{\pi}{T_b}[t-(N-1)T_b]} \qquad (4\text{-}60)$$

式中，$R_1,R_2,\cdots,R_N$ 为 N 个抽样函数的加权系数，一般取 ±1，0，2，部分响应波形的谱函数为

$$G(\omega)=\begin{cases}T_b\displaystyle\sum_{i=1}^{N}k_i e^{-j\omega(i-1)T_b} & |\omega|\leqslant\dfrac{\pi}{T_b} \\[3mm] 0 & |\omega|>\dfrac{\pi}{T_b}\end{cases} \qquad (4\text{-}61)$$

可见部分响应系统的带宽为奈奎斯特带宽，当发送端以 $R_B=1/T_b$ 的速率发送数据，就可以实现极限频带利用率。

根据加权系数的不同取值，可以得到不同类型的部分响应系统，其对应的编码方式也不同。如上面介绍的第 I 类部分响应系统，其加权系数取 $R_1=1$，$R_2=1$，其余系数 $R_i=0$。

若设输入数据序列为 $\{a_k\}$，相应的相关编码电平为 $\{c_k\}$，仿照式（4-55），则有

$$c_k=R_1 a_k+R_2 a_{k-1}+\cdots+R_N a_{k-N+1} \qquad (4\text{-}62)$$

为了避免因相关编码而引起的错误传播现象，一般要经过类似于前面介绍的"预编码—相关编码—模 2 判决"过程。先仿照式（4-57）将 a_k 进行预编码，即

$$a_k=R_1 b_k+R_2 b_{k-1}+\cdots+R_N b_{k-N+1} \qquad （按模 L 相加） \qquad (4\text{-}63)$$

107

式中，a_k 和 b_k 为 L 进制。

然后，将预编码后的 b_k 进行相关编码，即

$$c_k = R_1 b_k + R_2 b_{k-1} + \cdots + R_N b_{k-N+1} \quad （算术和） \tag{4-64}$$

最后对 c_k 做模 L 处理，通过"预编码—相关编码—模 2 判决"处理，不会存在错误传播问题，而且接收端的译码很简单，只需要对 c_k 做模 L 处理即可得到 a_k。

根据加权系数 R 取值的不同，表 4-2 列出了常见的五类部分响应波形、频谱特性和加权系数 R_N，分别命名为 Ⅰ、Ⅱ、Ⅲ、Ⅳ、Ⅴ 类部分响应信号。为了便于比较，把具有 $\sin x/x$ 波形的理想低通也列在表内，称为第 0 类信号。从表中可以看出，各类部分响应波形的频谱均不超过理想低通的频带宽度，但它们的频谱结构和对临近码元抽样时刻的串扰不同。目前应用较多的是第 Ⅰ 类和第 Ⅳ 类。第 Ⅰ 类频谱主要集中在低频段，适于信道频带高频严重受限的场合。第 Ⅳ 类无直流分量，且低频分量小，便于通过载波线路，便于边带滤波，实现单边带调制，因而在实际应用中，第 Ⅳ 类部分响应用得最为广泛。此外，以上两类信号的抽样值电平数比其他类别的少，这也是它们得以广泛应用的原因之一，当输入为 L 进制信号时，经部分响应传输系统得到的第 Ⅰ、Ⅳ 类部分响应信号的电平数为 $(2L-1)$。第 Ⅰ 类部分响应信号的频谱是余弦型，对应的功率谱密度也是这样的形状，频率越低，功率谱密度越大。这种信号经过低频特性不好的信道会带来信号失真。若基带信号还要经过单边带调制，则要求基带信号的低频分量越小越好。

表 4-2 部分响应信号

类别	R_1	R_2	R_3	R_4	R_5	$g(t)$	$\|G(\omega)\|$, $\|\omega\| \leqslant \pi/T_b$	二进制输入时 c_k 的电平数
0	1						$\|G(2\pi f)\|$	2
Ⅰ	1	1					$2T_b \cos\left(\dfrac{\omega T_b}{2}\right)$	3
Ⅱ	1	2	1				$4T_b \cos^2\left(\dfrac{\omega T_b}{2}\right)$	5
Ⅲ	2	1	-1				$2T_b \cos\left(\dfrac{\omega T_b}{2}\right)\sqrt{5-4\cos(\omega T_b)}$	5

（续）

类别	R_1	R_2	R_3	R_4	R_5	$g(t)$	$\lvert G(\omega) \rvert,\ \lvert\omega\rvert\leqslant\pi/T_b$	二进制输入时 c_k 的电平数
Ⅳ	1	0	−1				$2T_b\sin^2(\omega T_b)$	3
Ⅴ	−1	0	2	0	−1		$4T_b\sin^2(\omega T_b)$	5

基于此，希望得到一个正弦型的频谱信号，即第Ⅳ类部分响应系统。与第Ⅰ类部分响应系统编码不同的是，第Ⅳ类部分响应系统是将两个在时间上错开 $2T_b$ 的理想低通冲激响应波相减作为基本传输信号，即

$$g(t)=\frac{\sin(\pi t/T_b)}{\pi t/T_b}-\frac{\sin[\pi(t-2T_b)/T_b]}{\pi(t-2T_b)/T_b} \tag{4-65}$$

该系统也可实现 2Baud/Hz 的极限码速，且可消除码间干扰。

采用第Ⅳ类部分响应系统，其编译码过程如下：

由表 4-2 得：$R_1=1$，$R_2=0$，$R_3=-1$。根据 $a_k=R_1b_k+R_2b_{k-1}+\cdots+R_Nb_{k-N+1}$（按模 L 相加），可得

$a_k=R_1b_k+R_2b_{k-1}+R_3b_{k-2}=b_k-b_{k-2}(\bmod 4)$

即 $\qquad\qquad b_k=a_k\oplus b_{k-2}$ (4-66)

然后，将预编码后的 b_k 进行相关编码，即由 $c_k=R_1b_k+R_2b_{k-1}+\cdots+R_Nb_{k-N+1}$（算术和）得

$\qquad c_k=R_1b_k+R_2b_{k-1}+R_3b_{k-2}=b_k-b_{k-2}$ (4-67)

第Ⅳ类部分响应原理如图 4-33 所示。

图 4-33　第Ⅳ类部分响应原理图

【例 4-4】

输入序列：		1	0	1	1	0	1	1	0	1	1
b_k：	0	0	1	0	0	1	0	0	1	0	0	1
接收端 c_k：		1	0	−1	1	0	−1	1	0	−1	1
设接收 c_k'：		1	0	−1	1	0	−1	1	0	−1	1
恢复 a_k'：		1	0	1	1	0	1	1	0	1	1

综上分析，部分响应系统具有以下优点：传输波形的前导和后尾波动衰减较快，低通滤波器是物理可实现的，码元速率可达到 2Baud/Hz 的极限值，即频带利用率高。缺点是接收电平数要求大于 a_k 的进制数，如 a_k 为二电平时，c_k 为三电平，其影响是使系统的抗干扰性能变差。若要求有相同的抗干扰性能，则部分响应编码系统应提高传输信号的功率。但因部分

响应系统具有较高的频带利用率，因此应用广泛。

4.6.2 时域均衡技术

实际通信时，由于难免存在滤波器的设计误差和信道特性的变化，系统总的传输特性会偏离设计时的理想特性，从而引起码间干扰，导致系统性能下降。理论和实践均证明，在基带系统中插入一种可调（或不可调）的滤波器可以减小码间干扰的影响。这种起补偿作用的滤波器统称为均衡器。

均衡器有时域均衡器和频域均衡器两种类型。

频域均衡是从校正系统的频率特性出发，使包括均衡器在内的基带系统的总特性满足无失真传输条件。频域均衡主要是利用幅度均衡器和相位均衡器来补偿传输系统的幅频和相频特性的不理想性，以达到所要求的理想形成波形，从而消除码间干扰。

时域均衡是消除接收的时域信号波形的抽样点处的码间干扰，并不要求传输波形的所有细节都与奈奎斯特第一准则所要求的理想波形完全一致。时域均衡主要是利用均衡器产生的时间波形去直接校正已畸变的波形，使包括均衡器在内的整个系统的冲激响应满足无码间串扰条件，提高判决的可靠性。

由于频域均衡适用于信道特性不变，且传输低速数据的场合。而时域均衡可以根据信道特性的变化进行调整，能够有效地减小码间串扰，故在高速数据传输中得以广泛应用。

1. 时域均衡器的基本构成

时域均衡器又称为横向滤波器，主要由横截滤波器构成，它是由多级抽头延时线、可变增益电路和求和器组成的线性系统，如图 4-34 所示。

图 4-34　时域均衡器的基本构成

假设在基带系统接收滤波器与判决电路之间插入一个具有 $2N+1$ 个抽头的横向滤波器，如图 4-34 所示。横向滤波器的输入（即接收滤波器的输出）为 $x(t)$，$x(t)$ 是被均衡的对象，并假设它不附加噪声，每个码元在其他码元的抽样时刻不为零，也就是说 $x(t)$ 在 nT_b 处不一定为 0。

假设有限长横向滤波器的单位冲激响应为 $h_e(t)$，则横向滤波器的输出 $y(t)$ 是 $x(t)$ 和 $h_e(t)$ 的卷积，即

$$y(t) = x(t) * h_e(t) = \sum_{k=-N}^{N} c_k x(t - kT_b) \tag{4-68}$$

于是，在抽样时刻 $kT_b + t_0$ 有

$$y(kT_b + t_0) = x(t) * h_e(t) = \sum_{i=-N}^{N} c_i x[(k-i)T_b + t_0] \tag{4-69}$$

或简写为

$$y_k = \sum_{i=-N}^{N} c_i x_{k-i} \qquad (4\text{-}70)$$

式(4-69)表明，均衡器在第 k 个抽样时刻上得到的样值 y_k 将由 $2N+1$ 个 c_i 与 x_{k-i} 乘积之和来确定。显然，其中除 y_0 以外的所有 y_k 都属于波形失真引起的码间串扰。当输入波形 $x(t)$ 给定，即各种可能的 x_{k-i} 确定时，通过调整 c_i 使得除 $k=0$ 外，$y(t)$ 在各奈奎斯特抽样点上的值均为 0，即

$$y_k = \begin{cases} 1 & k=0 \\ 0 & k=\pm1,\pm2,\pm3,\cdots,\pm N \end{cases} \qquad (4\text{-}71)$$

这样就消除了码间干扰。理论上只有 $N\to\infty$ 时，才能完全消除码间干扰，即 1bit 延迟器常有 $2N$ 个，可变增益放大器有 $2N+1$ 个。N 越大，均衡效果越好。但实际上，当 N 足够大时，只要输入波形在大于 $|N|$ 的码间干扰很小，就不会对信号的正确判决造成影响。

【例 4-5】 一个三抽头的时域均衡器，其输入波形如图 4-35 所示，其中：$x_{-2}=0.1$，$x_{-1}=-0.2$，$x_0=1$，$x_1=0.4$，$x_2=-0.2$，当 $|k|>2$ 时，$x_k=0$，求当输出波形 $y(t)$ 满足无码间干扰的条件时，各增益加权系数应为多少？

图 4-35 时域均衡器输入波形示意图

解：根据 $\quad y_k = \sum_{i=-N}^{N} c_i x_{k-i} = \sum_{i=-1}^{1} c_i x_{k-i}$

$$y_{-1} = c_{-1}x_0 + c_0 x_{-1} + c_1 x_{-2}$$

$$y_0 = c_{-1}x_1 + c_0 x_0 + c_1 x_{-1}$$

$$y_1 = c_{-1}x_2 + c_0 x_1 + c_1 x_0$$

满足无码间干扰时，有

$$c_{-1} - 0.2c_0 + 0.1c_1 = 0$$

$$0.4c_{-1} + c_0 - 0.2c_1 = 1$$

$$-0.2c_{-1} + 0.4c_0 + c_1 = 0$$

解方程求得

$$c_{-1} = 0.20$$

$$c_0 = 0.85$$

$$c_1 = -0.30$$

实际上，当输入波形 $x(t)$ 给定，即各种可能的 x_{k-i} 确定时，通过调整 c_i 容易使指定的 y_k 等于零，但同时要求所有的 y_k（除 $k=0$ 外）都等于零却很困难。下面通过一个例子来说明。

【例 4-6】 设有一个三抽头的横向滤波器，其 $c_{-1}=-1/4$，$c_0=1$，$c_1=-1/2$；均衡器输入 $x(t)$ 在各抽样点上的取值分别为：$x_{-1}=1/4$，$x_0=1$，$x_1=1/2$，其余都为零。试求均衡器输出 $y(t)$ 在各抽样点上的值。

解：根据 $\quad y_k = \sum_{i=-N}^{N} c_i x_{k-i} = \sum_{i=-1}^{1} c_i x_{k-i}$

当 $k=0$ 时，可得

$$y_0 = \sum_{i=-1}^{1} c_i x_{-i} = c_{-1}x_1 + c_0 x_0 + c_1 x_{-1} = \frac{3}{4}$$

111

当 $k=1$ 时，可得

$$y_1 = \sum_{i=-1}^{1} c_i x_{1-i} = c_{-1}x_2 + c_0 x_1 + c_1 x_0 = 0$$

当 $k=-1$ 时，可得

$$y_{-1} = \sum_{i=-1}^{1} c_i x_{-1-i} = c_{-1}x_0 + c_0 x_{-1} + c_1 x_{-2} = 0$$

当 $k=2$ 时，可得

$$y_2 = \sum_{i=-1}^{1} c_i x_{2-i} = c_{-1}x_3 + c_0 x_2 + c_1 x_1 = -\frac{1}{4}$$

当 $k=-2$ 时，可得

$$y_{-2} = \sum_{i=-1}^{1} c_i x_{-2-i} = c_{-1}x_{-1} + c_0 x_{-2} + c_1 x_{-3} = -\frac{1}{16}$$

由例 4-6 可见，除 y_0 外，所得到的其余 y 值可以表明利用有限长横向滤波器可能会减小码间干扰，但完全消除码间干扰是不可能的，总会存在一定的码间干扰。所以，需要讨论在抽头数有限的情况下，如何反映这些码间干扰的大小，以及如何调整抽头系数以获得最佳的均衡效果。

2. 均衡效果衡量

在抽头数有限的情况下，均衡器的输出将有剩余失真，即除了 y_0 外，其余所有 y_k 都属于波形失真引起的码间干扰。为了反映这些失真的大小，一般采用所谓峰值畸变准则和均方畸变准则作为衡量标准。峰值畸变准则定义为

$$D = \frac{1}{y_0} \sum_{\substack{k=-\infty \\ k \neq 0}}^{+\infty} |y_k| \tag{4-72}$$

其中，除 $k=0$ 以外的各样值绝对值之和反映了码间串扰的最大值，y_0 是有用信号样值，所以峰值失真 D 就是码间串扰最大值与有用信号样值之比。如果能完全消除码间干扰，则 $D=0$，实际应用中 D 越小越好，即失真小。

均衡器的初始峰值畸变值为

$$D_0 = \frac{1}{x_0} \sum_{\substack{k=-\infty \\ k \neq 0}}^{+\infty} |x_k| \tag{4-73}$$

均方畸变准则定义为

$$e^2 = \frac{1}{y_0^2} \sum_{\substack{k=-\infty \\ k \neq 0}}^{+\infty} |y_k^2| \tag{4-74}$$

均方畸变准则的物理意义与峰值畸变准则相似。按这两个准则来确定均衡器的抽头系数均可使失真最小，可以获得最佳的均衡效果。

由式(4-72)、式(4-73)可求得例 4-6 的峰值畸变值为

初始峰值畸变值 $\quad D_0 = \frac{1}{x_0} \sum_{\substack{k=-\infty \\ k \neq 0}}^{+\infty} |x_k| = \frac{1}{4} + \frac{1}{2} = 75\%$

均衡后的峰值畸变值 $\quad D = \frac{1}{y_0} \sum_{\substack{k=-\infty \\ k \neq 0}}^{+\infty} |y_k| = \frac{1/16 + 1/4}{3/4} = 41.67\%$

比较初始峰值畸变值和均衡后的峰值畸变值可知，均衡后的失真减小为原来的约 1/2。

3. 时域均衡器的实现

均衡器按照调整方式，可分为手动均衡器和自动均衡器。自动均衡器又可分为预置式均衡器和自适应均衡器。

预置式均衡是在实际数据传输之前，发送一种预先规定的测试脉冲序列，如频率很低的周期脉冲序列，然后按照"迫零"调整原理，根据测试脉冲得到的样值序列$\{x_k\}$自动或手动调整各抽头系数，直至误差小于某一允许范围。调整好后，再传送数据，在数据传输过程中不再调整。

自适应均衡与预置式均衡一样，也是通过调整横向滤波器的抽头增益来实现均衡。但自适应均衡器不再利用专门的测试单脉冲进行误差的调整，而是在传输数据期间根据某种算法借助信号本身来调整抽头增益，从而实现自动均衡的目的。由于数字信号通常是一种随机信号，所以，自适应均衡器的输出波形不再是单脉冲响应，而是实际的数据信号。按单脉冲响应定义的峰值失真和均方失真不再适合这种情况，而且按最小峰值失真准则设计的"迫零"均衡器存在一个缺点，即必须限制初始失真$D_0 < 1$。因此，自适应均衡器一般按最小均方误差准则来构成。

4.6.3 数据传输的加扰与解扰

前面假定的数据都为随机序列，若数据在一段时间内出现长连"0"或长连"1"或短周期的数据序列，将对系统会造成以下不利的影响：

1）可能产生交调串音。这种序列有很强的单频分量，这些单频可能与载波或已调信号产生交调，造成对相邻信道数据信号的干扰。

2）可能造成传输系统失步。长连"0"、长连"1"序列可能造成接收端定时信息提取的困难，不能保证系统具有稳定的定时信号。

3）可能造成均衡器调节信息丢失。长连"0"、长连"1"时，接收端长时间没有波形，均衡器得不到必要的参考来估计响应参数，导致均衡器偏离最佳状态。

而在数据终端发送数据信息时，由于存在内在的相关性，使得数据终端产生的信号并不具备所要求的随机特性，而噪声化后的信号，消除了信息模式对系统性能的影响。因此，可以对这些数据信号进行噪声化来解决这个问题。对数据信号进行噪声化的过程实际上就是对数据进行加扰。所谓扰乱就是在发送端将传送的数据序列中存在的短周期的序列或全"0"（"1"）序列，按照某种规律变换为长周期且"0""1"等概率、前后独立的随机序列。扰乱由扰乱器来完成，它是将输入数据序列变换为信道上传输的数据序列的数字电路。

经过扰乱的数据通过系统传输后，在接收端需要还原成原始数据，这就需要在接收端进行扰乱的逆过程，即解扰。解扰由解扰器来完成。

在数据传输过程中传输加扰的数据，有以下三个优点：①可以防止发送功率密度谱中有固定谱线而易干扰其他系统；②数据信号中不会出现长连"1"和长连"0"的形式，这样有利于定时同步信号的提取；③当发送的序列中出现全"0"时，接收端就会出现长时间无信号波形，造成自适应均衡器无法得到必要的参考而偏离最佳状态，因此同步的准确程度将有利于自适应均衡器的工作。

具体实现方法是利用一个随机序列与输入数据序列进行逻辑加，这样就能把任何输入数据序列变换为随机序列。例如：

数据序列：1011010101111000001

随机序列：1001001110100101011010

加扰序列：0010011011011001011011

发送加扰序列时，假设发送过程没有受到噪声的影响，接收端接收的仍然是该加扰序列，那么接收端必须使用与发送端相同的随机序列进行解扰，才能恢复原始数据，即

加扰序列：0010011011011001011011

随机序列：1001001110100101011010

数据序列：1011010101111000001

上述过程只是一种理想的情况，实际当中，由于完全随机序列极难再现，所以接收端解扰困难。因此，在实际应用中用伪随机序列代替完全随机序列与输入数据序列进行逻辑加，产生近似扰乱效果，这样的扰乱器称为基本扰乱器。

基本扰乱器由若干个移位寄存器和反馈环所组成，其扰乱特性决定了移位寄存器的个数和不同的反馈环。图 4-36 和图 4-37 分别为最简单的扰乱器和解扰器的结构图。

图 4-36　扰乱器结构图

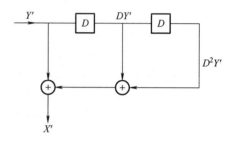

图 4-37　解扰器结构图

每个移位寄存器经过一次移位，在时间上延迟一个码元时间 T，在计算中可用运算符号 D 表示。设 X、Y 分别表示扰乱器的输入和输出序列。由图 4-36 可得

$$X \oplus (D+D^2)Y = Y \tag{4-75}$$

由于任何序列自身的模 2 加等于 0，即 $X \oplus X = 0$，$Y \oplus Y = 0$，…。用 $(D+D^2)Y$ 加等式两边，可得

$$X \oplus (D+D^2)Y \oplus (D+D^2)Y = Y \oplus (D+D^2)Y$$

$$X \oplus 0 = (1 \oplus D \oplus D^2)Y \tag{4-76}$$

于是输出为

$$Y = \frac{X}{1 \oplus D \oplus D^2} \tag{4-77}$$

式中，Y 为已扰乱的数据序列。

图 4-37 中，Y' 与 X' 表示解扰输入和输出序列，则

$$X' = Y' \oplus DY' \oplus D^2Y' = (1 \oplus D \oplus D^2)Y' \tag{4-78}$$

如果传输没有误码，则 $Y' = Y$。将式(4-77)代入式(4-78)，可得

$$X' = (1 \oplus D \oplus D^2)\frac{1}{1 \oplus D \oplus D^2}X = X \tag{4-79}$$

这说明解扰器恢复了原来的数据序列。

【例 4-7】　一数据序列为"1111100000000000"，即具有短周期 5 个连"1"和 11 个连"0"。试求该序列通过图 4-36 的扰乱器后的输出序列，并比较这两个序列，说明扰码效果。该扰乱器输出 Y 与输入 X 的关系为

$$Y = \frac{X}{1 \oplus D \oplus D^2}$$

$$\approx (1 \oplus D \oplus D^3 \oplus D^4 \oplus D^6 \oplus D^7 \oplus D^9 \oplus D^{10} \oplus D^{12} \oplus D^{13} \oplus$$
$$D^{14} \oplus D^{15} \oplus D^{16} \oplus D^{18} \oplus D^{19} \oplus D^{21} \oplus D^{23} \oplus \cdots) X$$

其中，$D^n X$ 表示将 X 延时 n 个码。

解：

```
               5个1      11个0
        X=1 1 1 1 1 0 0 0 0 0 0 0 0 0 0 0
      D X=0 1 1 1 1 1 0 0 0 0 0 0 0 0 0 0   0
    D³X=0 0 0 1 1 1 1 1 0 0 0 0 0 0 0 0   0 0 0
    D⁴X=0 0 0 0 1 1 1 1 1 0 0 0 0 0 0 0   0 0 0 0
    D⁶X=0 0 0 0 0 0 1 1 1 1 1 0 0 0 0 0   0 0 0 0 0 0
    D⁷X=0 0 0 0 0 0 0 1 1 1 1 1 0 0 0 0   0 0 0 0 0 0 0
    D⁹X=0 0 0 0 0 0 0 0 0 1 1 1 1 1 0 0   0 0 0 0 0 0 0 0 0
  D¹⁰X=0 0 0 0 0 0 0 0 0 0 1 1 1 1 1 0   0 0 0 0 0 0 0 0 0 0
  D¹²X=0 0 0 0 0 0 0 0 0 0 0 0 1 1 1 1   1 0 0 0 0 0 0 0 0 0 0 0
  D¹³X=0 0 0 0 0 0 0 0 0 0 0 0 0 1 1 1   1 1 0 0 0 0 0 0 0 0 0 0 0
  D¹⁴X=0 0 0 0 0 0 0 0 0 0 0 0 0 0 1 1   1 1 1 0 0 0 0 0 0 0 0 0 0 0
  D¹⁵X=0 0 0 0 0 0 0 0 0 0 0 0 0 0 0 1   1 1 1 1 0 0 0 0 0 0 0 0 0 0
  D¹⁶X=0 0 0 0 0 0 0 0 0 0 0 0 0 0 0 0   1 1 1 1 1 0 0 0 0 0 0 0 0 0
```

经模 2 相加后，$Y = 1001011011011000$。

扰乱后的序列 Y 中，长连"0"不存在了，且本例中"0"与"1"的个数正好相等。

本章小结

数据基带传输是数据通信中的基本传输方式，数据终端只要经过简单的电平和码型变换后就可以在信道中直接传输，主要应用在局域网等短距离的数据传输中。例如，以对称电缆为传输介质的近程数据通信系统采用的就是数据基带传输方式。

1) 为了在传输信道中能够获得较好的传输特性，一般要对码元进行适当的码型变换，使其能够适合在信道传输，对于传输码型的选择需要遵循一定的原则。

2) 数据传输中所用到的基本码型有单极性不归零码、单极性归零码、双极性不归零码、双极性归零码，除此之外，实际应用中常用的码型还有差分码、极性交替码、HDB₃码、曼彻斯特码和差分曼彻斯特码等。

3) 研究基带数据信号的频谱可以了解信号的功率谱结构特点，以便选择合适的传输码型，选择相匹配的信道，以及确定是否可从信号中提取定时信号。

4) 基带数据传输系统是由码型变换器、发送滤波器、信道、接收滤波器、同步系统和

抽样判决器所组成。

5）由于系统的传输特性不理想，致使码元波形畸变，引起前后码元相互干扰的现象称为码间干扰，码间干扰是影响数据传输的重要因素之一。根据消除码间干扰的基本思想，只要基带传输系统的冲激响应 $h(t)$ 在本码元的抽样时刻点上为波形的峰值点，在其他码元的抽样时刻点上为零，满足这个条件就可以消除码间干扰。

6）当系统的传输特性在奈奎斯特带宽内是理想低通特性时，若发送端以其截止频率 2 倍的速率传输信号，接收端仍以间隔 T_b 在码元峰值处抽样就可以消除码间干扰，此时可以得到最大的频带利用率 2Baud/Hz，传输速率为 $R_B=1/T_b=f_b$Baud，信道带宽为 $B=f_b/2$Hz，这种用于判断一个给定的系统特性 $H(\omega)$ 能否满足无码间干扰的准则称为奈奎斯特第一准则。

7）基于理想低通传输系统存在的问题，在实际当中常用的传输特性有升余弦特性、直线滚降特性等，其频带利用率一般要小于极限频带利用率。

8）在实验室中，通常用示波器观察接收信号波形的方法来分析码间干扰和噪声对系统性能的影响，这就是眼图分析法。

9）部分响应系统采用增加有规律的和受控制的码间干扰，使干扰信号的拖尾和信号拖尾互相抵消，能使频带利用率提高到理论上的最大值，又可形成"尾巴"衰减大、收敛快的传输波形。通常使用的部分响应系统有第 I 类和第 IV 类部分响应系统，对于这两种部分响应系统，为了克服错误传播现象，一般要经过"预编码—相关编码—模 2 判决"过程。

10）时域均衡是消除接收的时域信号波形的抽样点处的码间干扰，主要是利用均衡器产生的时间波形去直接校正已畸变的波形，使包括均衡器在内的整个系统的冲激响应满足无码间串扰条件，提高判决的可靠性。

11）数据加扰的目的是使信道序列随机化，从而有利于接收端同步信息的提取。

思考题与习题

4-1 简述数据基带传输系统的构成及各部分功能。

4-2 基带、基带信号和基带传输的含义是什么？

4-3 数据基带信号的功率谱有什么特点？它的带宽主要取决于什么？

4-4 什么是 HDB_3 码和 AMI 码？它们之间有什么区别？

4-5 什么是码间干扰？产生的原因有哪些？

4-6 为了消除码间干扰，基带传输系统应该满足什么样的时域条件和频域条件？

4-7 什么是眼图？由眼图模型可以说明基带传输系统的哪些性能？

4-8 什么是部分响应波形？什么是部分响应系统？

4-9 什么是频域均衡？什么是时域均衡？横向滤波器为什么能实现时域均衡？

4-10 简述数据加扰在数据传输中的重要性。

4-11 已知二进制信息序列为 11100101，设其基本脉冲为矩形脉冲，请分别画出单极性不归零码、双极性不归零码、单极性归零码、双极性归零码的波形（设占空比为50%）。

4-12 已知二进制信息序列为 1100101，设其基本脉冲为矩形脉冲，请分别画出曼彻斯特码和差分曼彻斯特码的波形。

4-13 已知二进制信息序列为 110000011011000000001，求相应的 AMI 码和 HDB_3 码，并画出对应的波形。

4-14　为了传送码元速率 $R_B = 10^3$ Baud 的数字基带信号，问系统采用图 4-38 所示的三种特性中的哪一种最好？并简要说明理由。

图 4-38　习题 4-14 图

4-15　设基带传输系统的发送滤波器、信道及接收滤波器组成的总特性为 $H(\omega)$，若要求以 $2/T_b$ Baud 的速率进行数据传输，试校验如图 4-39 所示各种 $H(\omega)$ 是否满足抽样点上无码间干扰的条件。

图 4-39　习题 4-15 图

4-16　已知滤波器的传输特性如图 4-40 所示（码元速率变化时特性不变），当采用以下码元速率时：

（a）码元速率 $R_B = 1000$ Baud

（b）码元速率 $R_B = 4000$ Baud

（c）码元速率 $R_B = 1500$ Baud

（d）码元速率 $R_B = 3000$ Baud

问：（1）哪种码元速率不会产生码间干扰？

（2）哪种码元速率根本不能用？

（3）哪种码元速率会引起码间干扰，但还可以用？

图 4-40　习题 4-16 图

4-17　一随机二进制序列为 10010101…，符号"1"对应的基带波形为升余弦波形，持续时间为 T_b；符号"0"对应的基带波形恰好与符号"1"的波形相反。

（1）当示波器扫描周期为 T_b 时，试画出眼图。

（2）当示波器扫描周期为 $2T_b$ 时，试画出眼图。

4-18　设有一个三抽头的时域均衡器，如图 4-41 所示，$x(t)$ 在各抽样点的值依次为 $x_{-2} = 1/8$、$x_{-1} = 1/3$、$x_0 = 1$、$x_1 = 1/4$、$x_2 = 1/16$（在其他抽样点均为零），试求输入波形 $x(t)$ 峰值的畸变值及时域均衡器输出波形

$y(t)$峰值的畸变值。

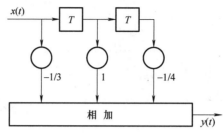

图 4-41　习题 4-18 图

第 5 章

数据信号的频带传输

　　带通型信道不适合直接传输基带信号，需要将信号进行调制，使信号的传输频带适合信道的通频带。本章首先介绍频带传输系统的构成，接着重点阐述二进制数字调制和解调、多进制数字调制和解调、正交幅度调制的基本原理，分析二进制数字调制和解调系统的性能，最后讨论用直接法和插入导频法提取载波的原理。

5.1　频带传输系统的构成

　　数字基带传输系统将信源发出的信息码经码型变换及波形形成后直接传送至接收端，虽然码型变换及波形形成可使基带信号的频谱结构发生某些变化，但其频谱分布的范围仍然在基带范围内。但在实际应用中，大多数信道如无线信道、光纤信道等具有带通或频带受限的传输特性，而由终端产生的数据信号往往是低通信号，即基带信号，它不能直接在这种带通传输特性的信道中传输，必须先进行调制，产生各种已调信号，即可采用频带传输。而接收端则需采用相反的过程，即解调。例如：使用模拟电话信道传输数据信号时，信号的功率谱与信道特性如图 5-1 所示，若直接将信号在信道上传输，则低于 300Hz 部分将丢失，造成接收信号的失真。

a) 单极性不归零码功率谱　　　　　b) 模拟电话信道特性

图 5-1　模拟电话的信道特性

　　频带传输系统是指在发送端把基带信号经过调制，变换成频带信号进行传输，接收端再由解调器将频带信号恢复成基带信号的传输系统。调制是指用基带信号对载波波形的某些参量进行控制，使载波的这些参量随基带信号的变化而变化，它在频域中表现为频谱搬移的过程，而解调即是其逆过程。

　　频带传输系统与基带传输系统的区别仅在于频带传输系统增加了调制器（发送端）和解调器（接收端），以完成信号频谱的变换，实现频带传输。图 5-2 即为由调制器、解调器、信道、滤波器、抽样判决器组成的频带传输系统示意图。

图 5-2　频带传输系统的组成

图 5-2 中，DTE 产生基带数据信号，在送入信道前，必须先对其进行调制，使它的频率由零频率附近搬移到频率较高处，由低通型信号变成了带通型信号，随后再经过放大等功能转换，送入信道传输。在接收端，信号通过接收滤波器进入解调器，解调器对信号的变换正好与调制器相反，即把一个高频的已调信号变成低频的基带信号，随后再通过抽样判决器恢复成标准的基带数据信号。

图 5-2a 与图 5-2b 的区别是将图 5-2a 中的发送低通部分的波形形成作用，合并到发送带通滤波器中完成。实际应用中，调幅系统一般采用图 5-2a 的结构组成，调相、调频系统只采用图 5-2b 的结构组成。

调制的目的是使数字信号适合在带通信道中传输。在频带系统中，调制器和解调器是核心，调制解调技术也是通信学科中的关键技术和重要内容。调制解调的过程需要载波来完成，载波是频带传输中携带数字基带信号的振荡波，其波形是任意的，但大多数的数字调制系统都选择单频信号，如将正弦波（或余弦波）$f(t) = A\sin(\omega t + \varphi)$ 作为载波，因为便于产生与接收。高频载波的参数有幅度、频率和相位，因此，形成了幅移键控、频移键控、相移键控三种基本调制方式。其中，幅移键控是线性调制，而频移键控和相移键控是非线性调制。

5.2　二进制数字调制解调

若调制信号是二进制数字基带信号，这种调制方式称为二进制数字调制。最常用的二进制调制方式有二进制幅移键控、二进制频移键控和二进制相移键控。

5.2.1　二进制幅移键控

幅移键控（Amplitude Shift Keying，ASK）是用数字基带信号控制一个载波的幅度，又称数字调幅。ASK 利用数字信号来控制一定形式高频载波的幅度参数，以实现调制功能。若数字信号是二进制信号，即用二进制的数字信号去调制等幅的载波，则称为二进制幅移键控（2ASK）。若数字信号是 M 进制信号，则称为多进制幅移键控（MASK），若 M 趋于无穷大，则 MASK 数字信号就变成了 AM 模拟信号。

1. 2ASK 信号的调制与解调

图 5-3 为数字调幅基本框图。图中，调制解调器实质上就是一个乘法器。

图 5-3 数字调幅基本框图

假设发送的二进制数据序列由符号"0"和"1"组成，发送"0"符号的概率为 p，发送"1"符号的概率为 $1-p$，且符号"0"和"1"统计独立，该二进制数据序列为单极性矩形脉冲信号（在分析数字调制时均假设调制信号，即数字信号，具有不归零矩形脉冲波形），可表示为

$$s(t) = \sum_{n=-\infty}^{\infty} a_n g(t - n T_b) \tag{5-1}$$

式中，T_b 为二进制数据序列的码元间隔；a_n 的取值为

$$a_n = \begin{cases} 0 & \text{发送概率为} \ p \\ 1 & \text{发送概率为} \ 1-p \end{cases} \tag{5-2}$$

若调制信号为双极性矩形脉冲信号，a_n 的取值为

$$a_n = \begin{cases} -1 & \text{发送概率为} \ p \\ +1 & \text{发送概率为} \ 1-p \end{cases}$$

$g(t)$ 为持续时间为 T_b 的单位矩形脉冲，且有

$$g(t) = \begin{cases} 1 & 0 \leqslant t \leqslant T_b \\ 0 & \text{其他} \end{cases} \tag{5-3}$$

则 2ASK 信号可表示为

$$e_{2ASK}(t) = s(t)\cos\omega_c t = \sum_{n=-\infty}^{\infty} a_n g(t - nT_b)\cos\omega_c t \tag{5-4}$$

2ASK 信号的时间波形如图 5-4 所示。可以看出，2ASK 信号的时间波形 $e_{2ASK}(t)$ 随二进制基带信号 $s(t)$ 的通断而变化，所以又称为通断键控（On-Off Keying，OOK）信号。

图 5-4 2ASK 信号的时间波形

121

2ASK 信号可以采用模拟相乘法和数字键控法实现，如图 5-5 所示。

a) 模拟相乘法　　　　　　　　b) 数字键控法

图 5-5　2ASK 信号的实现原理框图

2ASK 信号的解调方式有相干解调和非相干解调两种方式。从图 5-4 中可以发现，2ASK 信号 $e_{2ASK}(t)$ 的幅度包络完全包含了基带信号 $s(t)$ 的信息，所以，在接收端可以使用非相干解调方式来解调，其解调原理如图 5-6a 所示。另外，接收端也可以通过相干解调来恢复基带信号，如图 5-6b 所示。图中，带通滤波器的作用是保证信号无失真通过并且抑制带外噪声。图 5-7 以非相干解调为例说明调制信号恢复的过程。

a) 非相干解调

b) 相干解调

图 5-6　2ASK 解调框图

图 5-7　非相干解调信号恢复过程

2. 2ASK 信号的功率谱密度

基带信号的功率谱密度 $P_s(f)$ 为

$$P_s(f) = f_s p (1-p) |G_1(f) - G_2(f)|^2 + \sum_{n=-\infty}^{\infty} |f_s[pG_1(nf_s) + (1-p)G_2(nf_s)]|^2 \delta(f - nf_s)$$

(5-5)

式中，f_s 为二进制数据序列的码元速率，$f_s = 1/T_b$。

因为 $s(t)$ 为单极性矩形脉冲信号，$g_1(t) = g(t)$，$g_2(t) = 0$，即 $G_1(f) = G(f)$，$G_2(f) = 0$。所以，其功率谱密度为

$$P_s(f) = f_s p(1-p) \mid G(f) \mid^2 + \sum_{n=-\infty}^{\infty} \mid f_s(1-p)G(0) \mid^2 \delta(f) \tag{5-6}$$

由式(5-4)可得，调幅时 2ASK 的功率谱密度 $P_e(f)$ 为

$$P_e(f) = \frac{1}{4}[P_s(f+f_c) + P_s(f-f_c)] \tag{5-7}$$

所以

$$P_e(f) = \frac{1}{4}f_s p(1-p)[\mid G(f+f_c) \mid^2 + \mid G(f-f_c) \mid^2] +$$

$$\frac{1}{4}f_s^2(1-p)^2 \mid G(0) \mid^2 [\delta(f+f_c) + \delta(f-f_c)] \tag{5-8}$$

当概率 $p = 1/2$ 时，2ASK 信号的功率谱密度如图 5-8 所示。可见，2ASK 信号的功率谱密度具有以下特点：

1）由连续谱和离散谱组成，其中连续谱是由基带信号经频谱搬移后的双边带谱，离散谱由基带信号的离散谱确定。

2）2ASK 信号的带宽 B_{2ASK} 是基带信号波形带宽 f_s 的 2 倍，即

$$B_{2ASK} = 2f_s$$

图 5-8   2ASK 信号的功率谱密度

由于 2ASK 信号中有一条离散的载频谱线，该幅度恒定的载波不带信息，从有效利用功率来看，形成了浪费，因此 2ASK 主要应用于功率利用率要求不高的场合。若基带信号为双极性脉冲，则 $e_{ASK}(t)$ 为不含载波分量的双边带信号，称为抑制载频的双边带调幅。

【例 5-1】 用单极性不归零码控制载波的幅度，当发送"1"码时送出载波，发送"0"码时不送出载波，试求该幅移键控信号的单边功率谱密度。

解：由式(5-8)可得幅移键控信号的单边功率谱密度为

$$P_{e单}(f) = \frac{1}{2}f_s p(1-p) \mid G(f-f_c) \mid^2 + \frac{1}{2}f_s^2(1-p)^2 \mid G(0) \mid^2 \delta(f-f_c)$$

因为矩形脉冲信号的频谱 $G(f)$ 为

$$G(f) = AT_b \frac{\sin(\pi f T_b)}{\pi f T_b} e^{-j\pi f T_b}$$

所以，$G(0) = AT_b$，则有

$$G(f-f_c) = AT_b \frac{\sin[\pi(f-f_c)T_b]}{\pi(f-f_c)T_b}$$

若"1"和"0"等概率出现,且前后码元相互独立,则

$$P_{e\text{单}}(f) = \frac{1}{2}f_s \frac{1}{2} \frac{1}{2} \left| AT_b \frac{\sin[\pi(f-f_c)T_b]}{\pi(f-f_c)T_b} \right|^2 + \frac{1}{2}f_s^2 \frac{1}{4}A^2 T_b^2 \delta(f-f_c)$$

$$= \frac{A^2}{8} \frac{1}{f_s} \left\{ \frac{\sin[\pi(f-f_c)/f_s]}{\pi(f-f_c)/f_s} \right\}^2 + \frac{A^2}{8}\delta(f-f_c)$$

图 5-9 为 2ASK 信号的单边功率谱密度曲线 $P_{e\text{单}}(f)$。

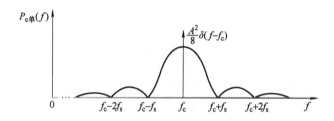

图 5-9   2ASK 信号的单边功率谱密度曲线

5.2.2   二进制频移键控

频移键控(Frequency Shift Keying,FSK)是指用基带数据信号控制载波频率,当传送"1"码时送出一个频率 f_1,传送"0"码时送出另一个频率 f_0,这种调制信号为二进制信号,称为二进制频移键控(2FSK)。若调制信号是 M 进制信号,则称为 M 进制频移键控(MFSK)。当 M 趋于无穷大时,MFSK 数字信号就变成了 FM 模拟信号。可见,FSK 是用不同频率的载波来传递数字信号。

根据前后相邻码元的载波相位是否连续,FSK 可分为两种:相位连续的频移键控和相位不连续的频移键控。

1. 2FSK 信号的产生和解调

相位不连续的 FSK(DPFSK)信号可看成是两个不同载频的 ASK 信号之和。图 5-10 所示为 2FSK 信号的时间波形。

由图 5-10 可以看出,相位不连续的 2FSK 为可表示为

$$e_{2\text{FSK}}(t) = \sum_n a_n g(t - nT_b)\cos\omega_{c1}t + \sum_n \bar{a}_n g(t - nT_b)\cos\omega_{c2}t \tag{5-9}$$

式中,a_n 为第 n 个数据符号的幅度,且

$$a_n = \begin{cases} 0 & \text{概率为 } p \\ 1 & \text{概率为 } 1-p \end{cases}$$

$\bar{a}_n$ 为 a_n 的反码,即若 $a_n = 1$,则 $\bar{a}_n = 0$。

2FSK 信号的产生可以采用模拟相乘电路实现,也可以采用数字键控方法实现。对于相位不连续的 2FSK 信号,只要利用数据基带信号选通两个独立的振荡源便可获得所需的调频信号,如图 5-11 所示。由数据基带信号"0"和"1"分别选通逻辑门电路 1 和逻辑门电路 2 来实现调频。

图 5-10 2FSK 信号的时间波形

图 5-11 产生相位不连续的 2FSK 信号的原理图

相位连续的 2FSK 信号可通过一台受电压控制的振荡器(VCO)实现,如图 5-12a 所示。一般可用数据信号的不同电压控制半导体二极管,改变振荡器电路的元件参数以改变其振荡频率。这种方法实现简单,但频率稳定度和精度较差,可采用数字式调频器代替,如图 5-12b 所示。图中,产生高稳定的频率可用晶体振荡器,利用数据信号控制可变分频器的分频比,即可达到相位连续和频率高度稳定的 2FSK 信号。该方法适合输出频率较低的场合。

图 5-12 产生相位连续的 2FSK 信号的原理图

二进制数字调频信号的解调方法有非相干解调和相干解调两种。非相干解调有分路滤波法、过零点检测法、限幅鉴频法等。图 5-13 给出了用分路滤波法解调 2FSK 信号的原理框图。前面已知，相位不连续的 2FSK 信号相当于由两个不同载频的 2ASK 信号叠加而成，利用中心频率为 f_{c1} 和 f_{c2}、带宽为 f_s 的带通滤波器对已调信号分路接收，再经包络检波和相减电路，最后做抽样判决。判决规则简单：$v_1(t) > v_2(t)$ 时判为"1"码，反之判为"0"码。当频移指数为 3~5 时，该解调器工作良好，但不利于频带的利用。分路滤波法解调过程的时间波形图如图 5-14 所示。

图 5-13 用分路滤波法解调 2FSK 信号的原理框图

图 5-14 分路滤波法解调过程时间波形图

过零点检测法解调原理框图和各点波形如图 5-15 所示。由于频率是每秒内的振荡次数，因此单位时间内信号经过零点的次数可用来测量频率的高低。图 5-15 中，一个相位连续的 2FSK 信号经过限幅后产生矩形波，经微分、整流后得到频率变化相关的单极性归零尖脉冲，再经过脉冲形成电路得到一定宽度的矩形脉冲序列，由于矩形脉冲序列的密度反映了 2FSK 信号频率的高低，所以，经低通滤波后得到基带数据信号。对于过零点检测法，相对频率差越大，越容易区别"1"码和"0"码。

a) 过零点检测法解调原理框图

b) 过零点检测法解调各点波形图

图 5-15 过零点检测法解调原理框图和各点波形图

若接收端能产生与接收的 2FSK 信号的频率和相位一致的载频，就能实现 2FSK 信号的相干解调。2FSK 信号的相干解调原理如图 5-16 所示，其解调原理是将 2FSK 信号分解为上下两路 2ASK 信号，分别进行解调，通过比较上下两路的抽样值最终判决出输出信号。

图 5-16 2FSK 信号的相干解调原理框图

2. 2FSK 信号的功率谱密度

相位不连续的 2FSK 信号可以看成由两个不同载频的 2ASK 信号的叠加组成，其中一个频率为 f_{c1}，另一个频率 f_{c2}。因此，相位不连续的 2FSK 信号的功率谱密度可以近似表示成两个不同载频的 2ASK 信号功率谱密度的叠加。

127

由式(5-9)相位不连续的 2FSK 信号的时域表达式，根据 2ASK 信号的功率谱密度，可以得到 2FSK 信号的功率谱密度 $P_{\text{2FSK}}(f)$ 为

$$P_{\text{2FSK}}(f) = \frac{1}{4}\left[P_s(f+f_{c1})+P_s(f-f_{c1})\right]+\frac{1}{4}\left[P_s(f+f_{c2})+P_s(f-f_{c2})\right] \quad (5\text{-}10)$$

式中，$P_s(f)$ 为二进制数字基带信号的功率谱密度。由式(5-8)可得

$$\begin{aligned}
P_{\text{2FSK}}(f) = &\frac{1}{4}f_s p(1-p)\left[\,|G(f+f_{c1})|^2+|G(f-f_{c1})|^2\,\right]+ \\
&\frac{1}{4}f_s p(1-p)\left[\,|G(f+f_{c2})|^2+|G(f-f_{c2})|^2\,\right]+ \\
&\frac{1}{4}f_s^2 (1-p)^2\,|G(0)|^2\left[\delta(f+f_{c1})+\delta(f-f_{c1})\right]+ \\
&\frac{1}{4}f_s^2 (1-p)^2\,|G(0)|^2\left[\delta(f+f_{c2})+\delta(f-f_{c2})\right]
\end{aligned} \quad (5\text{-}11)$$

由式(5-11)可知，相位不连续的 2FSK 信号的功率谱密度的特点如下：

1) 由连续谱和离散谱组成，如图 5-17 所示，其中连续谱由两个双边带谱叠加而成，而离散谱出现在 f_{c1} 和 f_{c2} 的两个载频位置上。

2) 若两个载频之差较小，如 $|f_{c1}-f_{c2}|<f_s$，则连续谱出现单峰，如图 5-17a 所示；若两个载频之差增大，如 $|f_{c1}-f_{c2}|>f_s$，则连续谱将出现双峰，如图 5-17b 所示。

a) 载频之差 $|f_{c1}-f_{c2}|<f_s$ 时

b) 载频之差 $|f_{c1}-f_{c2}|>f_s$ 时

图 5-17　相位不连续的 2FSK 信号的功率谱密度示意图

3) 由于载频为 f_{c1} 的 2ASK 信号的大部分功率位于 $f_{c1}-f_s \sim f_{c1}+f_s$ 的频带内，而载频为 f_{c2} 的 2ASK 信号的大部分功率位于 $f_{c2}-f_s \sim f_{c2}+f_s$ 的频带内，所以相位不连续的 2FSK 信号的带宽约为

$$B_{\text{2FSK}} = 2f_s + |f_{c2}-f_{c1}| = (h+2)f_s \quad (5\text{-}12)$$

式中，f_s 为码元速率，$f_s=1/T_b$；h 为频移指数或调制指数，$h=|f_{c1}-f_{c2}|/f_s$。为保证接收端能够正确接收，$|f_{c1}-f_{c2}|$ 通常取 $2f_s$ 或更大。则 2FSK 信号的频带利用率为

$$\eta = \frac{f_s}{B} = \frac{f_s}{|f_{c1}-f_{c2}|+2f_s} \leqslant \frac{1}{4} \quad (5\text{-}13)$$

2FSK 设备较简单，但在相同传信速率下，数字调频需要比数字调幅和数字调相更宽的传输频带，因此数字调频主要应用于低速或中低速的数据传输中。如在话路频带下，一般传信速率只能达到 1200bit/s。另外，FSK 也用于在微波通信系统中传输监控信息，以实现中继站的无人值守。

5.2.3　二进制相移键控

相移键控(Phase Shift Keying，PSK)是指用基带数据信号控制载波的相位，使它做不连续的、有限取值的变化，以实现信息传输的方法，又称数字调相。

1. 二相调相信号及其功率谱密度

根据已调信号参考相位的不同，二相调相可分为二相绝对调相和二相相对调相。二相调相的时间波形如图 5-18 所示。

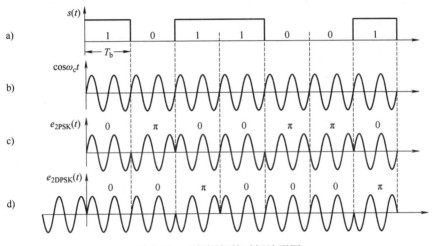

图 5-18　二相调相的时间波形图

若已调信号的相位变化都是相对于一个固定的参考相位——未调载波的相位来取值，这样的调制方式称为绝对调相。而且已调信号只有两种相位取值，即 0 或 π，所以又称为二相绝对调相(2PSK)。如果发送二进制符号"1"时，已调信号 $e_{2PSK}(t)$ 取 0 相位，则发送二进制符号"0"时，$e_{2PSK}(t)$ 取 π 相位。用 φ_n 表示第 n 个符号的绝对相位，则有

$$\varphi_n = \begin{cases} 0 & \text{发送符号"1"} \\ \pi & \text{发送符号"0"} \end{cases}$$

图 5-18c 所示为 2PSK 信号的时间波形图。

若每一个码元载波相位的变化不是以固定相位作为参考，而是以前一码元载波相位作为参考，这样的调制方式称为相对调相。而且已调信号的前后码元的相位差只有两种取值，即 0 或 π，所以又称为二相相对调相(2DPSK)。如果发送二进制符号"1"时，已调信号 $e_{2DPSK}(t)$ 和前一码元相位差取 π，则发送二进制符号"0"时，$e_{2DPSK}(t)$ 和前一码元相位差取 0。用 $\Delta\varphi_n$ 表示第 n 个符号和第 $n-1$ 个符号的相位差，则有

$$\Delta\varphi_n = \begin{cases} 0 & \text{发送符号"0"} \\ \pi & \text{发送符号"1"} \end{cases}$$

图 5-18d 所示为 2DPSK 信号的时间波形图。

需要注意的是，图 5-18c、d 中，已调信号的幅度都保持恒定，仅用相位代表数据信息。而且，仅从波形上看不能区别是 2PSK 还是 2DPSK，必须与基带信号 $s(t)$ 联系起来才能确定。

为了比较 2PSK 和 2DPSK 的特点和相互关系，表 5-1 列出了数据信号码元和已调信号载波相位的关系。表中，序号"1"行为绝对调相，"1"码对应 0 相位，"0"码对应 π 相位；序号"2"和"3"行为相对调相，其中"2"行表示假设初始相位为 0，则 $\{\Delta\varphi_1\}$ 即为数据信号码元对应的相对调相时的载波码元相位（"1"信号时载波波形与前一码元波形相反，"0"信号时载波波形与前一码元波形相同），"3"行表示假设初始相位为 π，则 $\{\Delta\varphi_2\}$ 即为数据信号码元对应的相对调相时的载波码元相位。但是，不论取哪种相位变化序列，其前后载波码元的相位差 $\{\Delta\varphi_n\}$ 是一样的。因码元初始状态的不同会有两种可能的差分（相对）码状态（1）和状态（2）。如用相对码状态（1）和状态（2）对载波做绝对调相就得到 $\{\Delta\varphi_1\}$ 和 $\{\Delta\varphi_2\}$ 的相位序列。由此可见，相对调相本质上就是经过相对码变换后的数字序列的绝对调相。

表 5-1　数据信号码元和已调信号载波相位的关系

数据信号码元$\{a_n\}$				1	0	1	1	0	0	1	序号
已调载波每个码元的相位	绝对调相	$\{\varphi_n\}$	码元状态	0	π	0	0	π	π	0	1
	相对调相	$\{\Delta\varphi_1\}$	0	π	π	0	π	π	π	0	2
		$\{\Delta\varphi_2\}$	π	0	0	π	0	0	0	π	3
		$\{\Delta\varphi_n\}$		π	0	π	π	0	0	π	4
相对码（差分码）	状态（1）		1	0	0	1	0	0	0	1	5
	状态（2）		0	1	1	0	1	1	1	0	6

绝对码转换成相对码可表示为

$$b_n = b_{n-1} \oplus a_n \tag{5-14}$$

相对码转换成绝对码可表示为

$$a_n = b_n \oplus b_{n-1} \tag{5-15}$$

式中，"$\oplus$"表示模 2 加。式（5-15）为式（5-14）的变形，即同时在式（5-14）两端加 b_{n-1}（模 2）即可，由于码元自身模 2 加为 0，于是可得式（5-15）。实现这一运算的电路如图 5-19 所示，即使用模 2 加法器和延时器（延时 1 个码元宽度 T_b）实现。其中，由绝对码转换成相对码的转换电路称为差分编码器，由相对码转换成绝对码的转换电路称为差分译码器。

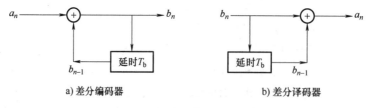

a) 差分编码器　　　　　　　　b) 差分译码器

图 5-19　绝对码和相对码的相互转换

差分编码时可以设 b_n 的初始值为 0，如 $\{a_n\}$ 为 $\{1\,0\,1\,1\,0\,0\,1\}$，则 $\{b_n\}$ 为 $\{1\,0\,0\,1\,0\,0\,0\,1\}$；也可以设 b_n 的初始值为 1，则 $\{b_n\}$ 为 $\{0\,1\,1\,0\,1\,1\,1\,0\}$。可见所得的两个结果完全反向，但做法不同并不影响差分码的本质。

数字调相的每一个码元波形，若单独看，就是一个初始相位为 φ_n 的 ASK 信号，每个码元可表示为

$$e_n(t) = g(t-nT_b)\cos(\omega_c t+\varphi_n)$$

式中，φ_n 为第 n 个码元的相位；T_b 为码元持续时间；$g(t)$ 为基带调制信号。当基带调制信号是一个随机序列时，完整的 PSK 信号可表示为

$$e(t) = \sum_n e_n(t) = \sum_n g(t-nT_b)\cos(\omega_c t + \varphi_n) \tag{5-16}$$

式中，φ_n 为随机变量，在 $(0, 2\pi)$ 内取离散值。将式 (5-16) 展开可得

$$e(t) = \sum_n e_n(t) = \sum_n g(t-nT_b)[\cos\omega_c t\cos\varphi_n - \sin\omega_c t\sin\varphi_n]$$

$$= \cos\omega_c t\sum_n g(t-nT_b)\cos\varphi_n - \sin\omega_c t\sum_n g(t-nT_b)\sin\varphi_n$$

$$e(t) = \sum_n a_n g(t-nT_b)\cos\omega_c t - \sum_n b_n g(t-nT_b)\sin\omega_c t \tag{5-17}$$

式中，$a_n = \cos\varphi_n$，$b_n = \sin\varphi_n$。因 φ_n 在 $(0, 2\pi)$ 内取离散值，所以 $e(t)$ 在 $(-1, 1)$ 内取离散值。

在 2PSK 中，φ_n 只有两种取值，因此 a_n 和 b_n 也只有两种取值。当 $\varphi_n = 0$ 或 π 时，$b_n = 0$，因此式 (5-17) 可写为

$$e(t) = \sum_n a_n g(t-nT_b)\cos\omega_c t \tag{5-18}$$

式 (5-18) 与 2ASK 表达式相同，只是

$$a_n = \begin{cases} +1 & \text{概率为 } p \\ -1 & \text{概率为 } 1-p \end{cases}$$

即基带信号 $s(t) = \sum_n a_n g(t-nT_b)$ 必须是双极性不归零信号。

无论是 2PSK 还是 2DPSK 信号，就波形本身而言，它们都可以等效成双极性基带信号作用下的抑制载频的双边带调幅信号。因此，2PSK 和 2DPSK 信号具有相同形式的表达式，所不同的是 2PSK 表达式中的 $s(t)$ 是数字基带信号，而 2DPSK 表达式中的 $s(t)$ 是由数字基带信号变换而来的差分码数字信号。

与计算 2ASK 信号的功率谱密度一样，利用基带信号功率谱密度计算公式，将 $G_1(f) = -G_2(f) = G(f)$ 代入，且基带信号为双极性矩形波，所以基带信号的功率谱密度为

$$P_s(f) = 4f_s p(1-p)|G(f)|^2 + f_s^2(1-2p)^2|G(0)|^2\delta(f) \tag{5-19}$$

因为 2PSK 的功率谱密度 $P_{2PSK}(f) = \dfrac{1}{4}[P_s(f+f_c)+P_s(f-f_c)]$，将式 (5-19) 代入，可得

$$P_{2PSK}(f) = f_s p(1-p)[|G(f+f_c)|^2 + |G(f-f_c)|^2] +$$

$$\frac{1}{4}f_s^2(1-2p)^2|G(0)|^2[\delta(f+f_c)+\delta(f-f_c)] \tag{5-20}$$

可见，当 "0" 和 "1" 等概率出现，即 $p = 0.5$ 时，式 (5-20) 中无离散谱（第二项为 0），与抑制载频的 2ASK 相同。

2PSK 和 2DPSK 信号的频带宽度与 2ASK 信号的频带宽度一样，都是基带传输速率的 2 倍，即

$$B_{2PSK} = B_{2DPSK} = 2f_s$$

由于直观性，数字调相波常用矢量图来表示它的相位变化规律。二相数字调相信号矢量

图如图 5-20 所示。图中，虚线表示参考矢量。在绝对调相中，它为未调载波的矢量（表示相位的位置）；在相对调相中，它是前一码元载波的矢量相位。若假设每个码元中包含整数个载波周期，则两相邻码元载波的相位差既表示调制引起的相位变化，也表示两码元交界处载波相位的瞬时跳变。按 CCITT 建议，图 5-20a 称 A 方式，在 A 方式中，每个码元载波相位对于参考相位可取 0 和 π，因此，在相对调相时，若后一码元载波相位相对于前一码元为零，则前后两码元载波相位就是连续的；否则相位在两码元间发生突变。所以 A 方式可能出现码元之间的载波相位连续的情况。图 5-20b 称为 B 方式，每个码元载波相位相对于参考相位可取 $\pm\pi/2$。这样，在相对调相时，相邻码元之间的载波相位必然发生突变。接收端可利用这一相位变化规律检测到码元定时信息，因此，B 方式被广泛采用。

图 5-20 二相数字调相信号矢量图

2. 二相调相信号调制解调的实现

（1）2PSK 信号的调制和解调

2PSK 信号可用双极性基带信号通过乘法器（即直接调相法）来实现，如图 5-21 所示；也可以采用数字键控的方法实现 2PSK 信号的产生，如图 5-22 所示。

图 5-21 直接调相法实现 2PSK 调制　　　　　　图 5-22 键控法实现 2PSK 调制

由于 PSK 信号是通过相位来携带信息的，所以要用相干解调法（也称极性比较法），解调原理如图 5-23 所示。2PSK 信号的相干解调各点的正向工作时间波形如图 5-24 所示。

图 5-23 2PSK 信号的解调原理图

2PSK 信号的相干解调过程需要一个与接收的 2PSK 信号同频同相的相干载波，但 2PSK

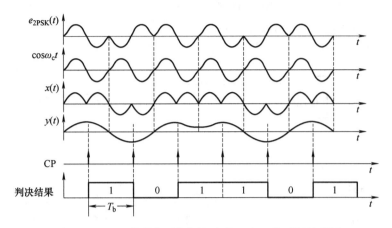

图 5-24　2PSK 信号相干解调各点的正向工作时间波形图

信号中不含载波频率成分，接收端无法直接从接收信号中提取相干载波。因此，接收端常采用图 5-25 所示的倍频/分频电路来获取相干载波。图中，输入的 2PSK 信号经全波整流，输出含有 $2f_c$ 频率的周期波，再利用窄带滤波器取出 $2f_c$ 频率，最后由二分频器得到相干载波 f_c，2PSK 信号由相乘器（即鉴相器）进行相干解调，并输出基带信号。

图 5-25　相干载波的获取

　　由于本地载波的相位不确定，二分频器输出存在相位模糊问题，因此，当恢复的相干载波产生 180° 倒相时，解调出的数字基带信号将与发送的数字基带信号正好相反，这种现象常称为倒 π 现象，如图 5-26 所示。正是由于 2PSK 信号存在反相工作（相位模糊）这一缺点，故实际中一般不采用 2PSK 工作方式，而常采用 2DPSK 方式。

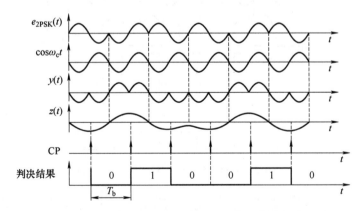

图 5-26　2PSK 信号相干解调各点的反向工作时间波形图

（2）2DPSK 信号的调制和解调

　　根据 2DPSK 信号与 2PSK 信号的内在联系，由于 2DPSK 信号对绝对码 a_n 来说是相对移相信号，对相对码 b_n 来说则是绝对移相信号。因此只要将输入序列变换成相对序列，然后用相对序列进行绝对调相，即在 2PSK 调制器前加一个差分编码器，便可产生 2DPSK 信号，如图 5-27 所示。2DPSK 信号调制过程波形如图 5-28 所示。由于 2PSK 信号的产生有两种方法，2DPSK 信号的产生也有直接调相法和键控法实现两种。

图 5-27　2DPSK 调制

图 5-28　2DPSK 信号调制过程波形图

2DPSK 信号的解调可以采用相干解调方式（即极性比较法），解调原理框图和解调过程各点时间波形如图 5-29 所示。

a) 2DPSK信号的相干解调原理框图

b) 2DPSK信号相干解调过程各点的时间波形图

图 5-29　2DPSK 信号的相干解调原理框图及解调过程各点的时间波形图

2DPSK 信号相干解调的原理为：对 2DPSK 信号进行相干解调，恢复出相对码序列，再通过差分译码器变换为绝对码序列，从而恢复出发送的二进制数字信号。在解调过程中，若相干载波产生了 180° 相位模糊，使得解调出的相对码产生倒置现象，经过差分译码器后，输出的绝对码不会产生任何倒置现象，从而解决了载波相位模糊问题。

2DPSK 信号的解调也可用差分检测方式（即相位比较法），解调器原理框图和解调过程各点的时间波形如图 5-30 所示。其解调原理是将 2DPSK 信号延时 T_b 后与输入 2DPSK 信号进行相位比较，直接进行调相波的解调，最后通过低通滤波，抽样判决后形成码元输出。由于解调的同时完成了码反变换功能，所以解调器中不需要差分译码器。相位比较法解调 2DPSK 信号不需要专门的相干载波，因此是一种非相干解调方法。

a) 2DPSK信号的差分检测解调原理框图

b) 2DPSK信号差分解调过程各点的时间波形图

图 5-30　2DPSK 信号的差分检测解调原理及解调过程各点的时间波形图

在抗噪声性能及信道利用率等方面，由于 2PSK 系统比 2FSK 及 2ASK 优越，因而被广泛应用于数字通信中。但 2PSK 方式有倒 π 现象，故其改进型 2DPSK 应用较广。PSK 一般应用于中速和中高速（1200～4800bit/s）数据传输系统中。目前，在话带内以中速传输数据时，2DPSK 是 CCITT 建议选用的一种数字调制方式。PSK 有很好的抗干扰性，在有衰落的信道中也能获得很好的效果。

5.3　二进制数字调制系统的性能分析

在通信系统中，信号的传输会受到各种干扰，从而影响信号的恢复。通信系统的抗噪性能就是指系统克服加性噪声影响的能力。当信道内存在高斯白噪声时，对通信质量的影响最终表现在系统的接收端抽样判决时发生差错，因此，分析 2ASK、2FSK 和 2PSK 这三种数字调制系统的抗噪声性能就是计算由于噪声的影响而产生的误码率。即分析在信道等效加性高斯白噪声条件下系统的误码性能，得出误码率与信噪比之间的数学关系。

对于频带传输中误码率的计算，首先分析抽样判决器输入端的信号与噪声的表达式，再根据表达式写出"1"和"0"信号的概率密度函数，从而得出结果。

5.3.1　2ASK 系统的性能

2ASK 信号既可采用非相干接收法进行解调，也可采用相干接收法解调。两种方法采用的解调器的结构形式不同，对系统抗噪性能的分析也不同。

1. 非相干接收时 2ASK 系统的误码率

图 5-6a 所示 2ASK 信号的非相干接收系统中，包络检波器的作用是全波或半波整流。由包络检波器、低通滤波器的输出送到抽样判决器。根据判决门限电平，在抽样时刻判决脉冲的有无。因此，计算非相干 ASK 接收系统的误码率，需要确定有信号时信号加噪声合成信号包络的概率分布，和无信号时噪声包络的概率分布，再根据判决门限，确定非相干系统的误码率。

假定系统不存在码间干扰，且信道的特性是理想的，错误判决仅由信道内加性高斯白噪声引起。若接收端带通滤波器的带宽 $\Delta f < f_c$，通过该带通滤波器的噪声就可看作是窄带噪声，由第 2 章的窄带随机过程分析可知，该窄带噪声可表示为

$$n_i(t) = n_c(t)\cos\omega_c t - n_s(t)\sin\omega_c t \tag{5-21}$$

对于 2ASK 信号，在理想情况下，当发送信号"1"时，$s(t) = a\cos\omega_c t$，接收带通滤波器输出为信号和噪声的叠加，其叠加波形 $x(t)$ 为余弦信号加窄带高斯噪声，即

$$x(t) = [a + n_c(t)]\cos\omega_c t - n_s(t)\sin\omega_c t = x_c(t)\cos\omega_c t - x_s(t)\sin\omega_c t \tag{5-22}$$

其包络为

$$V(t) = \sqrt{x_c^2(t) + x_s^2(t)} \tag{5-23}$$

根据窄带高斯随机过程的结论，余弦信号加窄带高斯噪声的包络的概率密度函数为

$$f_1(V) = \frac{V}{\sigma_n^2}\exp\left[-\frac{1}{2\sigma_n^2}(V^2 + a^2)\right]I_0\left(\frac{aV}{\sigma_n^2}\right) \quad V \geq 0 \tag{5-24}$$

式中，$I_0(x)$ 称为第一类修正贝塞尔函数，$I_0(x) = \frac{1}{2\pi}\int_0^{2\pi}\exp(x\cos\theta)\mathrm{d}\theta$。可见，发送信号"1"时，包络检波器输出的包络服从赖斯分布，如图 5-31 实线所示。

图 5-31 包络检波器输出信号分布

当发送信号"0"时，接收端带通滤波器的输出只存在窄带高斯噪声，即

$$x_0(t) = n_c(t)\cos\omega_c t - n_s(t)\sin\omega_c t \tag{5-25}$$

其包络为

$$V(t) = \sqrt{n_c^2(t) + n_s^2(t)} \tag{5-26}$$

其概率密度函数为

$$f_0(V) = \frac{V}{\sigma_n^2}\exp\left(-\frac{V^2}{2\sigma_n^2}\right) \quad V \geq 0 \tag{5-27}$$

可见，发送信号"0"时，包络检波器的输出服从瑞利分布，如图 5-31 虚线所示。

显然，波形 $x(t)$ 经包络检波器及低通滤波器后的输出由式(5-23)及式(5-26)决定。因

此，再经抽样判决后即可确定接收码元是"1"还是"0"。

若规定：当 $V(t)$ 的抽样值 $V>b$ 时，则判决为"1"码；当 $V(t)$ 的抽样值 $V\leqslant b$ 时，则判决为"0"码。由此可知，选择判决门限电压 b 与判决的正确程度密切相关。选定的 b 值不同，得到的误码率也不同。若发送码元为"1"时，抽样值 $V\leqslant b$，则发生将"1"误判为"0"的概率 $p(0/1)$ 为

$$
\begin{aligned}
p(0/1) = p(V\leqslant b) &= \int_0^b f_1(V)\,\mathrm{d}V \\
&= 1 - \int_b^\infty \frac{V}{\sigma_n^2}\exp\left[-\frac{1}{2\sigma_n^2}(V^2+a^2)\right]I_0\left(\frac{aV}{\sigma_n^2}\right)\mathrm{d}V \\
&= 1 - Q\left(\frac{a}{\sigma_n},\frac{b}{\sigma_n}\right)
\end{aligned}
\tag{5-28}
$$

式中，$Q(\alpha,\beta) = \int_\beta^\infty t\exp\left(-\frac{t^2+\alpha^2}{2}\right)I_0(\alpha t)\,\mathrm{d}t$，$t=\dfrac{V}{\sigma_n}$。

令 $r=\dfrac{a^2}{2\sigma_n^2}$ 为解调器的输入信噪比，而 $b_0=\dfrac{b}{\sigma_n}$ 为归一化门限值，则式(5-28)可表示为

$$
p(0/1) = 1 - Q(\sqrt{2}r,b_0)
\tag{5-29}
$$

同理，若发送码元为"0"时，抽样值 $V>b$，则发生将"0"误判为"1"的概率 $p(1/0)$ 为

$$
\begin{aligned}
p(1/0) = p(V>b) &= \int_b^\infty f_0(V)\,\mathrm{d}V \\
&= \int_b^\infty \frac{V}{\sigma_n^2}\exp\left(-\frac{V^2}{2\sigma_n^2}\right)\mathrm{d}V \\
&= \exp\left(-\frac{b^2}{2\sigma_n^2}\right) \\
&= \exp\left(-\frac{b_0^2}{2}\right)
\end{aligned}
\tag{5-30}
$$

假设发送端发送码元"1"的概率为 $p(1)$，发送码元"0"的概率为 $p(0)$，则系统总的误码率 p_e 为

$$
\begin{aligned}
p_e &= p(1)p(0/1) + p(0)p(1/0) \\
&= p(1)\int_0^b f_1(V)\,\mathrm{d}V + p(0)\int_b^\infty f_0(V)\,\mathrm{d}V \\
&= p(1)\left[1-Q(\sqrt{2}r,b_0)\right] + p(0)\exp\left(-\frac{b_0^2}{2}\right)
\end{aligned}
\tag{5-31}
$$

在实际应用中，系统一般工作在大信噪比（$r\gg1$）条件下，因此，最佳判决门限取 $a/2$。若 $p(0)=p(1)=1/2$，则 2ASK 非相干接收时的误码率为

$$
p_e = \frac{1}{4}erfc\left(\sqrt{\frac{r}{4}}\right) + \frac{1}{2}\mathrm{e}^{-\frac{r}{4}}
\tag{5-32}
$$

当 $r\to\infty$ 时，$erfc(\infty)\to0$，则式(5-32)表示为

$$
p_e = \frac{1}{2}\mathrm{e}^{-\frac{r}{4}}
\tag{5-33}
$$

2. 相干接收时 2ASK 系统的误码率

图 5-6b 所示的 2ASK 相干接收系统中，当 2ASK 信号经过乘法器和低通滤波器之后，抽

样判决器输入端得到的波形 $x(t)$ 为

$$x(t) = \begin{cases} a+n_c(t) & \text{发送码元 "1"} \\ n_c(t) & \text{发送码元 "0"} \end{cases} \tag{5-34}$$

因为 $n_c(t)$ 是高斯模型，因此发送码元 "1" 时，$x(t)$ 的一维概率密度为

$$f_1(x) = \frac{1}{\sqrt{2\pi}\,\sigma_n} \exp\left[-\frac{(x-a)^2}{2\sigma_n^2}\right] \tag{5-35}$$

发送码元 "0" 时，$x(t)$ 的一维概率密度为

$$f_0(x) = \frac{1}{\sqrt{2\pi}\,\sigma_n} \exp\left(-\frac{x^2}{2\sigma_n^2}\right) \tag{5-36}$$

判决门限电压仍为 b，则可分别求得将 "1" 错判为 "0" 的概率 $p(0/1)$ 和将 "0" 错判为 "1" 的概率 $p(1/0)$ 分别为

$$p(0/1) = p(x \leqslant b) = \int_{-\infty}^{b} f_1(x)\,\mathrm{d}x = \frac{1}{2}\left[1 + erf\left(\frac{b-a}{\sqrt{2}\,\sigma_n}\right)\right] \tag{5-37}$$

$$p(1/0) = p(x > b) = \int_{b}^{\infty} f_0(x)\,\mathrm{d}x = \frac{1}{2}\left[1 - erf\left(\frac{b}{\sqrt{2}\,\sigma_n}\right)\right] \tag{5-38}$$

若 $p(0) = p(1) = 1/2$，最佳判决门限取 $a/2$，则 2ASK 相干接收时的误码率为

$$p_e = \frac{1}{2}erfc\left(\frac{\sqrt{r}}{2}\right) \tag{5-39}$$

在大信噪比（$r \gg 1$）时，式（5-39）可近似表示为

$$p_e = \frac{1}{\sqrt{\pi r}}\mathrm{e}^{-\frac{r}{4}} \tag{5-40}$$

比较式（5-40）和式（5-33）可以看出，在相同信噪比条件下，相干接收系统的误码性能优于包络检波法的误码性能；在大信噪比条件下，包络检波法的误码性能将接近相干接收系统的性能。但包络检波法不需要相干载波，解调电路较相干接收法简单。

【例 5-2】 在 2ASK 系统中，信号的码元传输速率 $R_B = 2 \times 10^6$ Baud，采用包络检波法或相干接收法解调。信道中加性高斯白噪声的双边功率谱密度 $n_0 = 2 \times 10^{-15}$ W/Hz，接收端解调器输入信号的幅度 $a = 1$ mV，求：

（1）包络检波法解调时系统的误码率。

（2）相干接收法解调时系统的误码率。

解：（1）因为 2ASK 信号的功率主要集中在其频谱的主瓣，所以接收带通滤波器的带宽近似为

$$B = 2R_B = 2 \times 2 \times 10^6\,\text{Hz} = 4 \times 10^6\,\text{Hz}$$

带通滤波器输出噪声的平均功率为

$$\sigma_n^2 = 2n_0 B = 2 \times 2 \times 10^{-15}\,\text{W} = 1.6 \times 10^{-8}\,\text{W}$$

解调器输入信噪比为

$$r = \frac{a^2}{2\sigma_n^2} = \frac{10^{-6}}{2 \times 1.6 \times 10^{-8}} = 31.25$$

由于 $r = 31.25 \gg 1$，可得包络检波法解调时系统的误码率为

$$p_e = \frac{1}{2}\mathrm{e}^{-\frac{r}{4}} = \frac{1}{2}\mathrm{e}^{-\frac{31.25}{4}} = 2.02 \times 10^{-4}$$

（2）相干解调法解调时系统的误码率为

$$p_e = \frac{1}{\sqrt{\pi r}} e^{-\frac{r}{4}} = \frac{1}{\sqrt{\pi \times 31.25}} e^{-\frac{31.25}{4}} = 4.08 \times 10^{-5}$$

比较两种解调法系统的总误码率，在大信噪比条件下，2ASK 信号相干接收法解调时的误码率低于包络检波法解调时的误码率，但两者的误码性能相差不大。

5.3.2　2FSK 系统的性能

1. 非相干接收时 2FSK 系统的误码率

图 5-13 所示的 2FSK 信号的非相干接收系统中，先经过两个中心频率分别为 f_{c1} 和 f_{c2} 的带通滤波器，f_{c1} 和 f_{c2} 分别对准传号和空号的频率，然后通过包络检波器解调。这两个检波器的输出经抽样判决电路进行判决。其判决规则为：如果 f_{c1} 支路输出的电压大于 f_{c2} 支路输出的电压，则判为"1"；否则判为"0"。因此，2FSK 判决时不需要像 ASK 那样设置一个阈值电压。

用非相干接收法接收 2FSK 信号时，接收端两个支路的误码率情况完全相同，只要分析其中一种情况即可。下面以"1"错判为"0"为例求出误码率。

当发送码元"1"（对应 f_{c1}）时，带通滤波器 1 的输出包含信号和噪声分量，可表示为

$$y_1(t) = [a + n_{c1}(t)] \cos\omega_{c1}t - n_{s1}(t) \sin\omega_{c1}t \tag{5-41}$$

式中，$y_1(t)$ 为一余弦信号加窄带高斯过程，其包络检波器的输出服从赖斯分布。

此时，带通滤波器 2 的输出端没有信号分量，由于这时频率为 f_{c1} 的信号被中心频率为 f_{c2} 的窄带滤波器所阻止，因此带通滤波器 2 的输出端只有对应于频率 f_{c2} 的噪声分量，即

$$y_2(t) = n_{c2}(t) \cos\omega_{c2}t - n_{s2}(t) \sin\omega_{c2}t \tag{5-42}$$

式中，$y_2(t)$ 为一窄带高斯过程，其包络检波器的输出服从瑞利分布。

因此，两路包络检波器的输出分别为

$$v_1(t) = \sqrt{[a + n_{c1}(t)]^2 + n_{s1}^2(t)}$$
$$v_2(t) = \sqrt{n_{c2}^2(t) + n_{s2}^2(t)} \tag{5-43}$$

假定 v_1、v_2 统计独立，由于抽样判决器根据最大值进行判决，所以在接收码元"1"时，只要 $v_1 < v_2$ 就形成了误码。

因此，"1"误判为"0"的概率为

$$p(0/1) = p(v_1 < v_2) = \int_0^\infty f_1(v_1) \left[\int_{v_2-v_1}^\infty f_2(v_2) dv_2 \right] dv_1 = \frac{1}{2} e^{-\frac{r}{2}} \tag{5-44}$$

发送码元"0"时，接收端错判为码元"1"的误码率与之相同，即 $p(1/0) = p(0/1)$。若发送码元"1"和"0"的概率相同，即 $p(0) = p(1) = 1/2$，则有

$$p_e = \frac{1}{2} p(0/1) + \frac{1}{2} p(1/0) = \frac{1}{2} e^{-\frac{r}{2}} \tag{5-45}$$

2. 相干接收时 2FSK 系统的误码率

图 5-16 所示的 2FSK 信号的相干接收系统中，当发送端发送码元"1"时，两个带通滤波器的输出与非相干接收时相同。经过相干接收机后，则 f_{c1} 通路的输出 $z_1(t)$ 和 f_{c2} 通路的输出 $z_2(t)$ 分别为

$$
\begin{cases}
z_1(t) = \dfrac{1}{2}\left[\,a + n_{c1}(t)\,\right] \\[2mm]
z_2(t) = \dfrac{1}{2}n_{c2}(t)
\end{cases}
\tag{5-46}
$$

为分析方便，这里将相干解调器的输出写为

$$
\begin{cases}
z_1(t) = a + n_{c1}(t) \\[1mm]
z_2(t) = n_{c2}(t)
\end{cases}
\tag{5-47}
$$

由于 $n_{c1}(t)$ 和 $n_{c2}(t)$ 都是高斯过程，且均值为 0、方差为 σ_n^2，因此，$z_1(t)$ 是均值为 a、方差为 σ_n^2 的高斯变量，$z_2(t)$ 是均值为 0、方差为 σ_n^2 的高斯变量。

当 $z_1 < z_2$ 时，码元"1"误判为"0"，误码率为

$$
p(0/1) = p(z_1 < z_2) = p(a + n_{c1} < n_{c2}) = p(a + n_{c1} - n_{c2} < 0)
\tag{5-48}
$$

令 $x = a + n_{c1} - n_{c2}$，此时，x 也是高斯随机变量，且

$$
\begin{cases}
E[\,x\,] = a \\[1mm]
\sigma_x^2 = E\left[\,(z - a)^2\,\right] = 2\sigma_n^2
\end{cases}
\tag{5-49}
$$

因此，x 的概率密度函数为

$$
f(x) = \frac{1}{\sqrt{2\pi}\,\sigma_n}\exp\left[-\frac{(x-a)^2}{2\sigma_x^2}\right]
\tag{5-50}
$$

由 $f(x)$ 可求出误码率，即 $z_1 < z_2$ 的概率相当于 $x < 0$ 的概率，有

$$
\begin{aligned}
p(0/1) &= p(x < 0) \\
&= \int_{-\infty}^{0} f(x)\,\mathrm{d}x \\
&= \frac{1}{2}erfc\left(\sqrt{\frac{r}{2}}\right)
\end{aligned}
\tag{5-51}
$$

发送码元"0"时，接收端错判为码元"1"的误码率与之相同，即 $p(1/0) = p(0/1)$。因此，当"0""1"等概率出现时，2FSK 系统的总误码率为

$$
p_e = \frac{1}{2}erfc\left(\sqrt{\frac{r}{2}}\right)
\tag{5-52}
$$

在大信噪比 $(r \gg 1)$ 条件下，式(5-52)可写为

$$
p_e = \frac{1}{\sqrt{2\pi r}}\mathrm{e}^{-\frac{r}{2}}
\tag{5-53}
$$

因此，在大信噪比条件下，2FSK 系统的性能由指数决定，系数所起的作用很小，且相干接收略优于非相干接收。但由于相干接收时需要有相干载波，设备比较复杂，所以，一般情况下，分路滤波法较为常用。

【例 5-3】 采用 2FSK 方式在有效带宽为 2400Hz 的信道上传送二进制数字序列。已知 2FSK 系统的两个载波频率分别为：$f_{c1} = 2025\text{Hz}$，$f_{c2} = 2225\text{Hz}$，码元速率 $R_B = 300\text{Baud}$，信道输出端的信噪比为 6dB，试求：

(1) 2FSK 信号的带宽。

(2) 采用分路滤波法解调时的误码率。

(3) 采用相干接收法解调时的误码率。

解：(1) $B_{2FSK} = |f_{c1} - f_{c2}| + 2f_s = (\,|2225 - 2025| + 2 \times 300\,)\text{Hz} = 800\text{Hz}$

（2）计算采用分路滤波法解调时的误码率，关键是求解解调器的输入信噪比 r。因为码元速率为 300Baud，所以图 5-13 接收系统每个支路带通滤波器的带宽为

$$B_1 = 2f_s = 2 \times 300\text{Hz} = 600\text{Hz}$$

已知信道的有效带宽 $B = 2400\text{Hz}$，该值是两个支路带通滤波器带宽的 4 倍，所以带通滤波器输出信噪比 r' 与输入信噪比 r 相比，提高了 4 倍。

因为 $10\lg r' = 6\text{dB}$，所以 $r' = 4$；由于 $r' = \dfrac{a^2/2}{n_0 B}$，而 $r = \dfrac{a^2/2}{n_0 B_1}$，因此有

$$r = 4\frac{a^2/2}{n_0 B} = 4r' = 16$$

根据式（5-45），可得分路滤波法解调时系统的误码率为

$$p_e = \frac{1}{2}\text{e}^{-\frac{r}{2}} = \frac{1}{2}\text{e}^{-8} = 1.68 \times 10^{-4}$$

（3）同理，根据式（5-53）可得相干接收法解调时系统的误码率为

$$p_e = \frac{1}{\sqrt{2\pi r}}\text{e}^{-\frac{r}{2}} = \frac{1}{\sqrt{2\pi 16}}\text{e}^{-8} = 3.35 \times 10^{-5}$$

5.3.3 2PSK 及 2DPSK 系统的性能

1. 相干接收时 2PSK 系统的误码率

2PSK 信号只能采用相干接收，图 5-23 所示的 2PSK 信号相干接收系统中，相干接收用的本地载波可以单独产生，也可以从接收信号中提取。该系统与 2ASK 相干接收时的系统相同，不同之处在于判决门限为 0，而 2ASK 系统的判决门限为 $a/2$。

当发送码元"1"时，解调器的输入为

$$e(t) = [a + n_c(t)]\cos\omega_c t - n_s(t)\sin\omega_c t \tag{5-54}$$

此时，解调器的输出为

$$x(t) = a + n_c(t) \tag{5-55}$$

其概率密度函数为

$$f_1(x) = \frac{1}{\sqrt{2\pi}\,\sigma_n}\exp\left[-\frac{(x-a)^2}{2\sigma_x^2}\right] \tag{5-56}$$

由于噪声的影响，可能出现 $x<0$ 的情况，使得"1"错判为"0"。"1"错判为"0"的概率为

$$p(0/1) = p(x < 0) = \int_{-\infty}^{0} f_1(x)\,\text{d}x = \frac{1}{2}erfc(\sqrt{r}) \tag{5-57}$$

当发送码元"0"时，解调器的输出为

$$x(t) = -a + n_c(t) \tag{5-58}$$

其概率密度函数为

$$f_0(x) = \frac{1}{\sqrt{2\pi}\,\sigma_n}\exp\left[-\frac{(x+a)^2}{2\sigma_x^2}\right] \tag{5-59}$$

同样，因噪声的影响，可能出现 $x>0$ 的情况，使得"0"错判为"1"。"0"错判为"1"的概率为

$$p(1/0) = p(x > 0) = \int_{0}^{\infty} f_0(x)\,\text{d}x = \frac{1}{2}erfc(\sqrt{r}) \tag{5-60}$$

当码元"1"和"0"等概率出现时，系统总的误码率为

$$p_e=p(1)p(0/1)+p(0)p(1/0)=\frac{1}{2}erfc(\sqrt{r})\tag{5-61}$$

在大信噪比($r>>1$)条件下，式(5-61)可近似为

$$p_e=\frac{1}{2\sqrt{\pi r}}e^{-r}\tag{5-62}$$

2. 差分相干接收时 2DPSK 信号的误码率

图 5-30 所示的 2DPSK 信号差分相干接收系统中，不用本地载波，而是使用一个 1bit 的时延电路。其工作原理如下：

假设解调器当前输入的码元波形为

$$y_k(t)=a\cos(\omega_ct+\theta_k)\tag{5-63}$$

前一码元的波形为

$$y_{k-1}(t)=a\cos(\omega_ct+\theta_{k-1})\tag{5-64}$$

经过乘法器后的输出为

$$x_k(t)=\frac{a^2}{2}\big[\cos(\theta_k-\theta_{k-1})+\cos(2\omega_ct+\theta_k+\theta_{k-1})\big]\tag{5-65}$$

再经过低通滤波后的输出为

$$x(t)=\frac{a^2}{2}\cos(\theta_k-\theta_{k-1})\tag{5-66}$$

其判决规则见表 5-2，当 θ_k 与 θ_{k-1} 相同时，输出为 $\frac{a^2}{2}$，判决为"0"；当 θ_k 与 θ_{k-1} 相差 π 时，输出为 $-\frac{a^2}{2}$，判决为"1"。

表 5-2 判决规则

θ_k	θ_{k-1}	$\cos(\theta_k-\theta_{k-1})$	判决后的数字信号	θ_k	θ_{k-1}	$\cos(\theta_k-\theta_{k-1})$	判决后的数字信号
0	0	+1	0	0	π	−1	1
π	0	−1	1	π	π	+1	0

若信道存在高斯白噪声，当发送码元为"1"，且前一码元也为"1"时，其波形分别表示为

$$y_k(t)=\big[a+n_{c1}(t)\big]\cos\omega_ct-n_{s1}(t)\sin\omega_ct\tag{5-67}$$
$$y_{k-1}(t)=\big[a+n_{c2}(t)\big]\cos\omega_ct-n_{s2}(t)\sin\omega_ct\tag{5-68}$$

乘法器输出为

$$x_k(t)=y_k(t)y_{k-1}(t)\tag{5-69}$$

经低通滤波后的输出为

$$x(t)=\frac{1}{2}\{\big[a+n_{c1}(t)\big]\big[a+n_{c2}(t)\big]+n_{s1}(t)n_{s2}(t)\}\tag{5-70}$$

令 $x_1(t)=a+n_{c1}(t)$，$x_2(t)=a+n_{c2}(t)$，$y_1(t)=n_{s1}(t)$，$y_2(t)=n_{s2}(t)$，于是有：

$$x(t)=\frac{1}{2}\big[x_1(t)x_2(t)+y_1(t)y_2(t)\big]\tag{5-71}$$

抽样判决器判决规则：$x>0$ 为正确接收，无误码；$x<0$ 为接收出现误码。即当发送码元"1"时，接收错判为"0"的概率为

$$p(0/1) = p(x<0) = p(x_1 x_2 + y_1 y_2 < 0) \tag{5-72}$$

由于

$$x_1 x_2 + y_1 y_2 = \frac{1}{4}\left[(x_1 + x_2)^2 + (y_1 + y_2)^2 - (x_1 - x_2)^2 - (y_1 - y_2)^2 \right] \tag{5-73}$$

所以

$$p(0/1) = p\left[(2a + n_{c1} + n_{c2})^2 + (n_{s1} + n_{s2})^2 - (n_{c1} - n_{c2})^2 - (n_{s1} - n_{s2})^2 < 0 \right] \tag{5-74}$$

设

$$R_1 = \sqrt{(2a + n_{c1} + n_{c2})^2 + (n_{s1} + n_{s2})^2} \tag{5-75}$$

$$R_2 = \sqrt{(n_{c1} - n_{c2})^2 + (n_{s1} - n_{s2})^2} \tag{5-76}$$

则

$$p(0/1) = p(R_1 < R_2) \tag{5-77}$$

式中，n_{c1}、n_{c2}、n_{s1} 和 n_{s2} 是相互独立的正态随机变量，且均值为 0，方差为 σ^2。

由式(5-43)可知，随机变量 R_1 服从赖斯分布，随机变量 R_2 服从瑞利分布。即

$$f(R_1) = \frac{R_1}{2\sigma_n^2} I_0\left(\frac{aR_1}{\sigma_n^2} \right) \exp\left(-\frac{R_1^2 + 4a^2}{4\sigma_x^2} \right) \tag{5-78}$$

$$f(R_2) = \frac{R_2}{2\sigma_x^2} \exp\left(-\frac{R_2^2}{4\sigma_x^2} \right) \tag{5-79}$$

式中，R_1 可看成余弦信号 $2a\cos\omega_c t$ 和窄带高斯变量的包络之和，窄带高斯变量的同相分量为 $(n_{c1} + n_{c2})$，正交分量为 $(n_{s1} + n_{s2})$；R_2 可看成是一窄带高斯变量的包络，同相分量为 $(n_{c1} - n_{c2})$，正交分量为 $(n_{s1} - n_{s2})$，且均值为 0，方差为 σ^2。

将式(5-78)和式(5-79)概率密度函数代入式(5-77)，可得

$$p(0/1) = p(R_1 < R_2) = \int_0^\infty f(R_1)\left[\int_{R_2 = R_1}^\infty f(R_2)\,\mathrm{d}R_2 \right] \mathrm{d}R_1 = \frac{1}{2}\mathrm{e}^{-r} \tag{5-80}$$

同理可得

$$p(1/0) = p(0/1) = \frac{1}{2}\mathrm{e}^{-r} \tag{5-81}$$

当码元"1"和"0"等概率出现时，2DPSK 信号差分相干接收系统的总误码率为

$$p_e = \frac{1}{2}\mathrm{e}^{-r} \tag{5-82}$$

由此可见，2DPSK 信号差分相干接收系统的误码率比采用相干接收 2PSK 信号的误码率要高，这是因为相干接收时，采用的本地载波没有噪声，而在差分相干接收 2DPSK 信号时，代替本地载波的是 1bit 时延电路的输出，它带来了信道噪声，因此使误码率增加。

3. 2DPSK 信号极性比较——码变换法接收时的误码率

图 5-29 所示采用极性比较——码变换法解调 2DPSK 信号的系统中，实际上是用相干解调器将 2DPSK 信号解调成相对码，再用差分译码器将相对码变换成绝对码。因此，抽样判决器输出的数字序列(相对码)的误码率与相干接收 2PSK 信号的误码率相同，即由式(5-61)确定。但此时系统的误码率应该是差分译码器输出信号的误码率。

因为抽样判决器输出的码为相对码 b_n，而差分译码器的输出为绝对码 a_n，由式（5-15）可知，当差分译码器输入的两相邻码元相同时，输出码元为"0"；两个相邻码元不同时，输出码元为"1"。差分译码器对错码的影响见表 5-3。表中，加"∗"的码元为错码。

表 5-3　差分译码器对错码的影响

发送绝对码				1	0	1	1	1	0	0	1	1		译码输出错误个数
相对码相邻码元错误个数	0	相对码	0	1	1	0	1	0	0	0	1	0	0	
		绝对码	1	0	1	1	1	0	0	1	1			
	1	相对码	0	1	0∗	0	1	0	0	0	1	0	2	
		绝对码	1	1∗	0∗	1	1	0	0	1	1			
	2	相对码	0	1	0∗	1∗	1	0	0	0	1	0	2	
		绝对码	1	1∗	1	0∗	1	0	0	1	1			
	多个	相对码	0	1	0∗	1∗	0∗	1∗	1∗	1∗	1	0	2	
		绝对码	1	1∗	1	1	1	0	0	0∗	1			

由表 5-3 可知，相对码序列的错误情况由连续一个、两个、…、多个错码组成。若差分译码器输入端相对码序列的误码率为 p_e，经差分译码后绝对码序列的误码率为 p_e'，则

$$p_e' = 2p_1 + 2p_2 + \cdots + 2p_n + \cdots \tag{5-83}$$

式中，p_n 为连续出现 n 个错码的概率。分析表 5-3 可得

$$\begin{cases} p_1 = (1-p_e)p_e(1-p_e) \\ p_2 = (1-p_e)p_e^2(1-p_e) \\ \quad\quad\quad\vdots \\ p_n = (1-p_e)p_e^n(1-p_e) \end{cases} \tag{5-84}$$

所以

$$p_e' = 2(1-p_e)^2(p_e + p_e^2 + \cdots + p_e^n + \cdots) = 2(1-p_e)^2 p_e(1 + p_e + p_e^2 + \cdots + p_e^n + \cdots) \tag{5-85}$$

由于误码率 p_e 小于 1，有

$$\frac{1}{1-p_e} = 1 + p_e + p_e^2 + \cdots + p_e^n + \cdots \tag{5-86}$$

因此

$$p_e' = 2(1-p_e)p_e \tag{5-87}$$

将式（5-61）代入式（5-87），可得 2DPSK 信号采用极性比较加码变换法解调时的误码率为

$$p_e' = erfc(\sqrt{r})\left[1 - \frac{1}{2}erfc(\sqrt{r})\right] \tag{5-88}$$

当 $p_e \ll 1$ 时，p_e 与 p_e' 的关系为

$$p_e' = 2p_e$$

当 p_e 很大时，使得 $p_e = 1/2$，则根据式（5-87），有

$$p_e' = p_e \tag{5-89}$$

由此可见，p_e'/p_e 在 1~2 之间变化，说明使用码反变换器将使得系统误码率增大。

【例5-4】　采用2DPSK方式传送二进制数字序列，已知码元传输速率 $R_B = 2400 \text{Baud}$，发送端发送的信号幅度为 $A = 5\text{V}$，若输入接收端解调器的高斯白噪声的单边功率谱密度 $n_0 = 2 \times 10^{-10} \text{W/Hz}$，要求 p_e 不大于 10^{-4}。求：

（1）采用差分相干接收时，从发送端到解调器输入端的信号幅度的最大衰减值。

（2）采用相干解调—码变换时，从发送端到解调器输入端的信号幅度的最大衰减值。

解：（1）采用差分相干接收2DPSK信号时的误码率为

$$p_e = \frac{1}{2}e^{-r} \leqslant 10^{-4}$$

解得 $\qquad\qquad\qquad\qquad r \geqslant 8.52$

接收端带通滤波器的带宽为 $B = 2R_B = 2 \times 2400\text{Hz} = 4800\text{Hz}$

接收端带通滤波器输出的噪声功率为

$$\sigma_n^2 = n_0 B = 2 \times 10^{-10} \times 4800 \text{W} = 9.6 \times 10^{-7} \text{W}$$

因为解调器的输入信噪比 $r = \dfrac{a^2}{2\sigma_n^2}$，所以信号幅度为

$$a \geqslant \sqrt{2r\sigma_n^2} = \sqrt{2 \times 8.52 \times 9.6 \times 10^{-7}} \text{W} = 4.04 \times 10^{-3} \text{W}$$

信号幅度的最大衰减为

$$k = 20\lg \frac{A}{a} = 20\lg \frac{5}{4.04 \times 10^{-3}} \text{dB} = 61.85\text{dB}$$

（2）采用相干解调—码变换时，由于 $p_e \ll 1$，所以其误码率为

$$p_e' = 2p_e = erfc(\sqrt{r}) \leqslant 10^{-4}$$

查附录A表A-3得 $\sqrt{r} \geqslant 2.75$，即 $r \geqslant 7.62$。

解调器的输入信号幅度为

$$a \geqslant \sqrt{2r\sigma_n^2} = \sqrt{2 \times 7.62 \times 9.6 \times 10^{-7}} \text{W} = 3.81 \times 10^{-3} \text{W}$$

信号幅度的最大衰减为

$$k = 20\lg \frac{A}{a} = 20\lg \frac{5}{3.81 \times 10^{-3}} \text{dB} = 62.36\text{dB}$$

例5-4表明，在大信噪比条件下，2DPSK信号采用差分相干解调与采用相干解调—码变换法相比，信号幅度的最大衰减小了约0.5dB。

5.3.4　二进制数字调制系统性能比较

前面对二进制数字调制系统的几种调制解调原理的主要性能做了简要分析，下面从频带宽度、误码率、对信道特性变化的敏感性、对设备的复杂程度要求等不同角度对它们的性能进行简单的比较。

1. 频带宽度

当码元宽度为 T_b 时，2ASK、2PSK、2DPSK信号的零点带宽相同，均为 $2/T_b$；而2DPFSK信号的零点带宽为 $|f_{c2} - f_{c1}| + 2/T_b$，2DPFSK信号在调制指数 $h < 1$ 时，带宽较小，但当调制指数太小时，会导致系统的抗干扰性能下降。因此，2DPFSK信号的带宽最大，相应的频带利用率最低。

2. 误码率

当系统满足下列条件：

1）发送码元"1"和"0"统计独立，且概率相等。

2）系统为理想传输特性，无码间干扰。

3）信道的加性噪声模型为高斯白噪声，且均值为零。

4）接收端采用相干解调时，载波同步理想，无同步误差。

则可得到 2ASK、2FSK、2PSK 和 2DPSK 在不同解调方式下的误码率，见表 5-4。

表 5-4　二进制调制解调系统的误码率

调制方式	解调方式	误码率
2ASK	非相干检测	$p_e = \dfrac{1}{2}\exp\left(-\dfrac{r}{4}\right)$
	相干检测	$p_e = \dfrac{1}{2}erfc\left(\dfrac{\sqrt{r}}{2}\right)$
2FSK	非相干检测	$p_e = \dfrac{1}{2}\exp\left(-\dfrac{r}{2}\right)$
	相干检测	$p_e = \dfrac{1}{2}erfc\left(\sqrt{\dfrac{r}{2}}\right)$
2PSK	相干检测	$p_e = \dfrac{1}{2}erfc(\sqrt{r})$
2DPSK	差分检测	$p_e = \dfrac{1}{2}\exp(-r)$
	相干检测	$p_e = erfc\sqrt{r}\left(1 - \dfrac{1}{2}erfc\sqrt{r}\right)$

由此可得各种调制解调方式的误码率 p_e 和解调器输入信噪比 r 的曲线，如图 5-32 所示。

从表 5-4 和图 5-32 可以看出，在相同误码率条件下，2PSK 调制解调方式对信噪比的要求最小；在相同输入信噪比条件下，2PSK 调制解调方式的误码率最低，2DPSK 次之，2ASK 最大，即 2PSK 抗噪性能最好，2ASK 最差。对于同一种调制方式，输入信噪比相同时，采用相干接收的误码率低于采用非相干接收性的误码率；对于不同的调制方式，PSK 性能最好，FSK 次之，ASK 最差。

3. 对信道特性变化的敏感性

判决门限对信道特性的敏感性程度，也是选择调制解调方式的因素之一，希望判决门限不随信道变化而变化。经过比较可知，2FSK 最优，因为无须人为设置判决门限，通过直接比较两路解调输出的大小进行判决；2PSK 次之，最佳判决门限为 0，与接收端输入信号的幅度无关；而 2ASK 最差，最佳判决门限为 $a/2$，与接收端输入信号的幅度有关，当信道特性变化时，判决门限随着接收端输入信号的幅度的变化而变化，因此，信道特性不稳定时，不利于 2ASK 调制解调方式的电路设计，此时需要自适应控制电路。

4. 设备的复杂程度

对于几种二进制数字调制方式，发送端的设备复杂程度不相上下，而接收端的设备复杂

图 5-32　三种数字调制系统的 $p_e\text{-}r$ 关系曲线

度与解调方式相关。对于同一种调制方式，由于相干检测需要同步载波，所以相干检测设备要比非相干检测设备复杂。若同为非相干检测，2DPSK 的设备最复杂，2FSK 次之，2ASK 最简单。

5. 应用

可见，选择调制解调方式时，需要考虑多个因素。一般来说，信噪比高的系统常采用非相干解调，而在小信噪比工作环境中，需采用相干解调。数据传输中最常用的是相干检测 2DPSK 和非相干检测 2FSK，相干检测 2DPSK 主要用于高速数据传输系统，而非相干检测 2FSK 主要用于低速数据传输系统中。

5.4　多进制数字调制解调

多进制数字调制系统与二进制数字调制系统相比有以下特点：

1）在相同的码元传输速率下，多进制信息传输速率比二进制系统高。

2）在相同的信息传输速率下，多进制码元传输速率比二进制系统低，但所需的带宽较小。增大码元宽度，会增加码元的能量，并能减小由于信道特性引起的码间干扰的影响。

3）在相同的噪声下，多进制数字调制系统的抗噪声性能低于二进制数字调制系统。

4）多进制数字调制系统与二进制数字调制系统相比，通常设备较复杂。

多进制调制常用于高速数据传输系统中。

5.4.1　多进制幅移键控

多进制幅移键控（MASK）调制时，先将二进制基带数据信号进行电平转换，转换成多进制基带数据信号，其调制原理框图和 2ASK 调制相同。接收端的解调可通过相干或非相干解调，得到多进制基带信号，最后再进行电平转换，转换成二进制基带信号。MASK 信号可以表示为

$$e_{\text{MASK}}(t) = s(t)\cos(2\pi f_c t) = \Big[\sum_n b_n g(t - nT_s) \Big] \cos(2\pi f_c t) \tag{5-90}$$

式中，$s(t)$ 为多进制基带信号，其码元周期为 T_s；b_n 为 M 进制电平码，取值为

$$b_n = \begin{cases} 0 & \text{以概率 } p_0 \text{ 出现} \\ 1 & \text{以概率 } p_1 \text{ 出现} \\ \vdots \\ M-1 & \text{以概率 } p_{M-1} \text{ 出现} \end{cases} \quad \text{且} \sum_{n=0}^{M-1} p_n = 1 \tag{5-91}$$

MASK 可以看作是由多个不同幅度的 2ASK 信号叠加组成，其功率谱密度也是由这些 2ASK 信号的功率谱密度叠加而成，其带宽仍然是 $2f_s$，频带利用率为

$$\eta = \frac{R_b}{B} = \frac{R_B \mathrm{lb}M}{B} = \frac{f_s \mathrm{lb}M}{2f_s} = \frac{\mathrm{lb}M}{2} [\text{bit}/(\text{s}\cdot\text{Hz})] \tag{5-92}$$

可见，MASK 信号的频带利用率比 2ASK 信号提高了 $\mathrm{lb}M$ 倍。但由于是多个电平判决，其误码率比 2ASK 系统大，特别是在衰弱信道中，其误码率更高，因此，MASK 调制一般只用于信道质量良好的恒参信道中。

下面以 4ASK 为例，说明 MASK 的原理及抗噪声性能。

对于 4ASK 信号，当基带信号为"0"信号时，发送 0 电平；"1"信号时，发送幅度为 1 的载波；"2"信号时，发送幅度为 2 的载波；"3"信号时，发送幅度为 3 的载波。但实际应用中，传输的大多是二进制数字信号，只有两种状态，多进制信号必须用二进制来表示。而四进制信号有四种状态，两位二进制码正好对应四种状态，这里两位二进制码称为双比特码元，即在 4ASK 中，每个双比特码元对应一种幅度的载波。如当基带信号为"00"时，发 0 电平；"10"时，发送幅度为 1 的载波；"11"时，发送幅度为 2 的载波；"01"时，发送幅度为 3 的载波。由此得到的 4ASK 信号的时间波形如图 5-33 所示。

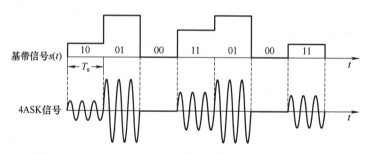

图 5-33　4ASK 信号的时间波形

因为 MASK 信号可以分解成若干个 2ASK 信号相加，所以其带宽与 2ASK 信号的带宽相同。但此时的 T_s 为 M 进制码元的宽度，如在 4ASK 中，$T_s = 2T_b$，其带宽为 $2/T_s = 1/T_b$，其中 T_b 为基带二进制码的码元宽度。因此，多进制调制比二进制调制的带宽窄，有效性高。

假设基带信号码元的幅度为 $\pm d$、$\pm 3d$、$\cdots$、$\pm(L-1)d$，共有 L 个电平，经过调制后变成幅度为 $\pm d$、$\pm 3d$、$\cdots$、$\pm(L-1)d$ 的载波，经接收带通滤波器和相干解调器后，到达抽样判决器之前的可能电平为 $\pm d$、$\pm 3d$、$\cdots$、$\pm(L-1)d$。

此时，抽样判决器判决门限应为 0、$\pm 2d$、$\pm 4d$、$\cdots$、$\pm(L-2)d$。经过理论推导，可得相干解调时，MASK 信号接收的误码率为

$$p_e = \left(1 - \frac{1}{L}\right) erfc \left(\frac{3}{L^2-1}r\right)^{\frac{1}{2}} \tag{5-93}$$

式中，r 为信噪比，$r = \dfrac{P_s}{\sigma_n^2}$，$P_s$ 为信号功率，σ_n^2 为噪声功率。

5.4.2　多进制频移键控

多进制频移键控(MFSK)用 M 个不同的载波频率代表 M 种数字信息，因此也简称为多频制，是2FSK方式的推广。MFSK和MASK类似，系统也需对二进制基带信号进行电平转换，变成多进制基带信号。调制时可由多进制信号控制一个压控振荡器实现，得到多进制连续相位频移键控(MCPFSK)信号；也可通过键控 M 个不同频率的载波振荡器实现，得到多进制不连续相位频移键控(MDPFSK)信号。MFSK信号产生原理框图如图5-34所示。图中，串/并变换器和逻辑电路将输入的每 k 个码元为一组二进制码对应地转换成有 $M(M=2^k)$ 种状态的多进制码，M 个状态分别对应 M 个不同的载波频率(f_{c1}、f_{c2}、$\cdots$、f_{cM})。当某组 k 位二进制码到来时，逻辑电路的输出接通某个门电路，让相应的载频发送出去，同时关闭其余所有的门电路。于是，当一组组二进制码元输入时，经相加器组合输出的便是一个 M 进制调频波形。

图 5-34　MFSK 信号产生原理框图

MFSK 信号可表示为

$$e_{\text{MFSK}}(t) = \begin{cases} \cos(2\pi f_{c1}t) & \text{以概率 } p_1 \text{ 出现} \\ \cos(2\pi f_{c2}t) & \text{以概率 } p_2 \text{ 出现} \\ \quad\quad\vdots \\ \cos(2\pi f_{cM}t) & \text{以概率 } p_M \text{ 出现} \end{cases} \quad \text{且} \sum_{n=1}^{M} p_n = 1 \tag{5-94}$$

MFSK 信号的解调有多种方式，实际应用中，接收端一般采用非相干解调方式。MFSK的解调部分由 M 个带通滤波器、M 个包络检波器及1个抽样判决器和逻辑电路组成，如图5-35所示。各带通滤波器的中心频率分别对应发送端各个载频。因而，当某一已调载频信号到来时，在任一码元持续时间内，只有与发送端频率相应的一个带通滤波器有信号通过，而其他带通滤波器只有噪声通过。抽样判决器的作用是比较所有包络检波器输出的电压，并选出最大者作为输出，该输出是一位与发端载频相应的 M 进制数。逻辑电路把这个 M 进制数译成 k 位二进制码，并进一步作为并/串变换恢复二进制序列输出，从而完成数字信号的传输。

MFSK 信号可以看作由 M 个幅度相同、载频不同、时间上互不重叠的2ASK信号叠加组成。设 MFSK 信号码元的宽度为 T_s，即码元传输速率 $f_s = 1/T_s$(Baud)，则 M 进制信号的带宽为

$$B_{\text{MFSK}} = f_{cM} - f_{c1} + 2f_s \tag{5-95}$$

图 5-35　MFSK 信号解调原理图

式中，f_{cM} 和 f_{c1} 分别为最高载频和最低载频。MFSK 信号的功率谱密度示意图如图 5-36 所示。

图 5-36　MFSK 信号的功率谱密度示意图

若相邻载频之差等于 $2f_s$，即相邻频率的功率谱主瓣刚好互不重叠，这时的 MFSK 信号的带宽及频带利用率分别为

$$B_{MFSK} = 2Mf_s \tag{5-96}$$

$$\eta_{MFSK} = \frac{kf_s}{B_{MFSK}} = \frac{k}{2M} = \frac{lbM}{2M} \left[bit/(s \cdot Hz) \right] \tag{5-97}$$

式中，$M = 2^k$，$k = 2$，3，…。可见，MFSK 信号的带宽随频率数 M 的增大而线性增宽，频带利用率明显下降。与 MASK 的频带利用率比较，MFSK 的频带利用率总是低于 MASK 的频带利用率。

与 2FSK 系统的性能分析方法类似，可得到 MFSK 系统的抗噪性能。非相干接收的 MFSK 系统的误码率为

$$p_e = \int_0^\infty x \exp\left(-\frac{x^2 + a^2}{2\sigma_n^2} \right) I_0\left(\frac{xa}{\sigma_n} \right) \left\{ 1 - \left[1 - \exp\left(-\frac{x^2}{2} \right) \right]^{M-1} \right\} dx \tag{5-98}$$

相干接收的 MFSK 系统的误码率为

$$p_e = \frac{1}{\sqrt{2\pi}} \int_{-\infty}^\infty \exp\left[-\frac{(x-a)^2}{2\sigma_n^2} \right] \left[1 - \frac{1}{\sqrt{2\pi}} \int_{-\infty}^x \exp\left(-\frac{u^2}{2} \right) du \right]^{M-1} dx \tag{5-99}$$

MFSK 系统和其他多进制调制系统类似，在一定信噪比条件下，M 越大，误码率就越大，但与 MASK 和 MPSK 比较，MFSK 的误码率较小。

5.4.3　多进制相移键控

1. 多进制相移键控信号的表示

多进制相移键控是利用载波的多种不同相位状态来表征数字信息的调制方式，因此也简称为多相制，是二进制调相方式的推广。与 2PSK 相同，多进制相移键控也有绝对相位调制（MPSK）和相对相位调制（MDPSK）两种。

假设载波为 $\cos\omega_c t$，则 MPSK 信号可表示为

$$
\begin{aligned}
e_{\text{MPSK}}(t) &= \sum_n g(t - nT_s)\cos(\omega_c t + \varphi_n) \\
&= \cos\omega_c t \sum_n \cos\varphi_n g(t - nT_s) - \sin\omega_c t \sum_n \sin\varphi_n g(t - nT_s)
\end{aligned}
\tag{5-100}
$$

式中，$g(t)$ 为高度为 1、宽度为 T_s 的门函数；T_s 为 M 进制码元的持续时间，亦即 k ($k = \mathrm{lb}M$) 比特二进制码元的持续时间；φ_n 为第 n 个码元对应的相位，共有 M 种不同取值，即

$$
\varphi_n = \begin{cases}
\theta_1 & \text{以概率 } p_1 \text{ 出现} \\
\theta_2 & \text{以概率 } p_2 \text{ 出现} \\
\quad\vdots \\
\theta_M & \text{以概率 } p_M \text{ 出现}
\end{cases}
\qquad \text{且} \sum_{n=1}^{M} p_n = 1
\tag{5-101}
$$

为了使平均差错概率最小，相位的划分一般是在 $0 \sim 2\pi$ 范围内等间隔划分，因此相邻相位的差值为

$$
\Delta\theta = \frac{2\pi}{M}
\tag{5-102}
$$

令 $a_n = \cos\varphi_n$，$b_n = \sin\varphi_n$，式 (5-100) 转换为

$$
\begin{aligned}
e_{\text{MPSK}}(t) &= \cos\omega_c t \sum_n a_n g(t - nT_s) - \sin\omega_c t \sum_n b_n g(t - nT_s) \\
&= I(t)\cos\omega_c t - Q(t)\sin\omega_c t
\end{aligned}
\tag{5-103}
$$

式中，$I(t)$ 和 $Q(t)$ 分别为多电平信号，且

$$
I(t) = \sum_n a_n g(t - nT_s)
\tag{5-104}
$$

$$
Q(t) = \sum_n b_n g(t - nT_s)
\tag{5-105}
$$

式 (5-103) 中，右边第一项常称为同相分量，第二项常称为正交分量。由此可见，MPSK 信号可以看成是两个正交载波进行多电平双边带调制所得两个 MASK 信号的叠加。实际应用中，常用正交调制的方法产生 MPSK 信号。

MPSK 信号还可以用矢量图来描述。$M = 4$、8 两种情况下的矢量图如图 5-37 所示。根据 CCITT 的建议，移相方式有 A 方式和 B 方式两种。图 5-37 中注明了各相位状态及其所代表的 k 比特码元。以 A 方式 4 相调相为例，载波相位有 0、$\pi/2$、π 和 $3\pi/2$ 四种，分别对应信息码元 "00" "10" "11" 和 "01"。虚线为参考相位，对 MPSK 而言，参考相位为载波的初相位；对 MDPSK 而言，参考相位为前一已调载波码元的初相位。各相位值都是对参考相位而言的，"+" 为超前，"–" 为滞后。

由于 MPSK 信号可以看成是两个载波相互正交的 MASK 信号的叠加组成，所以，MPSK 信号的频带宽度与 MASK 的频带宽度相同。即

$$
B_{\text{MPSK}} = B_{\text{MASK}} = 2f_s
\tag{5-106}
$$

式中，f_s 为 M 进制码速率，$f_s = 1/T_s$。可见，MPSK 的信息传输速率与 MASK 相同，是 2ASK 及 2PSK 的 $k = \mathrm{lb}M$ 倍。即 MPSK 系统的频带利用率是 2PSK 的 k 倍。

设二元码的信息传输速率为 $f_b\,\text{bit/s}$，现用 $k = \mathrm{lb}M$ 个二元码作为一组，码元速率 $f_{sk} = f_b/k$。如用基带传输，则理论上频带利用率为 $2k\text{bit/(s·Hz)}$。调制后用双边带传输，带宽是基带的 2 倍，所以理论频带利用率为 $k\text{bit/(s·Hz)}$。实际应用中，采用频谱滚降特性，如滚降参数为 α，则多相调相的频带利用率为

$$\eta = \frac{k}{1+\alpha} = \frac{\text{lb}M}{1+\alpha}[\text{bit}/(\text{s} \cdot \text{Hz})] \qquad (5\text{-}107)$$

式(5-107)说明，M 越大，不同相位差的载波越多，可以表征的数字输入信息越多，频带利用率也越高，从而可以减小由于信道特性引起的码间串扰的影响，提高数字通信的有效性。但多相调相时，M 越大，信号之间的相位差也就越小，接收端在噪声干扰下越容易判错，可靠性下降。可以证明，16PSK 的抗噪声性能低于 16QAM（16 相正交幅度调制）的抗噪声性能。因此，实际没有采用 16PSK，一般采用四相或四相调相。

图 5-37　MPSK 信号矢量图

2. 4PSK 信号的产生与解调

在 MPSK 中，四进制绝对相移键控（4PSK，或 QPSK）和四进制差分相位键控（4DPSK，或 QDPSK）用的最为广泛。

4PSK 利用载波的四种不同相位来表征数字信息，由于每一种载波相位代表两个比特信息，故每个四进制码元又被称为双比特码元。若把双比特的前一位用 a 表示，后一位用 b 表示，并按格雷码排列，按国际统一标准规定，双比特码元与载波相位的对应关系有两种，称为 A 方式和 B 方式，它们的对应关系见表 5-5。

表 5-5　4PSK 信号双比特码元与载波相位的对应关系

双比特码元		载波相位 $\varphi_n/(°)$	
a	b	A 方式	B 方式
0	0	0	225
1	0	90	315
1	1	180	45
0	1	270	135

图 5-38 所示为 4PSK 信号的时间波形。图中，一个双比特码元宽度内有一个周期的载波。

图 5-38　4PSK 信号(A 方式)的时间波形示意图

产生 4PSK 信号的常用方法有：直接调相法及相位选择法。

（1）直接调相法

由式(5-103)可以看出，4PSK 信号可以采用正交调制的方式产生。产生 B 方式 4PSK 信号的原理框图如图 5-39a 所示。它可以看成是由两个载波正交的 2PSK 调制器构成，分别形成图 5-39b 中的虚线矢量，再经加法器合成后，得到图 5-39b 中的实线矢量。若要产生 A 方式 4PSK 信号的波形，只需适当改变振荡载波相位就可实现。

a) 原理框图　　　　　　　　　　　　　　　　b) 矢量图

图 5-39　直接调相法产生 4PSK 信号(B 方式)原理框图

（2）相位选择法

由表 5-5 可以看出，在一个码元持续时间 T_s 内，4PSK 信号为载波四个相位中的某一个。因此，可以用相位选择法产生 4PSK 信号，其原理框图如图 5-40 所示。图中，四相载波发生器产生 4PSK 信号所需的四种不同相位的载波。输入的二进制数码经串/并变换器输出双比特码元。按照输入的双比特码元的不同，逻辑选相电路输出相应相位的载波。例如，B 方式情况下，双比特码元 ab 为"11"时，输出相位为 45°的载波；双比特码元 ab 为"01"时，输出相位为 135°的载波等。

图 5-40　相位选择法产生 4PSK 信号原理框图

由于 4PSK 信号可以看作是两个载波正交的 2PSK 信号的合成，故也称正交 PSK，因此，4PSK 系统的接收端常使用相干检测解调。图 5-41 是 B 方式 4PSK 信号相干解调器的组成框图。图中，两个相互正交的相干载波分别检测出两个分量 a 和 b，然后，经并/串变换器还原成二进制双比特串行数字信号，从而实现二进制信息恢复。该方法也称为极性比较法。

图 5-41 4PSK 信号(B 方式)相干解调原理框图

4PSK 系统与 2PSK 系统一样，若采用相干接收，容易出现相位模糊的现象，并且是 0°、90°、180° 和 270° 四个相位模糊。因此，实际中常用的是四进制相对相移键控(4DPSK)。

3. 4DPSK 信号的产生与解调

4DPSK 利用载波的四种不同相位差来表征数字信息，由于每一种载波相位差代表两个比特信息，因此，双比特码元与载波相位差的对应关系见表 5-6。

表 5-6 4DPSK 信号双比特码元与载波相位差的对应关系

双比特码元		载波相位差 $\Delta\varphi/(°)$	
a	b	A 方式	B 方式
0	0	0	225
1	0	90	315
1	1	180	45
0	1	270	135

4DPSK 信号(A 方式)的时间波形如图 5-42 所示，其中，一个双比特码元宽度内有一个周期的载波。

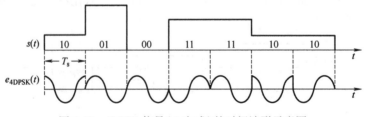

图 5-42 4DPSK 信号(A 方式)的时间波形示意图

与 2DPSK 信号的产生相类似，在直接调相的基础上加码变换器，即可形成 4DPSK 信号。图 5-43 为直接调相法产生 4DPSK 信号(A 方式)的原理框图。图中，单/双极性变换的

154

规律与 4PSK 情况相反,为 0→+1,1→-1,相移网络也与 4PSK 不同,其目的是要形成 A 方式矢量图。图 5-43 中的码变换器用于将并行绝对码 a、b 转换为并行相对码 c、d,其逻辑关系比二进制的逻辑关系复杂得多,但可以由组合逻辑电路或由软件实现,具体方法可参阅有关参考书。4DPSK 信号也可采用相位选择法产生,只需在图 5-40 中的相位选择电路前加入码变换器即可。

图 5-43　直接调相法产生 4DPSK 信号(A 方式)原理框图

4DPSK 信号的解调可以采用相干解调—码反变换器方式(即极性比较法),也可采用差分检测法解调(即相位比较法)。图 5-44 为 4DPSK 信号(B 方式)相干解调原理框图。与4PSK 信号相干解调不同之处在于,并/串变换之前需加码反变换器将相对码转换成绝对码。

图 5-44　4DPSK 信号(B 方式)相干解调原理框图

4DPSK 信号的差分检测原理如图 5-45 所示。与 2DPSK 差分检测法相似,用两个正交的相干载波,分别检测出两个分量 a 和 b,然后还原成二进制双比特串行数字信号。

图 5-45　4DPSK 信号的差分检测原理框图

相位比较法与极性比较法相比主要区别在于，相位比较法利用延时电路将前一码元信号延时一码元时间后，分别作为上、下支路的相干载波；因为 4DPSK 信号的信息包含在前后码元相位差中，相位比较法解调的原理就是直接比较前后码元的相位，所以它无须采用码反变换器。

5.5 正交幅度调制

2ASK 信号具有两个边带，而且上下边带都含有相同的信息，为了提高信道频带利用率，能否只发送其中的一个边带？这种只需传送一个边带就能实现信息传递的调制方法称为单边带调制，这样信道频带利用率即可提高一倍。

单边带调制的实现是在载波频率 f_c 处用一个锐截止滤波器滤除其中一个边带，这种调制方法通常要对基带信号进行某种处理，使其直流分量为零，低频分量也要尽可能地小，从而使已调 2ASK 信号的上下边带之间有一个明显的分界，这样就能用普通滤波器切除一个边带，从而实现单边带调制。

也可用残余边带调制来提高频带利用率。残余边带调制是介于双边带和单边带调制之间的一种调制方法，它是让已调双边带信号通过一只残余边带滤波器，只使它的一个边带的大部分和另一边带的小部分通过，因此残余边带调制的频谱利用率略小于单边带调制。

单边带调制对发送滤波器性能要求很高，并且解调所需的相干载波必须通过发送导频来获取。而残余边带调制要求残余边带滤波器的传递函数关于载波频率 f_c 这一点呈现严格的奇对称滚降特性，且相频特性保持线性。当滚降系数较小时，从接收信号中提取相干载波就很困难。那么，能不能找出一种不仅频带利用率和单边带调制相同，而且不需要发送用于载波同步的导频信号的调制方法呢？这就是正交幅度调制（Quadrature Amplitude Modulation，QAM）。

QAM 主要用在有线数字视频广播和宽带接入等通信系统方面，还可用于微波通信、卫星通信、移动通信等领域。如 QAM 是混合光纤同轴电缆（HFC）网络实现数据传输的关键技术，可获得较高的频谱利用率。

5.5.1 QAM 调制解调原理

QAM 又称正交双边带调制，是一种节省频带的数字调幅方法。它是指将两路独立的基带波形分别对两个相互正交的同频载波进行抑制载波的双边带调制，所得的两路已调信号叠加起来的过程。这种调制方式中，两路信号处于一个频段，虽然对于每一个支路来讲，带宽是其对应的基带信号（A 或 B）的两倍，但由于是在同一频段内同时传送两路支路信号，且两个已调信号在相同的带宽内频谱正交，可在同一频段内并行传输，因此频带利用率与单边带调制系统的频带利用率相同，而且不需要发送用于载波同步的导频信号。

实际应用中采用的是多进制正交幅度调制（MQAM），M 为已调信号的状态数，不同的状态与不同的幅度相对应。因此，A、B 两路的基带信号可以是二电平，也可是多电平。若基带信号是二电平则称为 4QAM。

4QAM 由两路在频谱上呈正交的抑制载频的双边带调幅组成，其原理如图 5-46 所示。速率为 f_b 的输入序列 $\{a_n\}$ 经过串/并变换形成 A 路和 B 路无直流的双极性基带信号，两路速率分别为 $f_b/2$。接着进行 2-L 电平变换，因为 MQAM 信号共有 M 个状态，因此每一个支路的状态数 $L=M^{1/2}$。在 $M>4$ 的情况下，MQAM 调制可以进一步提高频带利用率。A 路和 B 路

信号记为 $s_1(t)$、$s_2(t)$，因而 $s_1(t)$、$s_2(t)$ 为相互独立的基带信号，$s_1(t)$、$s_2(t)$ 分别与载波信号 $\cos\omega_c t$、$\sin\omega_c t$ 相乘，形成两路抑制载频的双边带调幅信号，即

$$\begin{cases} e_1(t) = s_1(t)\cos\omega_c t \\ e_2(t) = -s_2(t)\sin\omega_c t \end{cases} \tag{5-108}$$

于是整个调制器的输出信号为

$$e_{4QAM}(t) = s_1(t)\cos\omega_c t - s_2(t)\sin\omega_c t \tag{5-109}$$

图 5-46　4QAM 原理框图

由于 A 路调制的载波与 B 路调制的载波相位差 90°，所以称为正交调幅。这种调制方法中 A、B 两路都是双边带调制，但两路信号同处于一个频段之中，因此，虽然双边带调制比单边带调制增加了一倍带宽，但可以传送两路信号。并且，正交调幅的频带利用率与单边带传输的利用率相同，而对发送滤波器却没有特殊的要求。

正交调幅信号的解调必须采用相干解调法，4QAM 解调原理如图 5-47 所示。设相干载波与信号载波完全相同，且假定信道无失真、带宽不限，也无噪声，则两个相乘器的输出分别为

$$\begin{aligned} y_1(t) &= e_{4QAM}(t)\cos\omega_c t \\ &= \left[s_1(t)\cos\omega_c t - s_2(t)\sin\omega_c t \right]\cos\omega_c t \\ &= \frac{1}{2}s_1(t) + \frac{1}{2}s_1(t)\cos 2\omega_c t - \frac{1}{2}s_2(t)\sin 2\omega_c t \end{aligned} \tag{5-110}$$

$$\begin{aligned} y_2(t) &= -e_{4QAM}(t)\sin\omega_c t \\ &= -\left[s_1(t)\cos\omega_c t - s_2(t)\sin\omega_c t \right]\sin\omega_c t \\ &= \frac{1}{2}s_2(t) - \frac{1}{2}s_1(t)\sin 2\omega_c t - \frac{1}{2}s_2(t)\cos 2\omega_c t \end{aligned} \tag{5-111}$$

图 5-47　4QAM 解调原理框图

经过低通滤波器后，上、下两支路的输出信号分别为 $s_1(t)/2$、$s_2(t)/2$，最后经并/串变换电路恢复发送序列 $\{a_n\}$。

QAM 信号还可以用矢量表示，将式（5-109）改写成一个波的形式，即

$$e_{4QAM}(t)=s_1(t)\cos\omega_c t - s_2(t)\sin\omega_c t = s\cos(\omega_c t+\theta) \tag{5-112}$$

式中，$s=\sqrt{s_1^2+s_2^2}$，$\theta=\arctan\dfrac{s_1}{s_2}$。

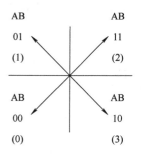

图 5-48　4QAM 矢量图

若 A 路传送"1"码（即 $s_1=1$），则 A 路调制器输出为 $\cos\omega_c t$；B 路传送"1"码（即 $s_2=1$），则 B 路调制器输出为 $\cos(\omega_c t+\pi/2)$。因此，其合成信号为 $\sqrt{2}\cos(\omega_c t+\pi/4)$，对应图 5-48 中的矢量（2）。

若 A 路传送"0"码（即 $s_1=-1$），则 A 路调制器输出为 $-\cos\omega_c t$；B 路传送"1"码（即 $s_2=1$），则 B 路调制器输出为 $\cos(\omega_c t+\pi/2)$。因此，其合成信号为 $\sqrt{2}\cos(\omega_c t+3\pi/4)$，对应图 5-48 中的矢量（1）。

若仅画出矢量端点，称为星座图。若只有四个点，则称为 4QAM 信号星座图，如图 5-49 所示。由星座图可知，各信号点之间的距离越大，抗误码能力越强。星座图上的点数越多，频带利用率越高，但抗干扰能力越差。

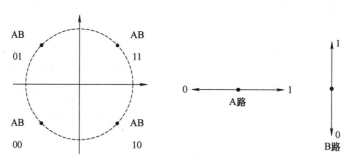

图 5-49　4QAM 信号星座图

与 MPSK 相比，MQAM 可充分利用信号平面，增加不同符号点信号之间的距离 d。图 5-50 为 16PSK 与 16QAM 信号星座图，利用此图可求出信号点间最小距离。

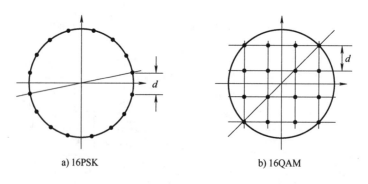

a）16PSK　　　　　　b）16QAM

图 5-50　16PSK 和 16QAM 信号星座图

对于 16PSK，信号点间最小距离为

$$d_{\min} = 2\sin\left(\frac{2\pi}{2 \times 16}\right) = 2\sin\left(\frac{\pi}{16}\right)$$

对于 16 QAM，信号点间最小距离为

$$d_{\min} = \frac{1}{3} \times 2 \times \sin\left(\frac{\pi}{4}\right) = \frac{\sqrt{2}}{3}$$

一般地，MPSK 和 MQAM（矩形星座图时）信号点间最小距离分别为

$$d_{\text{MPSK,min}} = 2\sin\left(\frac{\pi}{M}\right) \tag{5-113}$$

$$d_{\text{MQAM,min}} = \frac{\sqrt{2}}{\sqrt{M}-1} \tag{5-114}$$

因此，一般地 $d_{\text{MPSK,min}} < d_{\text{MQAM,min}}$，这是由于 MQAM 较充分利用了整个相幅平面，所以相对 MPSK 有较强的抗干扰能力。

64QAM 和 128QAM 信号星座图分别如图 5-51 和图 5-52 所示。

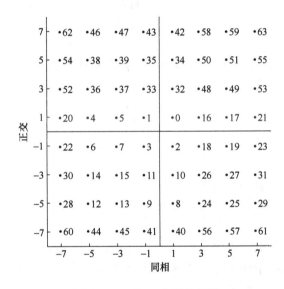

图 5-51 64QAM 信号星座图

QAM 是将两路双边带信号合在一起进行传输，如果两路随机数码相互独立，则 QAM 信号的功率谱密度就是 A 路的与 B 路的功率谱密度相加，而且都处于相同频段之中。

设 A、B 两路的总比特率为 f_b，信道带宽为 B，则 MQAM 的频带利用率为

$$\eta = \frac{f_b}{B}\left[\,\text{bit}/(\text{s} \cdot \text{Hz})\,\right]$$

对于 MQAM，A、B 各路每一个支路基带信号的状态数 $L = M^{1/2}$ 电平，因此，A、B 两路的每个码元具有 $\text{lb}M^{1/2} = (\text{lb}M)/2$ 比特，即以输入的 $(\text{lb}M)/2 = k/2$ 个二元码作为一个组，变为 $M^{1/2}$ 电平码。设基带的码长（码元间隔）为 $T_s = 1/f_s$，f_s 为码元速率，这样 A、B 各路的码元速率与比特率的关系为

$$\frac{f_b}{2} = f_s\frac{\text{lb}M}{2}$$

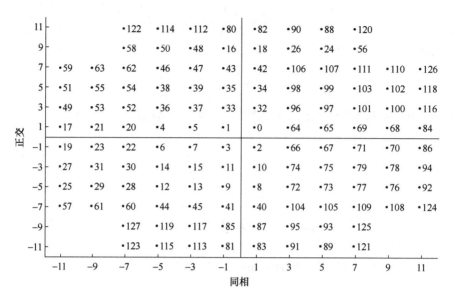

图 5-52　128QAM 信号星座图

式中，左边的 1/2 是因为 A、B 各路的比特率为总比特率的一半。若基带采用滚降特性，则基带频带宽为

$$(1+\alpha)f_N = \frac{1+\alpha}{2T_s} = \frac{1+\alpha}{2}f_s$$

由于 QAM 是双边带传输，所以，信道带宽为基带的 2 倍，即

$$B_{MQAM} = (1+\alpha)f_s$$

因此，MQAM 信号的频带利用率为

$$\eta_{MQAM} = \frac{\mathrm{lb}M}{1+\alpha}[\,\mathrm{bit/(s \cdot Hz)}\,] \tag{5-115}$$

式中，α 为滚降系数。当 $\alpha=0$ 时，其最高频带利用率为 $\mathrm{lb}M\,\mathrm{bit/(s \cdot Hz)}$。

【例 5-5】　QAM 系统采用 16QAM，带宽为 4800Hz，滚降系数 $\alpha=0.5$，问每路有几个电平？总比特率、调制速率各为多少？频带利用率是多少？

解：（1）每路的电平数为

$$\sqrt{M} = \sqrt{16} = 4$$

（2）因为信道带宽是基带的 2 倍，所以有

$$4800\mathrm{Hz}/2 = (1+\alpha)f_N$$

$\alpha=0.5$，则 $f_N = 1600\mathrm{Hz}$。

$$调制速率 = f_s = 2f_N = 2 \times 1600\mathrm{Baud} = 3200\mathrm{Baud}$$
$$总比特率 = f_s\mathrm{lb}M = 3200 \times \mathrm{lb}16\mathrm{bit/s} = 12800\mathrm{bit/s}$$

（3）频带利用率 $= (12800/4800)\mathrm{bit/(s \cdot Hz)} = 2.67\mathrm{bit/(s \cdot Hz)}$

5.5.2　QAM 的抗噪性能

MQAM 解调系统仍是一种线性系统，解调后叠加的噪声仍然为高斯白噪声，因同相和正交支路信号电平数为 $L=\sqrt{M}$。利用多电平基带信号的性能分析方法，对于理想频带利用

率的基带系统$(R_B = 2B)$，误码率为

$$
\begin{aligned}
p_e &= \frac{2(L-1)}{L} Q\left(\sqrt{\frac{3}{L^2-1}\frac{S}{N}}\right) \\
&= \frac{2(L-1)}{L} Q\left(\sqrt{\frac{3}{L^2-1}\frac{E_b R_b}{n_0 B}}\right) \\
&= \frac{2(L-1)}{L} Q\left(\sqrt{\frac{3}{L^2-1}\frac{E_b R_s \mathrm{lb}L}{n_0 B}}\right) \\
&= \frac{2(L-1)}{L} Q\left(\sqrt{\frac{6\mathrm{lb}L}{L^2-1}\frac{E_b}{n_0}}\right)
\end{aligned}
\tag{5-116}
$$

式中，E_b/n_0 为信号比特能量与噪声功率谱密度的比值。

对 M 进制调制，设 E_s 为信号码元能量，$R_B = 1/T_s$ 为码元速率，信息速率 $R_b = \mathrm{lb}M$，则信号功率 S 为

$$
S = \frac{E_s}{T_s} = \frac{E_s R_b}{\mathrm{lb}M} = R_b\left(\frac{E_s}{\mathrm{lb}M}\right) = R_b E_b
\tag{5-117}
$$

噪声功率为 $N = n_0 B$，所以，信噪比 S/N 与 E_b/n_0 的关系为

$$
\frac{S}{N} = \left(\frac{E_b}{n_0}\right)\left(\frac{R_b}{B}\right)
\tag{5-118}
$$

因此，在多种调制解调系统中，MQAM 系统的性能最接近香农定理信道容量的极限。

5.6 数字调制中的载波提取和形成

在数据传输系统中，许多类型的解调器都需要在接收端用相干载波进行解调。相干载波指与发送载波有相同频率和相同相位、在接收端本地产生的载波。载波的获取方法主要分为两类：直接法和插入导频法。

5.6.1 直接法

直接法是指直接从已调信号中提取。

在数据传输中，载波分量本身无负载信息，多数调制方式中都抑制载波分量，因而无法从接收信号中提取载波分量。但对于某些信号，如 2PSK、QAM 等，只要对接收波形进行适当的非线性处理，就可以从中提取载波频率和相位信息，在接收端获得相干载波。

二次方变换和二次方环法就是一种用于取得相干载波的非线性处理方法。

2PSK 信号可以表示为

$$
e(t) = s(t)\cos\omega_c t
\tag{5-119}
$$

式中，$s(t)$ 为双极性基带信号，不含直流分量（一般是"1"和"0"等概率出现）；$e(t)$ 中无载波分量。

如果对 $e(t)$ 进行二次方处理（或全波整流），即

$$
\begin{aligned}
e^2(t) &= s^2(t)\cos^2\omega_c t \\
&= \frac{1}{2}s^2(t) + \frac{1}{2}s^2(t)\cos2\omega_c t
\end{aligned}
\tag{5-120}
$$

二次方处理后的波形，不论 $s(t)$ 是什么波形，$s^2(t)$ 中必然存在直流分量，它与 $\cos 2\omega_c t$ 相乘就成为载波的 2 倍频项。只要用一台中心频谱为 $2\omega_c$ 的窄带滤波器就能获取载波 2 倍频的信息，再用一台二分频器就得到频率为 ω_c 的载波，如图 5-53 所示。

图 5-53　二次方变换法提取载波

图 5-53 中，带通滤波器 1 的中心频率为 ω_c，带通滤波器 2 为一窄带滤波器，其中心频率为 $2\omega_c$。

利用二次方变换法提取的载波，频率能完全跟踪发送载频，而且由于直接处理接收信号，包括由信道引入的频率偏移在内的各种频率变化也能很好地跟踪，是一种比较简单而又可靠的方法。

缺点是分频将引起信号的 180° 相位不确定性，即分频器输出信号的相位可能随机取 0 或 π，这种载波相位的模糊将造成解调的判决失误。

为了克服这一缺点，在传输中可以采用相对码变换技术，如 DPSK。另外，信道中存在噪声叠加在 $s(t)$ 上，经二次方后在 $s^2(t)$ 项亦含有噪声，在 $2\omega_c$ 项中亦存在噪声分量，由于噪声的存在使得到的载波相位发生随机变动。窄带滤波器有助于减少这种噪声，但窄带的中心频率虽可设计等于 $2\omega_c$，但实际上二者总有偏差，因此窄带也需要有一定的宽度，以防载波的二倍频 $2\omega_c$ 落于窄带通带之内，其结果是窄带滤波器不能较好地抑制载波相位的随机抖动。

为解决这一矛盾，广泛采用二阶锁相环(PLL)法提取载波，如图 5-54 所示。图中，锁相环代替图 5-53 中的带通滤波器 2。只要锁相环的环路增益足够大，其静态相位差可以足够小，使相位抖动控制在许可的范围之内。带通滤波器 3 的中心频率亦为 $2\omega_c$。

图 5-54　二阶锁相环(PLL)法提取载波

带通滤波器 3 与带通滤波器 2 的作用不同，它主要起隔离作用。因为 PLL 中的相乘器不是理想的，如果它直接与二次方器相连，二次方器输出的直流和低频分量将泄露到压控振荡器(VCO)输入端而引起干扰。对带通滤波器 3 的带宽没有像带通滤波器 2 那样严格的要求。

5.6.2　插入导频法

插入导频是指在已调信号频谱中额外地加入一个低功率的线谱，其对应的正弦波成为导频信号。在接收端利用窄带滤波器把它提取出来，经过适当的处理，如锁相、变相、形成等，获得接收端的相干载波。

需要注意的是，导频的频率应当与载波有关或者就是载波的频率，导频的具体选择根据已调信号的频谱结构而定。为了避免数据信号频谱中具有的导频分量对所发导频造成干扰，应尽可能利用已调信号频谱中的零点插入导频。插入的导频并不是发送端加入调制器的那个载波，而是将该载波相移90°后，故称为正交载波。

插入导频的频谱及发送接收过程如图5-55所示。

a) 控制载波双边带信号中导频插入   b) 插入导频法发送框图

c) 插入导频法接收框图

图5-55　插入导频法获取载波

图5-55b表示插入导频法发送端框图，设调制信号 $s(t)$ 中无直流分量，即"1""0"等概率的双极性基带信号被调载波为 $a\sin\omega_c t$，插入导频为被调载波相移90°形成的 $-a\cos\omega_c t$。于是输出信号为

$$e(t) = as(t)\sin\omega_c t - a\cos\omega_c t \qquad (5-121)$$

设接收端收到的信号与发送端相同，则接收端用一台中心频率为 f_c 的窄带滤波器 BP3 提取导频 $-a\cos\omega_c t$，相移90°得到与调制载波同频同相的相干载波 $a\sin\omega_c t$，由图5-55c可知，解调输出 $u(t)$ 为

$$\begin{aligned}
u(t) &= [as(t)\sin\omega_c t - a\cos\omega_c t]a\sin\omega_c t \\
&= a^2 s(t)\sin^2\omega_c t - a^2\sin\omega_c t\cos\omega_c t \\
&= \frac{a^2 s(t)}{2} - \frac{a^2}{2}s(t)\cos 2\omega_c t - \frac{a^2}{2}\sin 2\omega_c t
\end{aligned} \qquad (5-122)$$

经低通滤波器 LPF 滤除高频部分得 $a^2 s(t)/2$，即基带数据信号。

插入导频法获取相干载波时，如果发送端加入的导频不是正交载波，而是调制载波，则接收端 $u(t)$ 中还有直流分量 $a^2/2$。该直流分量通过低通滤波器后对数据信号产生影响，这就是发送端导频用正交载波的原因。

另外，插入导频法还要注意信道可能出现的频率偏差。解决这一问题一般不直接在载频位置插入导频信号，而是发送两个或两个以上的导频信号，在接收端利用混频的方法产生所需要的载频，最后形成具有补偿信道频偏的相干载波。

本 章 小 结

频带传输系统是在发送端用基带信号去控制载波的参量，变换成频带信号进行传输，传至接收端再由解调器将频带信号恢复成基带信号的传输系统。调制和解调技术是频带传输系统的核心技术。根据调制信号的不同，有二进制和多进制调制方式；根据载波参数的不同，有幅移键控（ASK）、频移键控（FSK）、相移键控（PSK）三种基本调制方式。

1）幅移键控是用基带数据信号去控制载波的幅度，其实现简单，发送端可用模拟相乘法和键控法产生频带信号，接收端可用包络检波法和相干解调法实现解调。但 ASK 的抗噪性能较差，主要应用于功率利用率要求不高的场合。

2）频移键控是用基带数据信号去控制载波的频率，当发送不同码元时传送不同的频率。FSK 信号的产生可以采用模拟相乘电路和数字键控方法来实现，其解调方法有非相干解调和相干解调两种。非相干解调有分路滤波法、过零点检测法、限幅鉴频法等。FSK 设备较简单，其抗噪性能优于 ASK，但 FSK 需占用较宽的传输频带，主要应用于低速或中低速的数据传输中。

3）相移键控是用基带数据信号去控制载波的相位，使它做不连续的、有限取值的变化以实现信息传输的方法。根据已调信号参考相位的不同，分为绝对调相（PSK）和相对调相（DPSK）。PSK 的抗噪性能好，但接收端只能采用相干解调，常采用插入导频法实现载波的同步，存在相位模糊问题甚至反相工作现象。实际应用中，常采用相对调相方式来克服这一问题。相对调相的抗噪性能较绝对调相差，有极性比较法和相位比较法两种解调方法。由于相移键控系统的性能优于频移键控系统和幅移键控系统，一般应用于中速和中高速的数据传输系统中。

4）多进制数字调制系统与二进制数字调制系统相比，信息传输速率较高，所需的带宽较小，但抗噪声性能低于二进制数字调制系统，且设备较复杂。所以，多进制调制常用于高速数据传输系统中。应用较多的高速调制解调方式是正交幅度调制（QAM）。QAM 是由两路在频谱上呈正交的抑制载频的双边带调幅组成，可获得较高的信道频带利用率。在多种调制解调系统中，MQAM 系统的性能最接近香农定理信道容量的极限。QAM 调制主要应用于有线数字视频广播和宽带接入等通信系统中，还可应用于微波通信、卫星通信、移动通信等领域。

5）相干载波指在接收端产生的、与发送载波具有相同频率和相同相位的载波。直接法指直接从已调信号中提取相干载波的方法，通常是对已调信号进行适当的非线性处理，如二次方变换和二次方环法等，就可以从中提取载波频率和相位信息，在接收端获得相干载波。插入导频法是指在已调信号频谱中额外地加入一个低功率的线谱，其对应的正弦波成为导频信号。在接收端利用窄带滤波器把它提取出来，经过如锁相、变相、形成等处理，获得接收端的相干载波。

思考题与习题

5-1　为什么要对数据信号进行调制？

5-2　频带传输系统由哪几部分组成？其核心技术是什么？

5-3　频带传输系统与基带传输系统有什么异同？

5-4　什么是 2ASK 调制？2ASK 调制解调的方式有哪些？简述其工作原理。

5-5 2ASK 信号的时间波形和功率谱密度有什么特点？

5-6 什么是 2FSK 调制？2FSK 调制解调的方式有哪些？简述其工作原理。

5-7 2FSK 信号的时间波形和功率谱密度有什么特点？

5-8 什么是绝对调相？什么是相对调相？它们之间有什么异同？

5-9 2PSK 和 2DPSK 调制解调的方式有哪些？简述其工作原理。

5-10 2PSK 和 2DPSK 信号的时间波形和功率谱密度有什么特点？

5-11 为什么相对移相能克服绝对移相的缺点？

5-12 写出绝对码序列 $\{a_n\}$ 与相对码序列 $\{b_n\}$ 之间的关系，并画出其实现原理图。

5-13 比较 2ASK 信号、2FSK 信号、2PSK 信号和 2DPSK 信号的误码性能。

5-14 简述多进制数字调制的原理。与二进制数字调制相比，多进制数字调制有什么优缺点？

5-15 什么是 QAM？它与单边带调制和残余边带调制相比，有什么优点？

5-16 比较 16PSK 与 16QAM 信号星座图，从中可以得出什么结论？

5-17 设发送数据序列为 1011010010，画出单极性不归零调制和双极性不归零调制的 2ASK 信号的波形示意图（设 $f_c = 2f_s$）。

5-18 一个基带信号的功率谱 $P_s(f)$ 如图 5-56 所示，若采用抑制载频的 2ASK 调制，设载频为 1000Hz，画出调制后的功率谱密度。

5-19 一个 2ASK（或抑制载频的 2ASK）数据传输系统，如果对基带数据信号只做简单的低通处理，其截止频率为 600Hz，仅通过不归零码功率谱的第一个零点及其以下的功率谱。求该 2ASK（或抑制载频的 2ASK）信号的带宽、码元速率及频带利用率。

5-20 一个相位不连续的 FSK 信号，发"1"码时波形为 $A\cos(4000\pi t + \theta_1)$，发"0"码时波形为 $\cos(1200\pi t + \theta_2)$，码元速率为 1200bit/s，求系统传输带宽。

5-21 已知发送"1"码时频率为 2000Hz，发送"0"码时频率为 1000Hz。如发送数据序列为 01001101，试画出相应的 2FSK 信号波形。

图 5-56 习题 5-18 图

5-22 设数据序列为 1011010010，试画出：

(1) 2PSK 信号波形（设"1"码对应已调信号中载波 0 相位，"0"码对应已调信号中载波 π 相位）。

(2) 2DPSK 信号波形（设"0"码时载波相位相对于前一码元的载波相位不变，"1"码时载波相位相对于前一码的载波相位变化 π）。设载波初始相位为 0。

5-23 已知 2DPSK 的波形如图 5-57 所示，设初始相位为 0，数据信号为"0"时，载波相位改变 0，数据信号为"1"时，载波相位改变 π。试写出所对应的数据序列（设 $f_c = 2f_s$）。

图 5-57 习题 5-23 图

5-24 一个 DPSK 系统，数据序列中"0"码时，载波相位相对于前一码元的载波相位不变，"1"码时，载波相位相对于前一码元的载波相位变化 π，设初始相位为 0。试按表 5-7 中的数据序列填出 2DPSK 信号的载波相位。

表 5-7 习题 5-24 表

数据序列	1	0	0	1	1	0
2DPSK 信号的载波相位						

5-25 分析说明图 5-58 所示系统能解调哪几种信号？能否用来解调 2FSK 信号，为什么？

图 5-58 习题 5-25 图

5-26 已知 2ASK 系统的调制速率 $R_B = 10^6$ Baud，信道噪声为加性高斯白噪声，其单边功率谱密度为 $n_0 = 6 \times 10^{-14}$ W/Hz，接收端解调器输入信号的幅度 $a = 4$ mV。

（1）若采用相干解调，求系统的误码率。

（2）若采用非相干解调，求系统的误码率。

5-27 在 2FSK 系统中，发送"1"码的频率 $f_1 = 10$ kHz，发送"0"码的频率 $f_2 = 7$ kHz，且"0""1"发送概率相等，调制速率 $R_B = 2000$ Baud，信道噪声为加性高斯白噪声，其单边功率谱密度为 $n_0 = 2 \times 10^{-10}$ W/Hz，接收端解调器输入信号的幅度 $a = 4$ mV。

（1）求 2FSK 信号的带宽。

（2）若采用相干解调，求系统的误码率。

（3）若采用非相干解调，求系统的误码率。

5-28 在 2PSK 系统中，设解调器输入信噪比 $r = 10$ dB。求相干解调 2PSK、相干解调加码反变换 2DPSK 和差分相干 2DPSK 系统的误码率。

5-29 已知发送数字序列为 101100110110，画出 4ASK 信号的时间波形。

5-30 已知 4DPSK 已调波对应的相位见表 5-8（假设初始相位为 0，相位变化规则按表 5-6 中 B 方式工作），写出所对应的基带数据信号序列。

表 5-8 习题 5-30 表

相位（初始相位为 0）	$\pi/4$	π	$-\pi/4$	0	$-3\pi/4$
基带数据信号序列					

5-31 已知发送数字序列为 101100110110，按表 5-5 中 A 方式画出 4PSK 信号的时间波形。

5-32 已知发送数字序列为 101100110110，按表 5-6 中 A 方式画出 4DPSK 信号的时间波形。

5-33 四相调相的相位变化如图 5-59 所示，假设基带数据信号序列为 0111001001，试写出 4DPSK 已调波对应的相位，并画出其矢量图（假设初始相位为 0）。

5-34 一个八相调制系统，其数据传输速率为 4800bit/s，滚降系数 $\alpha = 0$，载频为 1800Hz，试计算它占用的频带。

5-35 一个 8PSK 系统，其信号传输为 48kbit/s，求其码元速率和带宽。

5-36 试画出 4QAM 信号的矢量图和星座图。

图 5-59 习题 5-33 图

5-37 一正交调幅系统，采用 MQAM，所占频带为 800~3800Hz，其基带形成滤波器滚降系数 $\alpha = 1/4$，假设总的数据传信速率为 14400bit/s，求：

（1）调制速率。

（2）频带利用率。

（3）M 及每路电平数。

5-38 某数字通信系统采用 QAM 调制方式在有线电话信道中传输数据。设码元传输速率为 2400Baud，信道加性高斯白噪声单边功率谱密度为 n_0，要求系统误码率小于 10^{-5}。

（1）若信息速率为9600bit/s，求所需要的信噪比 E_b/n_0。

（2）若信息速率为14400bit/s，求所需要的信噪比 E_b/n_0。

（3）由（1）、（2）结果可得到什么结论？

5-39　简要说明直接法和插入导频法分别是如何获得载波的。

第 **6** 章

差 错 控 制

差错控制是数据通信系统的一个重要组成部分，是保证数据传输可靠性的重要技术之一。本章首先讨论差错控制的基本概念和检错纠错的基本原理，接着简要介绍几种简单的差错控制编码，然后详细分析汉明码、线性分组码和循环码，最后探讨卷积码和交织码的相关内容。

6.1 差错控制的基本概念

数据通信要求信息传输具有高度的可靠性，即要求误码率足够低。然而，数据信号在传输过程中不可避免地会发生差错，即出现误码。造成误码的原因很多，主要原因可以归结为以下两个方面：

1）信道不理想造成的码间干扰。由于信道不理想使得接收波形发生畸变（乘性干扰），在接收端抽样判决时会造成码间干扰，若此干扰严重则导致误码。这种原因造成的误码可以通过均衡方法进行改善以至消除。

2）噪声对信号的干扰。信道等噪声（加性干扰）叠加在接收波形上，对接收端信号的判决造成影响，若噪声干扰严重也会导致误码。消除噪声干扰产生误码的方法就是进行差错控制。

差错控制的核心是抗干扰编码，即差错控制编码，简称纠错编码，也称信道编码。

6.1.1 差错分析

数据信号在信道中传输会受到各种不同的噪声干扰。噪声大致可以分为两类，即随机噪声和脉冲噪声。随机噪声会引起数据传输中的随机差错，而脉冲噪声会引起数据传输中的突发差错。

1. 随机差错

随机差错又称为独立差错，是指在随机信道中出现的，彼此独立地、稀疏地、互不相关地发生的差错。一般来说，由正态分布白噪声引起的错码就具有随机性质。产生随机差错的随机信道是无记忆信道。

2. 突发差错

突发差错是指在突发信道中出现的，一串串、甚至是成片的，密集地、彼此相关地发生的差错。一般来说，这种差错在这些短促的时间区间内会出现大量错码，而这些短促的时间区间之间却又存在较长的无错码区间。产生突发差错的突发信道是有记忆信道。

由于实际信道的复杂性，所出现的差错不是单一的，而是随机差错和突发差错并存。产生两类差错并存的信道称为混合信道、组合信道或复合信道。

为了便于差错分析，引入错误图样的概念。发送序列为 S：1111111111，接收序列为 R：1101001111，则错误图样 E：0010110000，如图 6-1 所示。

在错误图样 E 中，"0"表示在传输中未发生错误，"1"表示在传输中发生了错误，表示是错误的码元。为了便于划分突发错误与随机差错的界限，定义了错误密度，错误密度是指第一个错码至最后一个错码之间的错误码元数与总码元数之比，图 6-1 中的错误密度是 $\Delta = 3/4 = 0.75$。一般来说，已知错

$$\begin{array}{r} S:\ 1\,1\,1\,1\,1\,1\,1\,1\,1\,1 \\ (模2)\quad R:\ 1\,1\,0\,1\,0\,0\,1\,1\,1\,1 \\ \hline E:\ 0\,0\,1\,0\,1\,1\,0\,0\,0\,0 \end{array}$$

图 6-1　错误图样示意图

误图样，就可以确定差错类型。错误比较集中的类型称为突发错误；错误比较分散的类型称为随机错误。突发错误的严重程度通常用突发长度来衡量，突发长度是指第一个错误码元与最后一个错误码元之间的码元数目，例如图 6-1 中的突发长度是 4。

6.1.2　差错控制方式

在数据通信系统中，差错控制方式主要有四种类型，如图 6-2 所示。

图 6-2　差错控制方式的四种类型

1. 前向纠错（Forward Error Correction，FEC）

前向纠错又称为自动纠错。这种差错控制方式的基本思想是发送端的编码器将输入的信息序列变换成能够纠正错误的码，接收端的译码器根据编码规律校验出错码及其位置并自动纠正。其优点是不需要反向信道，由于能够自动纠错，不要求重发，因而延时小，实时性好；缺点是所选择的纠错码必须与信道的错码特性密切配合，否则很难达到降低错码率的要求，同时要求附加的监督码较多，译码设备复杂，传输效率较低。

2. 检错重发(Auto Repeat Request，ARQ)

检错重发又称为自动反馈重发。这种差错控制方式的基本思想是发送端采用某种能够检查出错误的码，在接收端根据编码规律检验有无错码，并把校验结果通过反向信道反馈到发送端，如有错码就反馈重发信号，于是发送端重发，如无错码就反馈继续发送信号。如重发后仍有错码，则再次重发，直到检不出错码为止。

传统自动重传请求分成为三种方式，即停发等候重发（Stop-and-Wait）ARQ，返回重发（Go-Back-n）ARQ，选择重发（Selective Repeat）ARQ。

（1）停发等候重发

停发等候重发是发送端每发送一个码组就停下来等候接收端的应答信号，若收到 ACK 信号，则接着发下一个码组；若收到 NAK 信号，则重发刚才所发的码组。这种方式发送窗口和接收窗口大小均为 1，所以所需要的缓冲存储空间最小，但信道效率很低。

停发等候重发系统发送端和接收端信号的传递过程如图 6-3a 所示。发送端在 T_w 时间内发送码组 1 给接收端，然后停止一段时间 T_d，T_d 大于应答信号和线路延时的时间。接收端收到后经检验若未发现错误，则通过反向信道发回一个 ACK 信号给发送端，发送端收到 ACK 信号后再发出下一个码组 2。假设接收端检测出码组 2 有错（图 6-3 中用"＊"号表示），则由反向信道发回一个 NAK 信号，请求重发。发送端收到 NAK 信号重发码组 2，并再次等候 ACK 或 NAK 信号……依次类推。图 6-3 中，用虚线表示 ACK 信号，实线表示 NAK 信号。

图 6-3 ARQ 的三种重发方式示意图

（2）返回重发

返回重发是发送端不停顿地送出一个个连续码组，不再等候接收端返回的 ACK 信号，但一旦接收端发现错误并发回 NAK 信号，则发送端暂停发送新码组而去重发前一段 n 个码组，n 的大小取决于信号传输及处理所带来的延时。这种方式发送窗口大于 1，接收窗口等于 1，提高了信道的利用率，但允许已发送有待于确认的码组越多，可能要退回来重发的码组也越多。

返回重发系统发送端和接收端信号的传递过程如图 6-3b 所示。设 $n=5$，接收端收到码组 2 有错，返回 NAK 信号。当码组 2 的 NAK 到达发送端时，发送端正在发送码组 6，在发完码组 6 后重发码组 2，3，4，5，6，接收端重新接收。图 6-3 中码组 4 出错也进行了相同的处理。

（3）选择重发

选择重发是发送端不停顿地送出一个个连续码组，不再等候接收端返回的 ACK 信号，但一旦接收端发现错误并发回 NAK 信号，发送端不是重发前面的所有 n 个码组，而是只重发有错误的那一个码组。这种方式发送窗口和接收窗口都大于 1，发送方仅重新传输发生错误的码组，并缓存错误码组之后发送的码组，所以减少了出错码组之后正确的码组都要重传的开销，传输效率较高。

选择重发系统发送端和接收端信号的传递过程如图 6-3c 所示。发送端只重发接收端检出有错的码组 2、4 和 4，对其他码组不再重发。从缓冲存储器中读出接收端已确认的码组时，要进行排序，以便恢复正常的码组序列。

除了传统的 ARQ，还有混合 ARQ（Hybrid-ARQ）。在混合 ARQ 中，发送端将码组传送到接收端之后，即使出错也不会被丢弃。接收端指示发送端重传出错码组的部分或者全部信息，将再次收到的码组信息与上次收到的码组信息进行合并，以恢复报文信息。

在现代无线通信中，ARQ 主要应用在无线链路层。例如，在 WCDMA 和 CDMA2000 无线通信中都采用了选择重发 ARQ 和混合 ARQ。

ARQ 的特点是在接收端检测到错误后，要通过反向信道发回 NAK 信号，要求发送端重发，所以需要反向通道，实时性差；在信息码后所加的监督码不多，所以信息传输效率较高；译码设计较简单。

3. 混合纠错检错（Hybrid Error Correction，HEC）

混合纠错检错是将前向纠错方式和检错重发方式进行混合。发送端发送纠错码，接收端经校验如果错码较少且在纠错能力之内，则译码器自动纠错，如果错码较多，已超过纠错能力，但未超过检错能力，则译码器自动发出信号，通过反向信道控制发送端重发。混合纠错检错方式具有前向纠错和检错重发的特点，在较差的信道中能获得较低的误码率。

4. 信息反馈（Information Repeat Request，IRQ）

信息反馈又称为回程校验，在发送端不进行纠错编码，接收端收到信息后，不管有无差错通过反向信道反馈到发送端，在发送端与原信息码比较，若有差错，则将有差错的部分重发，直到发送端没有发现错误为止。其优点是不需要纠错、检错的编译码器，设备简单；缺点是需要和前向信道相同的反向信道，实时性差，而且发送端需要一定容量的存储器以存储发送码组。

6.2 检错与纠错

香农的信道编码定理指出：对于一个给定的有干扰信道，如信道容量为 C，只要发送端以低于 C 的速率 R（R 为编码器输入的二进制码元速率）发送信息，则一定存在一种编码方法，使编码错误概率 p 随着码长 n 的增加，按指数下降到任意小的值。这就是说，可通过编码使通信过程实际上不发生错误，或者使错误控制在允许的数值之下。为了理解检错和纠错的原理和能力，需要掌握以下概念：

（1）码长

在信道编码中，码组（码字）中码元的数目称为码组的长度，简称为码长，记作 n。

（2）码重

在信道编码中，定义码组中非零码元的数目为码组的重量，简称码重，记作 $W(n)$。

（3）许用码组和禁用码组

在信道编码中，被定义用来表示一定信息的码组，称为许用码组，而未被定义的码组称为禁用码组。

（4）码距

在信道编码中，把两个许用码组中对应码位上具有不同二进制码元的个数定义为两码组的距离，简称码距，又称汉明距，记作 $d(A, B)$。

例如，码组 $A = 110110$，$B = 101011$，则码长为 $n = 6$，码重 $W(A) = 4$，$W(B) = 4$，$d(A, B) = 4$。

（5）最小码距

在一组编码中，任意两个许用码组间距离的最小值，称为这一组编码的最小码距。一种编码的最小码距 d_0 的大小直接关系到这种编码的检错纠错能力，故最小码距 d_0 是极其重要的参数。最小码距又称最小汉明距。

例如：(n, k) 分组码总共有 2^k 个码字，记作 $A_i (i = 0, 1, \cdots, 2^{k-1})$，则这些码字两两之间都有一个码距，定义该 (n, k) 分组码的最小码距为

$$d_0 = \min_{i \neq j} \{ d(A_i, A_j) \} \quad i = 0, 1, 2, \cdots, 2^{k-1}; j = 0, 1, 2, \cdots, 2^{k-1} \tag{6-1}$$

有一码组集合：10111、11001、00010 和 11010，经分析可得该码组的最小码距为 2。

6.2.1 检错和纠错的原理

差错控制的基本思想是：在发送端被传送的信息码序列的基础上，按照一定的规则加入若干监督码元后进行传输，这些加入的码元与原来的信息码序列之间存在着某种确定的约束关系。在接收数据时，检验信息码元与监督码元之间的既定的约束关系，如果该关系遭到破坏，则在接收端可以检测出传输中的错误，甚至纠正错误。

一般在 k 位信息码后面加 r 位监督码构成一个码组，码组的码位数为 n。即

$$信息码(k) + 监督码(r) = 码组(n)$$

由于监督码元的引入，信道传输速率就要高于用户送来的原始信息序列速率。或者，如果信道不允许提高速率，为了加进抗干扰编码就要求降低用户输入的信息速率。由此可见，通过抗干扰编码来提高传输的可靠性是以牺牲传输的有效性为代价的。

为什么在码组增加了监督码后，码组就具有检错和纠错能力呢？下面通过实例加以说明。

如气象台向电视台传输气象信息，用"0"表示雨，用"1"表示晴。此时，若传输中产生错码，将"0"变为"1"，或将"1"变为"0"，接收端都无法发现，认为是正确的，所以这种情况下无检错和纠错能力。

现在改为用"00"表示雨，用"11"表示晴，即为许用码组，而对"01""10"没有定义，即为禁用码组。在传输"00"和"11"时，如果发生一位错码，则接收端收到"01"或"10"，则译码器就可以判决有错，因为它均不能表示是雨或晴。这表明增加 1 位监督码的码组具有了检

出1位错码的能力，但译码器不能判决哪位码出错，所以不能纠正，这表示没有纠错的能力。需要注意的是，若发生2位出错，接收端就无法判断，认为是正确的。

更进一步，若用"000"表示雨，用"111"表示晴，即为许用码组，而对"001""010""011""100""101""110"均没有定义，即为禁用码组。在传输"000"和"111"时，如果发生一位错码，变为没有定义的其他六种情况，接收端可以判决传输有错，而且接收端还可以根据只发生一位错码来纠正错误，即3位码组中有2个"0"，判为"000"码组，即天气雨；3位码组中有2个"1"，判为"111"码组，即天气晴，可以看出此时可以纠正一个错码。如果在传输过程在发生2位错码，也变为上述没有定义的六种情况，接收端仍可以判为有错。需要注意的是若发生3位出错，接收端就无法判断，认为是正确的。

综合上述情况，若要传输雨和晴这两个气象信息：若用1位码表示，没有检错和纠错能力；若用2位码表示，可以检出1位错，但没有纠错能力；若用3位码表示，可以检出2位错和纠正1位错。

可见，差错编码之所以具有检错和纠错能力，是因为在信息码中附加了监督码，用来监督信息码在传输中有无差错，提高了传输的可靠性，但同时由于监督码的加入，降低了信息的传输效率。检错纠错能力与传输效率成反比。

6.2.2 编码效率

编码效率是指一个码组中信息位所占的比重，用 R 来表示。即 $R=k/n$。其中，k 为信息码元的数目（信息位长度）；n 为编码码组元的总数（编码后码组长度：$n=k+r$）；r 为监督码元的数目（监督位长度）。

显然，R 越大编码效率越高，它是衡量编码性能的一个重要参数。对于一个好的编码方案，不仅希望它的抗干扰能力强，即检错纠错能力强，而且还希望它的编码效率高，但这两者往往是矛盾的，所以在设计中要综合考虑。

6.2.3 码距与检错纠错能力

差错编码的检错纠错能力，主要取决于码组的码距，码距越大，检错纠错能力越强。现将3位码元构成的8个码组用一个三维立方体来表示，如图6-4所示，每个码组都是三维空间坐标系中的一个顶点，从图6-4可以看出，任意两个码组之间的码距就是从相应一个顶点沿立方体边缘行走到另一个顶点的几何距离，如 $d(000,010)=1$；$d(000,011)=2$；$d(000,111)=3$。如果八种码组都作为许用码组，任两组码间的最小距离为1，即 $d_0=1$；如果只选用最小码距 $d_0=2$ 的码组，则有四种码组为许用码组；若只选用 $d_0=3$ 的码组，则有三种码组为许用码组。

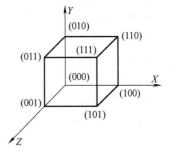

图6-4 码距的几何意义

下面讨论检错和纠错能力与码距的数量关系。

1）为能检出 e 个错码，要求最小码距为

$$d_0 \geqslant e+1 \tag{6-2}$$

式（6-2）可以通过图6-5a来证明。图中，m 表示某码组，当误码不超过 e 个时，该码组的位置将不超过以 O 为圆心以 e 为半径的圆（实际上是球）。只要其他任何许用码组都

不落入此圆内，则 m 码组发生 e 个误码时就不可能与其他许用码组相混。这就证明了其他许用码组必须位于以 O 为圆心、以 $e+1$ 为半径的圆上或圆外，所以该码的最小码距 d_0 为 $e+1$。

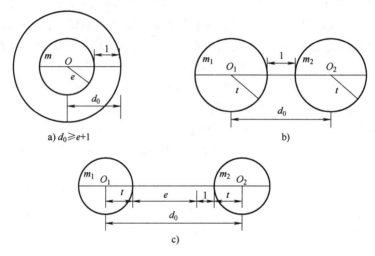

a) $d_0 \geqslant e+1$

b)

c)

图 6-5　码距与检错和纠错能力的关系

2）为能纠正 t 个错码，要求最小码距为

$$d_0 \geqslant 2t+1 \qquad (6\text{-}3)$$

式(6-3)可以通过图 6-5b 来证明。图中，m_1 和 m_2 分别表示任意两个许用码组，当各自错码不超过 t 个时，发生错码后两个码组的位置移动将分别不会超过以 O_1 和 O_2 为圆心、以 t 为半径的圆。只要这两个圆不相交，则当错码小于 t 个时，可以根据它们落在哪个圆内就能判断为 m_1 或 m_2 码组，即可以纠正错误。而以 m_1 和 m_2 圆心的两个圆不相交的最近圆心距离为 $2t+1$，这就是纠正 t 个错误的最小码距。

3）为能纠正 t 个错码，同时能检出 e 个错码，要求最小码距为

$$d_0 \geqslant e+t+1 \qquad e>t \qquad (6\text{-}4)$$

式(6-4)可以通过图 6-5c 来证明。图中，m_1 和 m_2 分别表示任意两个许用码组，在最不利的情况下，m_1 发生 e 个错码而 m_2 发生 t 个错码，为了保证两码组仍不发生相混，则要求以 O_1 为圆心、e 为半径的圆必须与以 O_2 为圆心、t 为半径的圆不发生交叠，即要求最小码距 $d_0 \geqslant t+e+1$。同时，若错码超过 t 个，两圆有可能相交，因而不再有纠错的能力，但仍可检测 e 个错码。

在了解了编码的检纠错能力后，下面讨论采用差错控制编码的效用。假设在随机信道中发送"0"时的错误概率和发送"1"时的概率相等，都等于 p，且 $p \ll 1$，则可以得到，在码长为 n 的码组中恰好发生 r 个错码的概率为

$$p_n(r) = C_n^r p^r (1-p)^{n-r} \approx \frac{n!}{r!\,(n-r)!} p^r \qquad (6\text{-}5)$$

例如，当码长 $n=7$，$p=10^{-3}$ 时，有以下结果：

$$p_7(1) \approx 7p = 7 \times 10^{-3}$$
$$p_7(2) \approx 21p^2 = 2.1 \times 10^{-5}$$
$$p_7(3) \approx 35p^3 = 3.5 \times 10^{-8}$$

所以，采用差错控制编码，即使只能检测或纠正这种码组中的 1~2 个错误，也可以使误码率 p 下降好几个数据级。这就说明，只要能够检（纠）1~2 个错误的编码，也有很大实际应用价值。但要注意的是，在突发信道中，由于错码是成串集中出现，上述只能纠正码组中 1~2 个错码的编码效用就不像在随机信道中那样显著了。

6.2.4 纠错编码的分类

从不同的角度出发，检错纠错编码有不同的分类方法。

1）按码元的功能分，有检错码和纠错码。

2）按监督码与信息码元之间的关系分，有线性码和非线性码。线性码是指监督码元与信息码元之间的关系是线性关系，即可用一组线性代数方程联系起来，几乎所有得到实际应用的都是线性码。非线性码指的是监督码元与信息码元之间的关系是非线性关系，非线性码正在研究开发，它实现起来很困难。

3）按对信息码元处理方法的不同分，有分组码和卷积码。分组码是将 k 个信息码元划分为一组，然后由这 k 个码元按照一定的规则产生 r 个监督码元，从而组成长度 $n=k+r$ 的码组。在分组码中，监督码元仅监督本码组中的信息码元，一般用符号 (n, k) 表示。在卷积码中，每组监督码不但与本组码的信息码元有关，而且还与前面若干组信息码元有关，即不是分组监督，而是每个监督码对它的前后码元都实行监督，前后相连，因此有时也称为连环码。

4）按信息码元在编码前后是否保持原来的形式不变，划分为系统码和非系统码。系统码是指信息码元和监督码元在分组内有确定的位置，而非系统码中的信息码元改变了原来的信号形式。由于非系统码中的信息位已经改变了原有的信号形式，给译码带来了麻烦，因此很少使用，而系统码的编码和译码相对比较简单，因此得到了广泛应用。

5）按每个码元取值来分，可分为二进制码与多进制码。

6）按纠正差错的类型来分，可分为纠正随机错误的码和纠正突发错误的码。

6.3 简单差错控制编码

6.3.1 奇偶监督码

奇偶监督码也称为奇偶校验码，是一种最简单的检错码，广泛应用于数据通信中。其编码规则是先将所要传输的数据码元分组，在分组信息码元后面附加 1 位监督码，使得该码组中信息码与监督码合在一起"1"的个数为偶数（称为偶校验）或奇数（称为奇校验）。在接收端检查码组中"1"的个数，如发现不符合编码规律就说明产生了差错，但不能确定差错的具体位置，即不能纠错。

奇偶监督码的监督关系可以用公式表示。设码组长度为 n，表示为 $a_{n-1}, a_{n-2}, \cdots, a_1, a_0$，其中 a_0 为监督码元，其余为信息码元。

在奇校验时，有

$$a_0 \oplus a_1 \oplus \cdots \oplus a_{n+1} = 1 \tag{6-6}$$

式中，"$\oplus$"表示模 2 加。监督码元 a_0 可由式（6-7）产生，即

$$a_0 = a_1 \oplus a_2 \oplus \cdots \oplus a_{n+1} \oplus 1 \tag{6-7}$$

在偶校验时，有

$$a_0 \oplus a_1 \oplus \cdots \oplus a_{n+1} = 0 \tag{6-8}$$

式中，监督码元 a_0 可由式(6-9)产生，即

$$a_0 = a_1 \oplus a_2 \oplus \cdots \oplus a_{n+1} \tag{6-9}$$

从以上分析可知，奇偶校验只能发现单个或奇数个错误，而不能检测出偶数个错误，因而它的检错能力不高，它对随机奇数个错误的检错率和偶数个错误的漏检率各为 50%。设各位随机出错，互相独立，出错概率为 p，则根据式(6-5)，当 $n \geq p$ 时，出错位数为奇数的概率总比出错位数为偶数的概率大得多，即错 1 位码的概率比错 2 位码的概率大得多，错 3 位码的概率比错 4 位码的概率大得多。例如，设 $p = 10^{-4}$，$n = 8$，由于出错概率小，奇数个错与偶数个错的比例可用 1 位错与 2 位错的比例来代替，则 $p_8(1) = 8 \times 10^{-4}$，$p_8(2) = 2.8 \times 10^{-7}$，因而漏检率就只有 $p_2 = p_8(2)/(p_8(1) + p_8(2)) = 3.5 \times 10^{-4}$。因此，绝大多数随机差错码都能用简单的奇偶检验查出，这正是奇偶校验码被广泛用于以随机差错为主的数据通信系统的原因。但奇偶校验码不适用于突发差错，所以在突发差错很多的场合不能单独使用。

在实际的数据传输中，所用的奇偶监督又分为垂直奇偶监督、水平奇偶监督、垂直水平奇偶监督和斜奇偶监督，它们的检错能力依次递增。

1. 垂直奇偶监督

垂直奇偶监督的构成思想是将信息码序列按列排成方阵，每列后面加一个奇或偶监督码元，即每列为一个奇偶监督码组，见表 6-1。表中，信息位每列 7 位，以奇监督码为例。在发送时则按行的顺序依次传输：11110111111000101000…1101111011，接收端仍将码元排成与发送端一样的方阵形式，然后进行奇偶校验。

表 6-1　垂直奇偶监督码

位	字符									
	x	V	T	G	9	D	t	F	Z	Y
b_7	1	1	1	1	0	1	1	1	1	1
b_6	1	0	0	0	1	0	1	0	0	0
b_5	1	1	1	0	1	0	1	0	1	1
b_4	1	0	0	0	1	0	0	0	1	1
b_3	0	1	1	1	0	1	1	1	0	0
b_2	0	1	0	1	0	0	0	1	1	0
b_1	0	0	0	1	1	0	0	0	0	1
监督码元	1	1	0	1	1	1	1	0	1	1

由于发送端是按行发送码元而不是按码组发送码元，因此把本来可能集中发生在某一个码组的突发错误分散在方阵的各个码组中。所以，采用垂直奇偶监督可以发现某一行上所有奇数个错误以及所有长度不大于方阵中列数的突发错误。

2. 水平奇偶监督

水平奇偶监督的构成思想是将信息码序列按行排成方阵，每行后面加一个奇或偶监督编码，即每行为一个奇偶监督码组，见表 6-2。表中，信息位每行 10 位，以奇监督码为例。在

发送时则按列的顺序依次传输：11110001010110101…10010001110，接收端仍将码元排成与发送端一样的方阵形式，然后进行奇偶校验。

表 6-2　水平奇偶监督码

位	字符										监督码元
	x	V	T	G	9	D	t	F	Z	Y	
b_7	1	1	1	1	0	1	1	1	1	1	0
b_6	1	0	0	0	1	0	1	0	0	0	0
b_5	1	1	1	0	1	0	1	0	1	1	0
b_4	1	0	0	0	1	0	0	0	1	1	1
b_3	0	1	1	1	0	1	1	1	0	0	1
b_2	0	1	0	1	0	0	0	1	1	0	1
b_1	0	0	0	1	1	0	0	0	0	1	0

由于发送端是按列发送码元而不是按码组发送码元，因此把本来可能集中发生在某一个码组的突发错误分散在方阵的各个码组中。所以，采用水平奇偶监督可以发现某一行上所有奇数个错误以及所有长度不大于方阵中行数的突发错误。

3. 垂直水平奇偶监督

垂直水平奇偶监督又称为二维奇偶监督、行列监督码和方阵码。它的基本思想是将垂直奇偶监督和水平奇偶监督结合起来，见表 6-3（以偶监督码为例）方阵。发送时可以按列或按行的顺序进行传输。接收端重新将码元排成发送时的方阵形式，然后对每行和每列都进行奇偶校验。

表 6-3　垂直水平奇偶监督码

位	字符										水平监督码元
	x	V	T	G	9	D	t	F	Z	Y	
b_7	1	1	1	1	0	1	1	1	1	1	1
b_6	1	0	0	0	1	0	1	0	0	0	1
b_5	1	1	1	0	1	0	1	0	1	1	1
b_4	1	0	0	0	1	0	0	0	1	1	0
b_3	0	1	1	1	0	1	1	1	0	0	0
b_2	0	1	0	1	0	0	0	1	1	0	0
b_1	0	0	0	1	1	0	0	0	0	1	1
垂直监督码元	0	0	1	0	0	0	0	0	1	0	0

很显然，垂直水平奇偶监督码比垂直奇偶监督和水平奇偶监督有更强的检错能力，它能发现某行或某列上奇数个错误和长度不大于方阵中行数（或列数）的突发错误；还可以检测出一部分偶数个错误（除非偶数个错误恰好分布在方阵的 4 个顶点上）；同时还可以纠正一些错误（某行某列均不满足监督关系而判断出该交叉位置的码元有错）。

垂直水平奇偶监督检错能力强，又有一定的纠错能力，且容易实现，因而得到了广泛的应用，如在面向字符的基本数据控制规程中就采用了这种编码方式。

4. 斜奇偶监督

斜奇偶监督是垂直水平奇偶监督的一种改进，见表6-4。斜奇偶监督码元分别由信息码组的第一个码组的第一位开始的连续的对角线上的码元进行奇偶监督产生(表中采用偶监督码)。由于斜奇偶监督是在垂直水平奇偶监督的基础上又追加了一重监督，因而进一步提高了检错能力。

表6-4 斜奇偶监督码

位	字符										水平监督码元	斜监督码元
	x	V	T	G	9	D	t	F	Z	Y		
b_7	1	1	1	1	0	1	1	1	1	1	1	0
b_6	1	0	0	0	1	0	1	0	0	0	1	0
b_5	1	1	1	0	1	0	1	0	1	1	1	0
b_4	1	0	0	0	1	0	0	0	1	1	0	1
b_3	0	1	1	1	0	1	1	1	0	0	0	0
b_2	0	1	0	1	0	0	0	1	1	0	0	1
b_1	0	0	0	1	1	0	0	0	0	1	1	0
垂直监督码元	0	0	1	0	0	0	0	1	0	0	0	0

6.3.2 恒比码

恒比码的特点是每一码组中"1"和"0"数目恒定，即"1"和"0"数目之比恒定。例如，电传通信中普遍采用3∶2码，又称5中取3码，见表6-5，表中还给出了普通5单位码；国际上通用的ARQ电报通信系统中，采用7中取3码。采用恒比码时，接收端如果收到的码组不是按规定的"1"和"0"组成，就可判断有错，要求对方重发该码组。

表6-5 恒比码与普通5单位码的对应关系

数字	普通5单位码	恒比码	数字	普通5单位码	恒比码
0	01101	01101	5	00001	00111
1	11101	01011	6	10101	10101
2	11001	11001	7	11100	11100
3	10000	10110	8	01100	01110
4	01010	11010	9	00111	10011

恒比码的特点是编码简单，能检测出单个和奇数个错误，还能部分检测出偶数个错误，但不能发现"1"错成"0"与"0"错成"1"同时出现的差错，适用于传输电传机或其他键盘设备所产生的数字、字母和符号，但不适用于信源来的二进制随机数字序列。

6.3.3　正反码

正反码是一种简单的能够纠正错误的编码，监督位与信息位的数目相同。其编码规则是信息码组中"1"的数目为奇数时，监督码是信息码的重复，即正码；信息码组中"1"的数目为偶数时，监督码是信息码的反码。例如：$M=11001$，则对应的码组为1100111001；$M=11101$，则对应的码组为1110100010。

接收端译码方法是先将收到的码组中的信息位和监督位按对应位做模2运算，得到一个合成码组，若接收码组中的信息位有奇数个"1"，则将其合成码组作为校验码组，若接收码组中的信息位有偶数个"1"，则取合成码组的反码作为校验码组。然后，按照表6-6进行纠检错译码（以码长 $n=10$，信息位 $k=5$，监督位 $r=5$ 为例）。

表6-6　（10，5）正反码的判决方法

序号	校验码组的组成	错码情况
1	全为"0"	传输正确
2	4个"1"，1个"0"	信息码组有1位出错，其位置对应于校验码组中"0"对应的位置
3	4个"0"，1个"1"	监督码组有1位出错，其位置对应于校验码组中"1"的位置
4	其他形式	传输出错，且错误位数大于1

例如：接收端收到的码组为0110101101，则合成码组为00000，信息码组中有3个"1"，奇数个"1"，所以校验码组即合成码组00000，对照表6-6，则判断传输正确。

又如接收端收到的码组为0101010111，则合成码组为11101，因为信息码组有2个"1"，偶数个"1"，所以校验码组为合成码组的反码，00010，对照表6-6，监督码组有1位出错，在校验码组中"1"对应的位置，即监督码组101*1*1中斜体"1"出错。

再如接收端收到的码组为0111010110，则合成码组为11000，信息码组中有3个"1"，则合成码组即为校验码组，即校验码组为11000。对照表6-6，则错误情况判断为：传输出错，且错误位数大于1。

正反码多用于10单位码的前向纠错设备中，可以纠正1位错误，发现全部2位以下的错误，以及大部分2位以上的错误。

6.3.4　重复码

重复码只有一个信息码元，监督码元是信息码元的重复，所以仅有两个码组。

如(3，1)重复两个码字为000和111，其最小码距为3；(n，1)重复码也只有全0码和全1码两个码字，其最小码距为 n，却有 2^n-2 个禁用码组，随着码长的增大，其冗余也变得很大。所以该码随码长增加，具有很强的纠检错能力，但其编码效率急剧下降。

重复码不是一种优秀的编码方案，仅用于速率很低的数据通信系统中。

6.3.5　群计数码

奇偶校验码只对本码元中"1"的个数进行奇偶校验，因而检错能力有限。群计数法是对传送的一组信息元中"1"的数目进行监督，编码时将其数目的十进制值转换成二进制数字作为校验码，附在本组信息元后面一起传送，信息码与校验码一起组成一个码组。例如，要传送的信息码组为 11011，共有 4 个"1"，则校验元为 100（即十进制的"4"），相应的码字为 11011100。显然，在接收端可由校验元 100 来判断前面信息位上的数字是否有错。在码字中各数字除"0"变"1"和"1"变"0"成对出现的错误外，所有其他形式的错误都会使信息位上"1"的数目与校验位的数字不符。

为了能发现比较长的突发差错，还可以把群计数法与水平奇偶校验法结合起来使用。例如，可以把群计数码按表 6-7 所示格式排列起来，然后从左至右按列传送。接收端再把收到的二元序列按原格式排列，利用群计数法对每个码字中的信息码进行判决。这种码的检错能力显然比单纯群计数码要高。

表 6-7 水平群计数码

信息位						监督位		
1	1	1	0	1	1	1	0	1
1	1	0	1	1	0	1	0	0
1	1	1	1	0	0	1	0	0
0	0	0	1	1	1	0	1	1
1	0	1	0	0	1	0	1	1

6.4 汉明码

汉明码（Hamming）是 1950 年由美国贝尔实验室的汉明提出的，是第一个设计用来纠正错误的线性分组码。汉明码及其变形已广泛应用于数字通信和数据存储系统中作为差错控制码。

对于前面的奇偶监督码，如按偶监督，由于使用了一位监督码 a_0，所以它以与信息位 a_{n-1}，a_{n-2}，$\cdots$，a_1，一起构成一个代数式，即

$$a_0 \oplus a_1 \oplus \cdots \oplus a_{n-1} = 0 \tag{6-10}$$

而接收端译码时，实际上是计算式（6-11），即

$$S = a_{n-1} \oplus a_{n-2} \oplus \cdots \oplus a_0 \tag{6-11}$$

若 $S=0$，认为无错；若 $S=1$，则认为有错。式（6-11）称为监督方程，S 称为校正子（校验子），又称伴随式。由于简单的奇偶监督只有一个监督码元，一个监督方程，S 只有 1 和 0 两种取值，因此只能表示有错和无错两种状态，如果有错则不能指出错码的位置。

可以想象，如果增加一位监督码元，变为两位，就能增加一个类似于式（6-11）的监督方程。因为两个校正子的可能值有四种组合：00，01，10，11，所以能表示四种不同的信息。若有其中一种表示无错，则其余三种就有可能用来指示一位错码的三种不同位置。

一般来说，有 r 位监督码元，就可以构成 r 个监督方程，计算得到的校正子有 r 位，可用来指示 2^r-1 种错误图样。当只有 1 位误码时，就可指出 2^r-1 个错码位置。

若码长为 n，信息位为 k，则监督位为 $r=n-k$。如果要求用 r 个监督位构造出 r 个监督方程能纠正 1 位或 1 位以上错误的线性码，则必须有 $2^r-1 \geq n$ 或 $2^r-1 \geq k+r+1$。

下面具体来构造一种汉明码 (n,k)。设分组码中信息位 $k=4$，又假设该码能纠正 1 位错

码，由式(6-3)，$d_0 \geqslant 3$，要满足 $2^r - 1 \geqslant n$ 或 $2^r - 1 \geqslant k + r + 1$，取 $r \leqslant 3$，当 $r = 3$ 时，$n = k + r = 4 + 3 = 7$。现在用 S_1、S_2、S_3 来表示由三个监督方程计算得到的三个校正子，设三个校正子 S_1、S_2、S_3 构成的码组与错码位置及错误图样的对应关系见表6-8。

表6-8 校正子、错误图样与错码位置的对应关系

错码位置	错误图样 $E[e_6\, e_5\, e_4\, e_3\, e_2\, e_1\, e_0]$	校正子 $S[S_1\, S_2\, S_3]$
无错	0 0 0 0 0 0 0	0 0 0
a_0	0 0 0 0 0 0 1	0 0 1
a_1	0 0 0 0 0 1 0	0 1 0
a_2	0 0 0 0 1 0 0	1 0 0
a_3	0 0 0 1 0 0 0	0 1 1
a_4	0 0 1 0 0 0 0	1 0 1
a_5	0 1 0 0 0 0 0	1 1 0
a_6	1 0 0 0 0 0 0	1 1 1

从表6-8可以看出，当发生一个错码时，其位置在 a_2、a_4、a_5 或 a_6 时，校正子 $S_1 = 1$，否则为0。这就是说，a_2、a_4、a_5 和 a_6 四个码元构成偶数监督关系，即

$$S_1 = a_6 \oplus a_5 \oplus a_4 \oplus a_2 \tag{6-12}$$

同样可以得到

$$S_2 = a_6 \oplus a_5 \oplus a_3 \oplus a_1 \tag{6-13}$$

$$S_3 = a_6 \oplus a_4 \oplus a_3 \oplus a_0 \tag{6-14}$$

接收端收到某个(7，4)汉明码的码组，首先按照式(6-12)~式(6-14)计算出校正子 S_1、S_2、S_3，然后根据表6-8就可以得到(7，4)汉明码是否有错以及出错的具体位置，从而纠正错误。如 S_1、S_2、S_3 均为0，则表示传输过程没有出错。

在发送端进行编码时，信息位 a_6、a_5、a_4、a_3 由数据终端输出，它们的值是已知的，而监督位 a_2、a_1、a_0 应根据信息位按监督关系来确定，即式(6-12)~式(6-14)中的校正子 S_1、S_2、S_3 均为0，于是有：

$$\begin{cases} a_6 \oplus a_5 \oplus a_4 \oplus a_2 = 0 \\ a_6 \oplus a_5 \oplus a_3 \oplus a_1 = 0 \\ a_6 \oplus a_4 \oplus a_3 \oplus a_0 = 0 \end{cases} \tag{6-15}$$

式(6-15)移项后，可解出监督位为

$$\begin{cases} a_2 = a_6 \oplus a_5 \oplus a_4 \\ a_1 = a_6 \oplus a_5 \oplus a_3 \\ a_0 = a_6 \oplus a_4 \oplus a_3 \end{cases} \tag{6-16}$$

已知信息位后，就可以直接按式(6-16)计算确定监督位。3位监督位附在4位信息位之后就可得到(7，4)汉明码的整个码组。这样，根据(7，4)汉明码的4位信息位就可以得到 2^4 个许用码组，见表6-9。

表6-9 (7，4)汉明码许用码组

信息码组 M	码组 A		信息码组 M	码组 A	
$m_3 m_2 m_1 m_0$	$a_6 a_5 a_4 a_3 a_2 a_1 a_0$		$m_3 m_2 m_1 m_0$	$a_6 a_5 a_4 a_3 a_2 a_1 a_0$	
0 0 0 0	0 0 0 0 0 0 0		1 0 0 0	1 0 0 0 1 1 1	
0 0 0 1	0 0 0 1 0 1 1		1 0 0 1	1 0 0 1 1 0 0	
0 0 1 0	0 0 1 0 1 0 1		1 0 1 0	1 0 1 0 0 1 0	
0 0 1 1	0 0 1 1 1 1 0		1 0 1 1	1 0 1 1 0 0 1	
0 1 0 0	0 1 0 0 1 1 0		1 1 0 0	1 1 0 0 0 0 1	
0 1 0 1	0 1 0 1 1 0 1		1 1 0 1	1 1 0 1 0 1 0	
0 1 1 0	0 1 1 0 0 1 1		1 1 1 0	1 1 1 0 1 0 0	
0 1 1 1	0 1 1 1 0 0 0		1 1 1 1	1 1 1 1 1 1 1	

【例6-1】 接收端收到某(7，4)汉明码为1000011，试问此汉明码是否有错？如有错，错码位置是哪一位？

解：计算校正子为

$$S_1 = a_6 \oplus a_5 \oplus a_4 \oplus a_2 = 1 \oplus 0 \oplus 0 \oplus 0 = 1$$

$$S_2 = a_6 \oplus a_5 \oplus a_3 \oplus a_1 = 1 \oplus 0 \oplus 0 \oplus 1 = 0$$

$$S_3 = a_6 \oplus a_4 \oplus a_3 \oplus a_0 = 1 \oplus 0 \oplus 0 \oplus 1 = 0$$

校正子为100，由表6-8可知，此汉明码有错，错码位置为 a_2。

【例6-2】 已知信息码为1110，求所对应的(7，4)汉明码。

解：由式(6-16)求监督码为

$$a_2 = a_6 \oplus a_5 \oplus a_4 = 1 \oplus 1 \oplus 1 = 1$$

$$a_1 = a_6 \oplus a_5 \oplus a_3 = 1 \oplus 1 \oplus 0 = 0$$

$$a_0 = a_6 \oplus a_4 \oplus a_3 = 1 \oplus 1 \oplus 0 = 0$$

所对应的(7，4)汉明码为1110100。

从以上分析可以得知(7，4)汉明码的特点：可以纠正1位传输错误，且 $d_0 = 3$；码长和监督码的关系：$n = 2^r - 1$。其编码效率为

$$R = \frac{k}{n} = \frac{4}{7} = 57.14\%$$

与码长相同的能纠正1位错误的其他分组码相比，汉明码的效率最高，且实现简单，所以使用广泛。

6.5 线性分组码

6.4节中介绍了汉明码，其编码原理利用了代数关系式，这种建立在代数学基础上的编码称为代数码。线性码即为代数码中最常见的一种形式，汉明码即为线性码。

线性码是指信息位和监督位满足一组线性方程的码；分组码是监督码仅对本码组起监督作用；既是线性码又是分组码称为线性分组码。

(n,k) 线性分组码，其码字通常记作

$$\boldsymbol{A} = \begin{bmatrix} a_{n-1} & a_{n-2} & \cdots & a_0 \end{bmatrix}_{1 \times n}$$

6.5.1 监督矩阵

以 $(7,4)$ 汉明码为例引出线性分组码的监督矩阵。

式 (6-15) 就是一组线性方程，可将它改写为

$$\begin{cases} 1 \times a_6 + 1 \times a_5 + 1 \times a_4 + 0 \times a_3 + 1 \times a_2 + 0 \times a_1 + 0 \times a_0 = 0 \\ 1 \times a_6 + 1 \times a_5 + 0 \times a_4 + 1 \times a_3 + 0 \times a_2 + 1 \times a_1 + 0 \times a_0 = 0 \\ 1 \times a_6 + 0 \times a_5 + 1 \times a_4 + 1 \times a_3 + 0 \times a_2 + 0 \times a_1 + 1 \times a_0 = 0 \end{cases} \tag{6-17}$$

式中，已将"$\oplus$"简写为"$+$"。在本章后面，除非另加说明，这类式中的"$+$"都指模 2 加。

式 (6-17) 可以表示成矩阵形式为

$$\begin{bmatrix} 1 & 1 & 1 & 0 & 1 & 0 & 0 \\ 1 & 1 & 0 & 1 & 0 & 1 & 0 \\ 1 & 0 & 1 & 1 & 0 & 0 & 1 \end{bmatrix} \begin{bmatrix} a_6 \\ a_5 \\ a_4 \\ a_3 \\ a_2 \\ a_1 \\ a_0 \end{bmatrix} = \begin{bmatrix} 0 \\ 0 \\ 0 \end{bmatrix} \tag{6-18}$$

式 (6-18) 可以简记为

$$\boldsymbol{H}\boldsymbol{A}^{\mathrm{T}} = \boldsymbol{O}^{\mathrm{T}} \text{ 或 } \boldsymbol{A}\boldsymbol{H}^{\mathrm{T}} = \boldsymbol{O} \tag{6-19}$$

其中

$$\boldsymbol{H} = \begin{bmatrix} 1 & 1 & 1 & 0 & 1 & 0 & 0 \\ 1 & 1 & 0 & 1 & 0 & 1 & 0 \\ 1 & 0 & 1 & 1 & 0 & 0 & 1 \end{bmatrix}, \quad \boldsymbol{A} = \begin{bmatrix} a_6 & a_5 & a_4 & a_3 & a_2 & a_1 & a_0 \end{bmatrix}, \quad \boldsymbol{O} = \begin{bmatrix} 0 & 0 & 0 \end{bmatrix}$$

由于式 (6-18) 来自监督方程，故称 $\boldsymbol{H}$ 为线性分组码的监督矩阵。只要监督矩阵 $\boldsymbol{H}$ 给定，编码时监督位和信息位的关系就可以完全确定。$\boldsymbol{H}$ 的行数就是监督关系式的数目，它等于监督位的数目 r，而 $\boldsymbol{H}$ 的列数就是码长 n，所以 $\boldsymbol{H}$ 为 $r \times n$ 阶矩阵。$\boldsymbol{H}$ 的每行中"1"的位置表示相应码元之间存在监督关系，由此各监督码元共同对整个码组进行监督，称为一致监督。如 $\boldsymbol{H}$ 的第二行 1101010 表示监督位 a_1 是由信息位 a_6、a_5、a_3 之和（模 2 和）决定。

监督矩阵 $\boldsymbol{H}$ 可以分成两部分，即

$$\boldsymbol{H} = \begin{bmatrix} 1 & 1 & 1 & 0 & \vdots & 1 & 0 & 0 \\ 1 & 1 & 0 & 1 & \vdots & 0 & 1 & 0 \\ 1 & 0 & 1 & 1 & \vdots & 0 & 0 & 1 \end{bmatrix} = \begin{bmatrix} \boldsymbol{P} & \boldsymbol{I}_r \end{bmatrix} \tag{6-20}$$

式中，$\boldsymbol{P}$ 为 $r \times k$ 阶矩阵；$\boldsymbol{I}_r$ 为 $r \times r$ 阶单位方阵。具有 $[\boldsymbol{P}\boldsymbol{I}_r]$ 形式的 $\boldsymbol{H}$ 矩阵称为典型阵。

由代数理论可知，$\boldsymbol{H}$ 矩阵的各行应该是线性无关的，否则将得不到 r 个线性无关的监督关系式，从而也得不到 r 个独立的监督元。若一矩阵能写成典型阵 $[\boldsymbol{P}\boldsymbol{I}_r]$ 的形式，那么它的各行一定是线性无关的。

式 (6-20) 也可以改写成矩阵形式，即

$$\begin{bmatrix} a_2 \\ a_1 \\ a_0 \end{bmatrix} = \begin{bmatrix} 1110 \\ 1101 \\ 1011 \end{bmatrix} \cdot \begin{bmatrix} a_6 \\ a_5 \\ a_4 \\ a_3 \end{bmatrix} \tag{6-21}$$

或

$$[a_2 a_1 a_0] = [a_6 a_5 a_4 a_3] \begin{bmatrix} 111 \\ 110 \\ 101 \\ 011 \end{bmatrix} = [a_6 a_5 a_4 a_3] \boldsymbol{Q} \tag{6-22}$$

式中，$\boldsymbol{Q}$ 为一个 $k×r$ 阶矩阵，且它是 $\boldsymbol{P}$ 的转置，即

$$\boldsymbol{Q} = \boldsymbol{P}^{\mathrm{T}} \tag{6-23}$$

从式(6-21)可以看出，信息位给定后，用信息位的行矩阵乘 $\boldsymbol{Q}$ 矩阵就可以产生出监督位。

从上面的分析可以得到一个结论，就是已知信息码和典型形式的监督矩阵 $\boldsymbol{H}$，就能确定各监督码元。其计算过程是根据式（6-20）由 $\boldsymbol{H}$ 得到 $\boldsymbol{P}$，然后求 $\boldsymbol{P}$ 的转置 $\boldsymbol{Q}$，再根据式(6-22)求得监督码。

需要说明的是，以上结论是根据(7，4)汉明码推导得出的，但这个结论适合所有的线性分组码。

6.5.2　生成矩阵

在 $\boldsymbol{Q}$ 的左边加上一个 $k×k$ 阶单位方阵，就构成一个新的矩阵 $\boldsymbol{G}$，即

$$\boldsymbol{G} = [\boldsymbol{I}_k \boldsymbol{Q}] = \begin{bmatrix} 1001111 \\ 0100110 \\ 0010101 \\ 0001011 \end{bmatrix} \tag{6-24}$$

由于 $\boldsymbol{G}$ 可以生成整个码组 $\boldsymbol{A}$，故称 $\boldsymbol{G}$ 为生成矩阵。即

$$\boldsymbol{A} = [a_6\ a_5\ a_4\ a_3\ a_2\ a_1\ a_0] = [a_6\ a_5\ a_4\ a_3] \boldsymbol{G} \tag{6-25}$$

因此，如果找到了码组的生成矩阵，则编码的方法就可以完全确定。具有 $[\boldsymbol{I}_k \boldsymbol{Q}]$ 形式的生成矩阵称为典型生成矩阵。由典型生成矩阵得出的码组 $\boldsymbol{A}$ 中，信息位不变，监督位附加于其后，这种码称为系统码。

同样与 $\boldsymbol{H}$ 矩阵相似，也要求 $\boldsymbol{G}$ 矩阵的各行线性无关。因为由式(6-25)可以看出，任一码组 $\boldsymbol{A}$ 都是 $\boldsymbol{G}$ 的各行的线性组合，$\boldsymbol{G}$ 共有 k 行，若它们线性无关，则可组合出 2^k 种不同的码组 $\boldsymbol{A}$，这恰是有 k 位信息位的全部码组。若 $\boldsymbol{G}$ 的各行是线性相关的，就不可能由 $\boldsymbol{G}$ 生成 2^k 种不同码组。事实上，$\boldsymbol{G}$ 的各行本身就是一个码组。因此，如果已有 k 个线性无关码组，就可以用其作为生成矩阵 $\boldsymbol{G}$，并由它生成其他码组。

线性代数理论还指出，非典型形式的生成矩阵只要它的各行是线性无关的，则可以通过运算化成典型形式。所以，若生成矩阵是非典型形式，则首先转化成典型形式后，再由式(6-25)求得整个码组。

6.5.3　校正子和检错

一般来说，式(6-25)中 A 是一个 n 列的行矩阵，此矩阵的 n 个元素就是码组中的 n 个码元，所以发送的码组就是 A。此码组在传输中可能由于干扰引入差错，故接收码组与 A 有可能不相同。设接收码组为一个 n 列的行矩阵 B，即

$$B = [b_{n-1}\, b_{n-2} \cdots b_0] \tag{6-26}$$

则发送码组和接收码组之差为

$$B - A = E\,(模\,2) \tag{6-27}$$

式中，E 为传输中产生的错码行矩阵，且

$$E = [e_{n-1}\, e_{n-2} \cdots e_0] \tag{6-28}$$

式中，当 $b_i = a_i$ 时，$e_i = 0$；当 $b_i \neq a_i$ 时，$e_i = 1$。所以，若 $e_i = 0$，表示该位接收码元无错；若 $e_i = 1$，表示该位接收码元有错。E 也称为错误图样。式(6-27)也可以改写为

$$B = A + E\,(模\,2) \tag{6-29}$$

接收端译码时，可将接收码组 B 代入式(6-19)中计算。

若接收端码组中无错码，$E = 0$，则 $B = A + E = A$，代入式(6-19)即有

$$BH^{\mathrm{T}} = 0 \tag{6-30}$$

若接收码组中有错码，$E \neq 0$，将 B 代入式(6-19)后，式(6-19)不一定成立。但在错码较多、已超过这种编码的检错能力时，B 变为另一许用码组，则式(6-19)仍能成立，这时，错码是不可检测的。在未超过检错能力时，式(6-30)不成立，即其右端不等于零，可表示为

$$BH^{\mathrm{T}} = S \tag{6-31}$$

式中，S 为校正子，将 $B = A + E$ 代入式(6-31)，可得

$$S = (A + E)H^{\mathrm{T}} = AH^{\mathrm{T}} + EH^{\mathrm{T}} \tag{6-32}$$

由式(6-19)可得

$$S = EH^{\mathrm{T}} \tag{6-33}$$

由式(6-33)可以看出，S 只与 E 有关，与 A 无关，这就说明 S 与错码之间有确定的线性变换关系。若 S 与 E 之间一一对应，则 S 将能代表错码的位置。

6.5.4　线性分组码的主要性质

线性分组码的主要性质如下：

1）封闭性。即码中任意两许用码组之和仍为一许用码组。也就是说，若 A_1 和 A_2 是一种线性码中的两许用码组，则 $(A_1 + A_2)$ 仍为其中一个码组。证明：若 A_1、A_2 为码组，则按式(6-19)有 $A_1 H^{\mathrm{T}} = O$，$A_2 H^{\mathrm{T}} = O$。将两式相加，可得

$$A_1 H^{\mathrm{T}} + A_2 H^{\mathrm{T}} = (A_1 + A_2)H^{\mathrm{T}} = O \tag{6-34}$$

所以，$(A_1 + A_2)$ 仍为一个码组。

2）线性分组码中必有一个全零码组。这个是线性分组码所必需的。

3）码的最小距离等于非零码的最小码重(除全零码组外)。因为线性分组码的封闭性，两个码组之间的距离必然为另一码组的码重。

【例 6-3】　已知(7, 3)码的生成矩阵为

$$G = \begin{bmatrix} 1001110 \\ 0100111 \\ 0011101 \end{bmatrix}$$

列出其所有许用码组，并求监督矩阵。

解：因为是$(7，3)$码，所以信息位有 3 位，监督位有 4 位。

许用码组　　　　　　　$[a_6\ a_5\ a_4\ a_3\ a_2\ a_1\ a_0] = [a_6\ a_5\ a_4] \boldsymbol{G}$

代入生成矩阵 $\boldsymbol{G}$，得到所有许用码组：0000000，0011101，0100111，0111010，1001110，1010011，1101001，1110100。

因为典型生成矩阵的形式为 $\boldsymbol{G} = \boldsymbol{I}_k \boldsymbol{Q}$，题中所给生成矩阵是典型生成矩阵，所以典型监督矩阵为

$$\boldsymbol{H} = \begin{bmatrix} 1011000 \\ 1110100 \\ 1100010 \\ 0110001 \end{bmatrix}$$

【例 6-4】　已知一个线性分组码的码组集合为：000000，001110，010101，011011，100011，101101，110110，111000。求该码组集合的汉明距离。

解：根据线性分组码的性质可以求出此码组集合的汉明距离为 3。

6.5.5　线性分组码不能检错的概率

如果在传输过程中错码较多，已超过这种编码的检错能力时，即 $\boldsymbol{B}$ 变为另一个许用码组，则式 (6-19) 仍成立。由于线性分组码具有封闭性质，由式 (6-29) 可见，只有当 $\boldsymbol{E} = \boldsymbol{A}$，即错误码组刚好等于任意许用码组时，$\boldsymbol{S} = 0$，即不能检测错码。

设 (n,k) 线性分组码能最大检错的个数为 D，信道的误码率为 p_e，那么，不能检错的概率为

$$p_u = \sum_{i=D+1}^{n} W_i\, p_e^i\, (1 - p_e)^{n-i} \tag{6-35}$$

式中，W_i 为重量为 i 的许用码组数目。式 (6-35) 很容易证明，因为错误码组中，重量为 $D+i$（$D+1 \leqslant i \leqslant n$）的码组是不能被检测的，因此只要在 i 的许可范围内求概率和即可。

6.6　循环码

循环码是一类重要的线性分组码，它是以数学理论为基础建立起来的，其编码和译码设备都不太复杂，且有较强的检纠错能力。

6.6.1　循环特性

循环码属于线性分组码，除了具有线性码的一般性质外，还具有循环性。

1. 码多项式

首先讨论与循环码的循环性有关的码多项式。

把长为 n 的码组与 $n-1$ 次多项式建立一一对应的关系，即把码组中各码元当作是一个多项式的系数，若码组 $A = (a_{n-1}, a_{n-2}, \cdots, a_1, a_0)$，则相应的多项式表示为

$$A(x) = a_{n-1}x^{n-1} + a_{n-2}x^{n-2} + \cdots + a_1 x^1 + a_0 x^0 \tag{6-36}$$

式 (6-36) 这种多项式中，x 的幂次仅是码元位置的标记。x 项的存在只表示该对应码位上是 "1" 码，否则为 "0" 码，称这种多项式为码多项式。事实上，码多项式和码组本质上是

相同的，只是表示方法不同而已。

如，一个码组为 $A = 1110110$，它所对应的多项式为

$$A(x) = x^6 + x^5 + x^4 + x^2 + x^1$$

循环码的循环性是指循环码中任一许用码组经过循环移位后（将最右端的码元移至左端，或相反）所得到的码组仍为它的一个许用码组。表 6-10 给出一种 (7, 3) 循环码的全部码组，由表可直观地看出循环码的循环特性。码组 2 向右移一位即得到码组 5；码组 5 向右移一位即得到码组 7 等。

根据码多项式的概念，表 6-10 中的任一码组都可以表示为

$$A(x) = a_6 x^6 + a_5 x^5 + a_4 x^4 + a_3 x^3 + a_2 x^2 + a_1 x^1 + a_0 x^0 \tag{6-37}$$

式中，$a_6 \sim a_0$ 的取值为 0 或 1。如果为 0，该项可以略去不写，如为 1，则只写 x 的符号。如表中码组 4 为 $A_4 = 0111001$，对应的码多项式可写成

$$A_4(x) = 0 \times x^6 + 1 \times x^5 + 1 \times x^4 + 1 \times x^3 + 0 \times x^2 + 0 \times x + 1 = x^5 + x^4 + x^3 + 1$$

表 6-10　(7, 3) 循环码的全部码组

码组编号	信息位			监督位				码组编号	信息位			监督位			
	a_6	a_5	a_4	a_3	a_2	a_1	a_0		a_6	a_5	a_4	a_3	a_2	a_1	a_0
1	0	0	0	0	0	0	0	5	1	0	0	1	0	1	1
2	0	0	1	0	1	1	1	6	1	0	1	1	1	0	0
3	0	1	0	1	1	1	0	7	1	1	0	0	1	0	1
4	0	1	1	1	0	0	1	8	1	1	1	0	0	1	0

2. 整数的按模运算

在整数运算中，有模 n 运算。例如，在模 2 运算中，有 $1 + 1 = 2 \equiv 0$（模 2），$1 + 2 = 3 \equiv 1$（模 2），$2 \times 3 = 6 \equiv 0$（模 2）。

一般说来，若一个整数 m 可以表示为

$$\frac{m}{n} = Q + \frac{p}{n} \quad p < n \tag{6-38}$$

式中，Q 为整数。在模 n 运算下，有

$$m \equiv p \quad (\text{模 } n) \tag{6-39}$$

式中，数学符号"$\equiv$"表示在模 n 下相等（下同）。所以，在模 n 运算下，一个整数 m 等于它被 n 除得的余数。

3. 码多项式的按模运算

码多项式也有类似的按模运算。

若任意一个多项式 $F(x)$ 被一个 n 次多项式 $N(x)$ 除，得到商式 $Q(x)$ 和一个次数小于 n 的余式 $R(x)$，即有

$$F(x) = N(x) Q(x) + R(x) \tag{6-40}$$

则在按模 $N(x)$ 运算下，有

$$F(x) \equiv R(x) \quad [\text{模 } N(x)] \tag{6-41}$$

此时，码多项式系数仍按模 2 运算。如 x^2 被 $(x^2 + 1)$ 除，得到余项 1，即 $x^2 \equiv 1$（模 $x^2 + 1$），同样 $x^3 + x^2 + 1 \equiv x$（模 $x^2 + 1$），因为

$$\begin{array}{r}x+1\\x^2+1\overline{)x^3+x^2+1}\\\underline{x^3+x}\\x^2+x+1\\\underline{x^2+1}\\x\end{array}$$

4. 循环码的数学表示法

在循环码中，设 $A(x)$ 是一个长度为 n 的码组，即

$$A(x)=a_{n-1}x^{n-1}+a_{n-2}x^{n-2}+\cdots+a_1x^1+a_0$$

若

$$x^iA(x)\equiv A'(x) \quad (\text{模 } x^n+1) \tag{6-42}$$

则 $A'(x)$ 也是该编码中的一个码组。

证明：由式(6-36)可得

$$x^iA(x)=a_{n-1}x^{n-1+i}+a_{n-2}x^{n-2+i}+\cdots+a_{n-1-i}x^{n-1}+\cdots+a_1x^{1+i}+a_0x^i$$
$$=a_{n-1-i}x^{n-1}+a_{n-2-i}x^{n-2}+\cdots+a_0x^i+a_{n-1}x^{i-1}+\cdots+a_{n-1} \quad (\text{模 } x^n+1) \tag{6-43}$$

这时有

$$A'(x)=a_{n-1-i}x^{n-1}+a_{n-2-i}x^{n-2}+\cdots+a_0x^i+a_{n-1}x^{i-1}+\cdots+a_{n-1} \quad (\text{模 } x^n+1) \tag{6-44}$$

式中，$A'(x)$ 正是式(6-36)所表示的码组向左循环移位 i 次的结果。因为已设 $A(x)$ 是一循环码，所以 $A'(x)$ 也必定为该循环码中的一个码组。

如某一循环码为 1100101，其码多项式为

$$A(x)=x^6+x^5+x^2+1$$

若给定 $i=4$，则有

$$x^4A(x)=x^4(x^6+x^5+x^2+1)=x^6+x^4+x^3+x^2 \quad (\text{模 } x^7+1)$$

上式对应的码组为 1011100，它正是 $A(x)$ 向左移 4 位的结果。

由以上讨论可以得到结论：一个长为 n 的循环码必定为按模 (x^n+1) 运算的一个余式。

6.6.2 生成矩阵

1. 生成多项式

由 6.5 节线性分组码已知，如果有了典型生成矩阵 $\boldsymbol{G}$，就可以由 k 个信息位得出整个码组。以下通过循环码的基本性质来求它的生成矩阵 $\boldsymbol{G}$。

一个 (n,k) 循环码共有 2^k 个码组，其中有一个码组的前 $k-1$ 位码元均为"0"，第 k 位码元和第 n 位码元必须为"1"，其他码元不限制。此码组可以表示为

$$(\underbrace{000\cdots01}_{k-1}g_{n-k-1}\cdots g_2g_11)$$

为什么第 k 位码元和第 n 位码元必须为"1"呢？因为：

1）在 (n,k) 循环码中除全"0"码组外，连"0"的长度最多只能有 $(k-1)$ 位，没有连续 k 位均为"0"的码组。否则，在经过若干次循环移位后将得到 k 位信息位全为"0"，但监督位不全为"0"的一个码组。这在线性码中显然是不可能的。

2）若第 n 位码元不为"1"，该码组（前 $k-1$ 位码元均为"0"）循环右移后将变成前 k 位信息位都是"0"，而后面 $(n-k)$ 监督位不都为"0"的码组，这是不允许的。

所以 $(000\cdots01g_{n-k-1}\cdots g_2g_1 1)$ 为 (n,k) 循环码的一个许用码组，其对应的多项式为

$$g(x)=0+0+\cdots+x^{n-k}+g_{n-k-1}x^{n-k-1}+\cdots+g_1x+1 \tag{6-45}$$

根据循环码的循环特性及式(6-42)，$xg(x)$，$x^2g(x)$，$\cdots$，$x^{k-1}g(x)$ 所对应的码组都是 (n,k) 循环码的一个许用码组，与 $g(x)$ 对应的码组共同构成 k 个许用码组。这 k 个许用码组可以构成生成矩阵 G，所以称 $g(x)$ 为生成多项式。

在 (n,k) 循环码中，任意码多项式 $A(x)$ 都是最低次码多项式的倍式。如表 6-10 表示的循环码中，有

$$g(x)=A_1(x)=x^4+x^2+x^1+1$$

其他码多项式都是 $g(x)$ 的倍式，即

$$A_0(x)=xg(x)$$
$$\vdots$$
$$A_k(x)=x^{k-1}g(x)$$

2. 生成矩阵

$g(x)$、$xg(x)$，$x^2g(x)$，$\cdots$，$x^{k-1}g(x)$ 是 (n,k) 循环码的 k 个线性无关的码组，所以可得其生成矩阵 $G(x)$，用码多项式表示 $G(x)$ 的各行为

$$G(x)=\begin{bmatrix} x^{k-1}g(x) \\ x^{k-2}g(x) \\ \vdots \\ xg(x) \\ g(x) \end{bmatrix} \tag{6-46}$$

写出每行对应的码组得到生成矩阵 G，如果所求得的生成矩阵不是典型的生成矩阵，需要将其转换为典型的生成矩阵，即式(6-24)的形式。转换方法为通过任意几行模 2 加取代某一行。

【例 6-5】 求表 6-10 中 $(7,3)$ 循环码的典型生成矩阵 G。

解：由 $(7,3)$ 循环码可知，$k=3$，根据式(6-46)可得

$$G(x)=\begin{bmatrix} x^{k-1}g(x) \\ x^{k-2}g(x) \\ \vdots \\ xg(x) \\ g(x) \end{bmatrix}=\begin{bmatrix} x^2g(x) \\ xg(x) \\ g(x) \end{bmatrix}=\begin{bmatrix} x^6+x^4+x^3+x^2 \\ x^5+x^3+x^2+x \\ x^4+x^2+x+1 \end{bmatrix}$$

将每一行多项式改写为对应的码组，可得生成矩阵 G 为

$$G=\begin{bmatrix} 101 & 1100 \\ 010 & 1110 \\ 001 & 0111 \end{bmatrix}$$

由于上述生成矩阵 G 是非典型的，故将其转换为典型的生成矩阵。将第一行、第三行模 2 加取代第一行，可得到典型的生成矩阵

$$G=\begin{bmatrix} 100 & 1011 \\ 010 & 1110 \\ 001 & 0111 \end{bmatrix}=I_3Q$$

下面讨论如何寻找任一 (n,k) 循环码的生成多项式。

由式(6-25)可知

$$A(x)=[a_6a_5a_4]\,\boldsymbol{G}(x)=[a_6a_5a_4]\begin{bmatrix}x^2g(x)\\xg(x)\\g(x)\end{bmatrix}=(a_6x^2+a_5x+a_4)g(x)\qquad(6\text{-}47)$$

式(6-47)表明，所有码多项式 $A(x)$ 都可以被 $g(x)$ 整除，或者说任一循环码多项式 $A(x)$ 都是 $g(x)$ 的倍式，同时也说明任一幂次不大于 $k-1$ 的多项式乘以 $g(x)$ 都是码多项式。

将式(6-47)改写为

$$A(x)=h(x)g(x)\qquad(6\text{-}48)$$

式中，$h(x)=a^6x^2+a^5x+a^4$。

由于多项式 $g(x)$ 本身也是一个码组，用 $A'(x)$ 表示。即

$$A'(x)=g(x)\qquad(6\text{-}49)$$

因码组 $A'(x)$ 为一次 $n-k$ 多项式，故 $x^kA'(x)$ 为一个 n 次多项式。由式(6-42)可知，$x^kA'(x)$ 在模运算下也是一个码组，可写为

$$\frac{x^kA'(x)}{x^n+1}=Q(x)+\frac{A(x)}{x^n+1}\qquad(6\text{-}50)$$

式中，左端分子和分母都是 n 次多项式，故商式 $Q(x)=1$。因此式(6-50)可以化简为

$$x^kA'(x)=x^n+1+A(x)\qquad(6\text{-}51)$$

将式(6-48)和式(6-49)代入式(6-51)，化简后可得

$$x^n+1=g(x)[x^k-h(x)]\qquad(6\text{-}52)$$

式(6-52)表明，生成多项式 $g(x)$ 应该是 x^n+1 的一个因式。这个结论为寻找循环码的生成多项式指出了一条途径，即循环码的生成多项式应该是 x^n+1 的一个 $n-k$ 次因式。

因此，一个多项式为 (n,k) 循环码的生成多项式 $g(x)$ 必须符合以下三个条件：

1）$g(x)$ 是 x^n+1 的一个因式。

2）$g(x)$ 是一个 $n-k$ 次多项式。

3）$g(x)$ 多项式中必有一个常数项1。

【例6-6】 求出 $(7,3)$ 循环码的所有生成多项式。

解：已知 $n=7$，$k=3$，所以有

$$x^7+1=(x+1)(x^3+x^2+1)(x^3+x+1)$$

由于 $n-k=4$，所以要从上式中找到一个4次的因式。可以看出，这样的因式应该有两个，即

$$(x+1)(x^3+x^2+1)=x^4+x^2+x+1$$
$$(x+1)(x^3+x+1)=x^4+x^3+x^2+1$$

以上两个多项式均可以作为生成多项式。

【例6-7】 已知循环码的生成多项为 $g(x)=x^3+x+1$，当信息位为1000时，写出它的监督位和整个码组。

解：由生成多项式可知 $n-k=3$，而 $k=4$，所以 $n=7$，可得

$$\boldsymbol{G}(x)=\begin{bmatrix}x^{k-1}g(x)\\x^{k-2}g(x)\\\vdots\\xg(x)\\g(x)\end{bmatrix}=\begin{bmatrix}x^3g(x)\\x^2g(x)\\xg(x)\\g(x)\end{bmatrix}=\begin{bmatrix}x^6+x^4+x^3\\x^5+x^3+x^2\\x^4+x^2+x\\x^3+x+1\end{bmatrix}$$

$$G = \begin{bmatrix} 1011000 \\ 0101100 \\ 0010110 \\ 0001011 \end{bmatrix}$$

由于 G 不是典型矩阵，所以对它进行典型化处理：将第一行⊕第三行⊕第四行取代第一行，得

$$G = \begin{bmatrix} 1000101 \\ 0101100 \\ 0010110 \\ 0001011 \end{bmatrix}$$

将第二行⊕第四行取代第二行，得

$$G = \begin{bmatrix} 1000101 \\ 0100111 \\ 0010110 \\ 0001011 \end{bmatrix}$$

当信息位为 1000 时，整个码组为

$$A = [a_6 a_5 a_4 a_3] G = [1000] \begin{bmatrix} 1000101 \\ 0100111 \\ 0010110 \\ 0001011 \end{bmatrix} = [1000101]$$

其中，监督位为 101。

6.6.3 编码方法

编码的目的就是在已知信息位的条件下求得循环码的码组。当然要求得到的是系统码，即码组的前 k 位为系统位，后 $n-k$ 位为监督位。设信息位对应的码多项式为

$$m(x) = m_{k-1}x^{k-1} + m_{k-2}x^{k-2} + \cdots + m_i x^i + \cdots + m_1 x + m_0 \tag{6-53}$$

式中，系数 m_i 为 0 或 1。

由于 (n,k) 循环码的码多项式的最高幂次是 $n-1$ 次，而信息位是在其最前面的 k 位，故信息位的循环码的码多项式表现为多项式 $x^{n-k}m(x)$ 的形式为

$$x^{n-k}m(x) = m_{k-1}x^{n-1} + m_{k-2}x^{n-2} + \cdots + m_i x^{n-k+i} + \cdots + m_1 x^{n-k+1} + m_0 x^{n-k} \tag{6-54}$$

它从幂次 x^{n-k-1} 起到 x^0 的 $n-k$ 位的系数都为 0。

如果用 $g(x)$ 去除 $x^{n-k}m(x)$，可得

$$\frac{x^{n-k}m(x)}{g(x)} = q(x) + \frac{r(x)}{g(x)} \tag{6-55}$$

式中，$q(x)$ 为幂次小于 k 的商多项式；$r(x)$ 为幂次小于 $n-k$ 的余式。

式 (6-55) 可以改写为

$$x^{n-k}m(x) + r(x) = q(x)g(x) \tag{6-56}$$

式 (6-56) 表明，多项式 $x^{n-k}m(x) + r(x)$ 为 $g(x)$ 的倍式。根据式 (6-47)，$x^{n-k}m(x) + r(x)$ 一定是由 $g(x)$ 生成的循环码中的码组，而余式 $r(x)$ 即为该码组的监督码对应的多项式。

根据上述原理，编码步骤可归纳为以下几步：

191

1）用 x^{n-k} 乘以 $m(x)$ 得到 $x^{n-k}m(x)$。这一过程实际上就是在信息码后附加上 $(n-k)$ 个 "0"。

2）用 $g(x)$ 除 $x^{n-k}m(x)$，得到商 $q(x)$ 和余式 $r(x)$。

3）求码组多项式 $A(x)=x^{n-k}m(x)+r(x)$。

按以上步骤编出的码就是系统码。

上述编码方法用硬件实现时，可以由移位寄存器和模 2 加法器组成的除法电路来实现。在码多项式中，x 的幂次代表移位的次数。图 6-6 是 (n,k) 循环码的编码电路，其生成多项式为

$$g(x)=x^r+g_{r-1}x^{r-1}+\cdots+g_2x^2+g_1x+1 \tag{6-57}$$

式中，$r=n-k$。

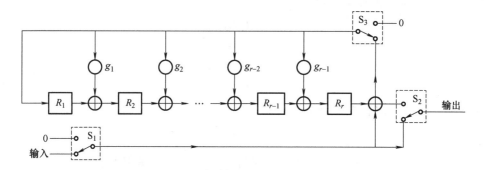

图 6-6　(n,k) 循环码编码电路

图 6-6 中对应有 r 级移位寄存器，分别用 R_1、R_2、$\cdots$、R_r 表示。S_1、S_2、S_3 代表控制门电路。其工作过程如下：当信息位输入时，控制信号使门 S_1、门 S_3 打开，门 S_2 关闭，输入信息码元一方面送入除法器进行运算，另一方面直接输出。在信息位全部进入除法器后，控制信号使门 S_1、门 S_3 关闭，门 S_2 打开，这时移位寄存器中存储的除法余项在时钟控制下依次通过门 S_2 输出，即监督码元在信息码元之后输出。因此编码器编码的结果为前面是原来的 k 个信息码元，后面是 $(n-k)$ 个监督码元，从而得到系统分组码。

例如，表 6-10 中给出的 $(7, 3)$ 循环码，其生成多项式 $g(x)=x^4+x^2+x+1$，因此可得编码电路如图 6-7 所示。

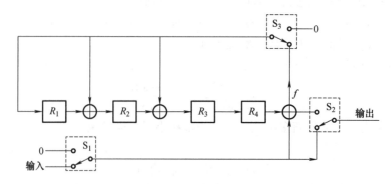

图 6-7　$(7, 3)$ 循环码编码电路

假设 $M=111$，$(7, 3)$ 循环码编码器工作过程见表 6-11。

表6-11 (7,3)循环码编码器工作过程

输入		移位寄存器				反馈	输出	
		R_1	R_2	R_3	R_4	f		
0		0	0	0	0	0	0	
m_2	1	1	1	1	0	1	1	a_6
m_1	1	1	0	0	1	1	1	a_5
m_0	1	0	1	0	0	0	1	a_4
0		0	0	1	0	0	0	a_3
0		0	0	0	1	0	0	a_2
0		0	0	0	0	1	0	a_1
0		0	0	0	0	0	0	a_0

（信息元对应 a_6,a_5,a_4；监督元对应 a_3,a_2,a_1,a_0）

对表6-11所求结果进行检验，因 $M=111$，故 $M(x)=x^2+x+1$，则有

$$x^{n-k}M(x)=x^4(x^2+x+1)=x^6+x^5+x^4$$

$$\frac{x^{n-k}M(x)}{g(x)}=\frac{x^6+x^5+x^4}{x^4+x^2+x+1}=x^2+x+\frac{x}{g(x)}$$

所以

$$r(x)=x$$

$$A(x)=x^{n-k}M(x)+r(x)=x^6+x^5+x^4+x$$

即所得码组为 $A=1110010$

6.6.4 解码方法

循环码的解码方法包括两个方面，即检错和纠错。

1. 检错

系统循环码的每一个码组多项式 $A(x)$ 都能够被生成多项式 $g(x)$ 整除，所以在接收端可以将接收码组多项式 $R(x)$ 用原生成多项式去除。当传输中未发生错误时，接收码组与发送码组相同，即 $R(x)=A(x)$，接收码组多项式 $R(x)$ 一定能被 $g(x)$ 整除；若码组在传输过程中发生错误，则 $R(x)\neq A(x)$，$R(x)$ 被 $g(x)$ 除时可能除不尽而有余项，即有

$$\frac{R(x)}{g(x)}=q'(x)+\frac{r'(x)}{g(x)} \tag{6-58}$$

因此，可以以余项是否为零来判断码组中有无错误。需要指出的是，如果信道中错码的个数超过了这种编码的检错能力，恰好使有错码的接收码组能被 $g(x)$ 整除，此时的错码就不能检出了，这种错码称为不可检错码。

根据上述原理构成的解码器检错原理如图6-8所示。

图6-8 (n,k)循环码解码器检错原理图

由图6-8可见，解码器主要由缓冲移位寄存器和伴随式计算电路构成。缓冲移位寄存器

用来暂存接收码组；伴随式计算电路用于计算伴随式（6-64）的值，并送判断电路进行判断接收到的码组是否有错，从而给出控制信息。

(n,k) 循环码伴随式计算电路如图 6-9 所示。

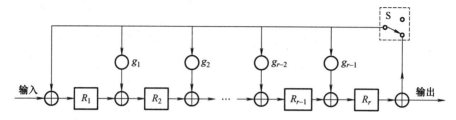

图 6-9 (n,k) 循环码伴随式计算电路

发送端发送的码组为

$$A(x) = a_{n-1}x^{n-1} + a_{n-2}x^{n-2} + \cdots + a_2x^2 + a_1x + a_0 \tag{6-59}$$

接收端接收的码组为

$$R(x) = r_{n-1}x^{n-1} + r_{n-2}x^{n-2} + \cdots + r_2x^2 + r_1x + r_0 \tag{6-60}$$

错误图样 $E(x) = R(x) - A(x)$，可以写为

$$E(x) = e_{n-1}x^{n-1} + e_{n-2}x^{n-2} + \cdots + e_2x^2 + e_1x + e_0 \tag{6-61}$$

其中

$$e_i = \begin{cases} 0 & r_i = a_i \\ 1 & r_i \neq a_i \end{cases} \tag{6-62}$$

伴随式可以写为

$$S(x) = s_{r-1}x^{r-1} + s_{r-2}x^{r-2} + \cdots + s_2x^2 + s_1x + s_0 \tag{6-63}$$

可以证明

$$S(x) \equiv E(x) \quad [\text{模 } g(x)] \tag{6-64}$$

若 $S(x) = 0$ 判定传输无错，否则判定传输出错。

循环码伴随式计算电路的工作过程如下：

1）寄存器置零，开关 S 向下连通。

2）在寄存器时钟的控制下经 n 次移位后将接收码组 R 输入，此时寄存器中存储的即伴随式。

3）将开关 S 向上打开，经 $r = n-k$ 次移位读出伴随式。

例如，表 6-10 中给出的 $(7,3)$ 循环码，其生成多项式 $g(x) = x^4 + x^2 + x + 1$，则其伴随式计算电路如图 6-10 所示。

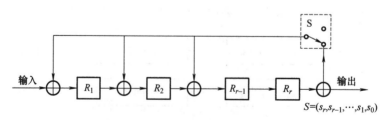

图 6-10 $(7,3)$ 循环码伴随式计算电路

【例 6-8】 一组 7 比特的数据 1100111 通过数据传输链路传输，采用循环冗余检验（Cyclic Redundary Checks，CRC）进行差错检测，如采用的生成多项式对应的码组为 1100，写出：

（1）监督码的产生过程。

（2）监督码的检测过程。

解：根据题意，信息码的码位 $k=7$。

由生成多项式对应的码组 1100 可写出生成多项式为

$$g(x) = x^3 + x^2$$

容易得出 $n-k=3$，所以 $n=10$，$r=3$。

对应于 1100111 的监督码的产生如图 6-11a 所示。根据编码原理，在信息位之后补上 3 个 "0"，相当于信息码乘以 x^3。然后被生成多项式模 2 除，结果得到的 3 位（100）余数即为监督码，把它加到数据 1100111 的末尾发送。

图 6-11 循环码的编码和解码过程举例

在接收端，整个接收的比特序列被同一生成多项式除，如图 6-11b 所示。第一例没有发生错码，得到的余式为 000；第二例在发送序列的末尾发生了 1 位差错，得到的余式为 001。

2. 纠错原理

为了能够纠错，要求每个可纠正的错误图样必须与一个特定余式有一一对应关系。错误码图样是指式（6-61）中错误码组的各种具体采样的图样。余式是指接收码组多项式 $R(x)$ 被生成多项式 $g(x)$ 除后所得的余式 $r'(x)$。只有当错误图样与余式存在一一对应关系，才可能从余式唯一地决定错误图样，从而纠正错码。

纠错步骤如下：

1）将接收端的接收码组多项式 $R(x)$ 除生成多项式 $g(x)$，得到余式 $r'(x)$。

2）按余式与得到错误图样 E 对比，可以确定错码的位置。

3）用 $R(x)$ 减去 $E(x)$，便得到已纠正错误的原发送码组 $A(x)$。

下面以（7，3）循环码为例说明纠错的过程。从（7，3）循环码中可以看出其码距为 4，所以它能够纠正 1 位错误。纠错解码器的原理图如图 6-12 所示。

图 6-12 中上部为 4 级反馈移位寄存器组成的除法电路。接收到的码组除了送入除法电路外，同时还送入缓冲移位寄存器暂存。图 6-12 中各移位寄存器以及与门输出与输入的关系为

图 6-12　纠错解码器的原理图

$$\begin{cases} a_i = d_{i-1} \oplus e_{i-1} \oplus R_i \\ b_i = a_{i-1} \oplus a_i \\ c_i = b_{i-1} \oplus a_i \\ d_i = c_{i-1} \\ e_i = \overline{a_i}\ \overline{b_i}\ \overline{c_i}d_i \end{cases} \tag{6-65}$$

　　假设接收端接收的码组为 1101011（正确的码组为 1001011），其中左边第 2 位为错码。此码组进入纠错解码器的除法电路后，移位寄存器的状态变化过程见表 6-12。当此码组的 7 个码元全部进入除法电路后，移位寄存器的各级状态自右向左依次为 0100。其中移位寄存器 c 的状态为 "1"，它表示接收码组的第 2 位有错（接收码组无错时，移位寄存器中状态应为全 "0"，即表示接收码组可被多项式整除）。在此时刻以后，输入端不再进入信息码，即保持输入 "0"，而将缓冲移位寄存器中暂存的信息开始逐位移出。在信息码第 2 位（错码）输出时刻，反馈移位寄存器的状态（自右向左）为 1000。与门输入为 $\overline{a}b\overline{c}d$，所以当反馈移位寄存器状态为 1000 时，与门输出为 "1"。输出 "1" 有两个作用：一是与缓冲移位寄存器输出的有错信息码进行模 2 加，从而纠正错码；二是与反馈移位寄存器 d 级输出模 2 加，达到清除各级反馈移位寄存器。

表 6-12　移位寄存器各级的状态变化过程

码	移位寄存器				与门输出
$R(x)$	a	b	c	d	e
初始状态	0	0	0	0	0
1	1	1	1	0	0
1	1	0	0	1	0
0	1	0	1	0	0
1	1	0	1	1	0
0	1	0	1	1	0
1	0	1	0	1	0
1	0	0	1	0	0
0	0	0	0	1	1
0	0	0	0	0	0

上述方法称为捕错解码法，从分析中可以看出，发生 1 位错码时可以自动纠正。

在数据通信中，循环码常用于检查数据传输过程中是否产生错码，即循环冗余检验码，简称为 CRC 码。在常用的 CRC 生成器协议中，采用的标准生成多项式见表 6-13。表中数字 12、16 是指 CRC 余式的长度。

表 6-13　常用的 CRC 码采用的标准生成多项式

码	生成多项式
CRC-12	$x^{12}+x^{11}+x^3+x^2+x+1$
CRC-16	$x^{16}+x^{15}+x^2+1$
CRC-ITU	$x^{16}+x^{12}+x^5+1$

6.6.5　缩短循环码

已知循环码的生成多项式应该是 x^n+1 的一个 $(n-k)$ 次因子，但有时多项式 x^n+1 的因子的个数比较少，因此在给定长度 n 下，码的数目也较少。为了增加 (n,k) 码的数目，便于选择，循环码经常采用缩短的形式。

在循环码的 2^k 个码组集合中，选择前 i 个信息位的值为 0 的码组，共有 2^{k-i} 个，组成一个新的码组集合，它是原码组集合中的一个子集，由于该子集中所有码组的前 i 位的值为 0，因此，发送时可以不发送 i 个 0，仅只传输后面的 $n-i$ 位码元即可。这样的子集就构成了一个 $(n-i,k-i)$ 循环码，称它为 (n,k) 的缩短循环码。

由于在 $(n-i,k-i)$ 缩短循环码中，每一个码组是原来循环的一个码组，只是这种码组的前 i 个信息码元为"0"，所以它必定能被 $g(x)$ 除尽，因此，所有次数小于 $n-i$ 次且能被 $g(x)$ 除尽的多项式都是 $(n-i,k-i)$ 缩短循环码的码多项式。

由于缩短循环码的所有码组是原来循环码组集合中的一部分，且监督码元数不变，因此，$(n-i,k-i)$ 码的纠检错能力不低于原来的 (n,k) 码的纠检错能力。

缩短循环码的 $\boldsymbol{G}$ 矩阵可以从原码的典型 $\boldsymbol{G}$ 矩阵中除去前 i 行和前 i 列得到。如 $(7,3)$ 循环码的一种 $\boldsymbol{G}_{(7,3)}$，其 $\boldsymbol{G}$ 矩阵为

$$\boldsymbol{G}=\begin{bmatrix}1001011\\0101110\\0010111\end{bmatrix}$$

若要变为 $(6,2)$ 循环码，则除去前 1 行和前 1 列得到 $(6,2)$ 循环码 $\boldsymbol{G}_{(6,2)}$，其 $\boldsymbol{G}$ 阵为

$$\boldsymbol{G}=\begin{bmatrix}101110\\010111\end{bmatrix}$$

根据 $[a_6,a_5]$、$\boldsymbol{G}_{(6,2)}$ 可得 $(6,2)$ 缩短循环码的 4 个码组：000000，010111，101110，111001，从码组可以看出它们已失去了循环关系。虽然缩短循环码码组之间可能没有循环关系，但不影响编解码的简单实现。前面所述的 CRC 码通常采用缩短循环码。

6.6.6　检错能力

循环码特别适用于检测错误，主要是因为它有很强的检错能力、编码器和错误检测电路都很容易实现，而且还能检查出位数相当长的突发错误。其检错能力如下：

1）能检出全部单个错码。假设码组中第 i 位上有单个错码，则对应的错码多项式为 x^i，而任何多于一项的生成多项式，它的 x^0 项为 1，因此，x^i 除以 $g(x)$ 的余数必定不为 0，即能检出全部单个错码。

2）能检查全部离散的 2 位错码。设码组中第 i 和第 j 位上有错码，且 $i<j<n$，则错码多项式为：$x^j+x^i=x^i(1+x^{j-i})$。因为多于一项的 $g(x)$ 必定不能除尽 x^i，所以，只要选取的 $g(x)$ 不能除尽 $(1+x^{j-i})$，且其阶 $(n-k)>(j-i)$，就能检查出全部 2 位错码。

3）能检查出全部的奇数个错码。由于具有奇数项错码的多项式必不含有因子 $(x+1)$，所以只要选取的 $g(x)$ 含有 $(x+1)$ 因子，错码多项式不能被 $g(x)$ 整除，即可检出全部奇数个错码。

4）能检测所有长度不超过 $(n-k)$ 的突发错误。长度不大于 b 的突发错误的错码多项式可表示为

$$E(x)=x^i(e_{b-1}x^{b-1}+e_{b-2}x^{b-2}+\cdots+e_1x+1)=x^iE_1(x) \tag{6-66}$$

式中，$E_1(x)$ 为不高于 $(b-1)$ 项的多项式。

如果 $g(x)$ 不能除尽 $E(x)$，则这种突发错误就可检测出来。由于已知 $g(x)$ 不能有 x 作因子，而且多于一项的 $g(x)$ 必定除不尽 x^i，因此，只有它能除尽 $E_1(x)$ 才能除尽 $E(x)$。但是 $g(x)$ 为 $(n-k)$ 次多项式，而 $E_1(x)$ 的次数 $(b-1)$ 只要不超过 $(n-k-1)$，即 $g(x)$ 的次数比 $E_1(x)$ 的高，$g(x)$ 就一定除不尽 $E_1(x)$。因此，能检测长度不超过 $(n-k)$ 的突发错误。

5）在突发错误长度 $b>(n-k)$ 的错误中，若 $b=n-k+1$，则 (n,k) 循环码不能检测错误的概率为 $2^{-(n-k-1)}$ ［或能检测错误的概率为 $1-2^{-(n-k-1)}$］；若 $b>n-k+1$，则不能检测错误的概率为 $2^{-(n-k)}$ ［或能检测错误的概率为 $1-2^{-(n-k)}$］。

设错码多项式为 $E(x)=x^iE_1(x)$，其中式 $E_1(x)$ 的次数为 $(b-1)$。

因为 $E_1(x)$ 中必有 x^0 和 x^{b-1} 项，所以还应有 $b-2$ 项 x^j，其中 $0<j<b-1$，$(b-2)$ 项的系数为 0 或 1，因此，共有 2^{b-2} 种不同的多项式 $E_1(x)$。

只有当 $E_1(x)$ 有 $g(x)$ 的因子时，这种错码才不能被检测出来，即这时应有 $E(x)=g(x)Q(x)$。因为 $g(x)$ 为 $(n-k)$ 次，所以 $Q(x)$ 必为 $b-1-(n-k)$ 次。如 $b-1=n-k$，则 $Q(x)=1$。这时只有一个 $E_1(x)$ 错误图样是不可检测的，即 $E_1(x)=g(x)$，所以它占不可检测的突发错误总数的 $1/2^{b-2}=2^{-(n-k-1)}$，即不能检测错误的概率为 $2^{-(n-k-1)}$。

如 $b-1>n-k$，那么 $Q(x)$ 应含有 x^0 和 $x^{b-1-(n-k)}$ 项，其中 $b-2-(n-k)$ 项可具有任意的系数，0 或 1。所以，$Q(x)$ 有 $2^{b-2-(n-k)}$ 种不可检测的错码图样，占比为 $2^{b-2-(n-k)}/2^{b-2}=2^{-(n-k)}$，即不能检测错误的概率为 $2^{b-2-(n-k)}$。

6.7 卷积码

卷积码又称为连环码，最早由伊利亚斯（P. Elias）于 1955 年提出。它是非分组有记忆编码，码的结构简单，其性能在许多实际情况下常优于分组码，通常更适用于前向纠错，是一种较为常用的纠错编码。

6.7.1 基本概念

1. 卷积码的概念

在分组码中，任何一段时间内由编码器产生的几个码元构成的一个码组，完全取决于这段时间内输入的 k 位信息，码组中的监督位仅监督本码组中的 k 个信息位。

卷积码的编码器在任何一段规定时间内产生的 n 个码元，不仅取决于这段时间内 k 个信息位，而且还取决于前 $N-1$ 段规定时间内的信息位。也就是说，监督位不仅对本码组起监督作用，还对前 $N-1$ 个码组也起监督作用。这 N 段时间内的码元数目 nN 称为这种卷积码的约束长度。通常将卷积码记作 (n,k,N)，其中 k 为一次移入编码器的比特数目，n 为对应于 k 比特输入的编码输出，其编码效率为

$$R = \frac{k}{n}$$

2. 卷积码的编码

下面举例说明卷积码的编码和解码原理。图 6-13 是一个简单的卷积码的编码器。

图 6-13　一个简单的卷积码的编码器

图 6-13 编码器由两个移位寄存器 D_1、D_2 和模 2 加电路组成。编码器的输入信息位，不但可以直接输出，而且还可以暂存在移位寄存器中。其工作过程如下：移位寄存器按信息位的节拍工作，输入一位信息位，电子开关倒换一次，即前半拍接通 m 端，后半拍接通 c 端。所以当输入编码器一个信息位，就立即计算一个监督位，并且此监督位紧跟此信息位之后发送出去。所以若输入为 m_1，m_2，m_3，m_4，$\cdots$，则输出卷积码为 m_1，c_1，m_2，c_2，m_3，c_3，$\cdots$，其中 c_i 为监督码元。从图 6-12 可以看出

$$\begin{cases} c_1 = 0 + m_1 \\ c_2 = m_1 + m_2 \\ c_3 = m_2 + m_3 \\ \quad\vdots \\ c_i = m_{i-1} + m_i \end{cases} \tag{6-67}$$

显然，卷积码的结构是信息码、监督码、信息码、监督码、$\cdots$。从上例可以看出，一个信息码与一个监督码组成一组，但每组中的监督码除了与本组信息码有关外，还与上一组信息码有关。其中，$n=2$，$k=1$，$n-k=1$，$N=2$，故可记作 $(2，1，2)$ 卷积码。

从上述简单的例子可以看出卷积码的一般编码的思想。图 6-14 是 (n,k,N) 卷积码编码器一般结构形式。它包括：一个由 N 段组成的输入移位寄存器，每段有 k 组，共 Nk 位寄存器；一组 n 个模 2 和加法器；一个由 n 级组成的输出移位寄存器。

对应于每段 k 比特的输入序列，输出 n 比特。由图 6-14 可知，n 个输出比特不但与当前的 k 个输入比特有关，而且与以前的 $(N-1)k$ 个输入比特有关。整个编码过程可以看成是输入信息序列与由移位寄存器模 2 和连接方式所决定的另一个序列的卷积。

3. 卷积码的解码

一般来说，卷积码的解码方法有以下两类：

1）代数解码：利用编码本身的代数结构进行解码，不考虑信道的统计特性。

2）概率解码：需要用到信道的统计特性的一种解码。

下面结合本小节的例子，介绍代数解码方法的一种形式——门限解码。这种解码方法对

图 6-14　卷积码编码器的一般形式

于约束长度较短的卷积码最为有效，设备也较简单。

图 6-15 是与图 6-13 对应的解码器。其工作原理如下：设接收到的码元序列为 m_1'，c_1'，m_2'，c_2'，m_3'，c_3'，…，解码器输入端的电子开关按节拍把信息码元与监督码元分接到 m′端、c′端，3 个移位寄存器的节拍比码序列的节拍低一倍。其中移位寄存器 D_1、D_2在信息码元到达时移位，在监督码元到达期间保持原状；而移位寄存器 D_3在监督码元到达时移位，在信息码元到达期间保持原状。移位寄存器 D_1、D_2和模 2 加电路构成与发送端一样的编码器，它从接收到的信息码元序列中计算出对应的监督码元序列。模 2 加法器把上述计算的监督码元序列与接收到的监督码元序列进行比较，如果两者相同，由则输出"0"，如果不同，输出"1"。

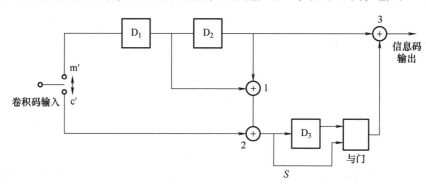

图 6-15　与图 6-13 对应的解码器

当按接收的信息码元中计算出的监督码元与实际收到的监督码元不一样时，必定出现了差错。为了确定差错的位置，将模 2 加法器输出记作 S（校正子），根据图 6-13 可以写出 S 的方程为

$$\begin{cases} S_0 = (0+m_1') + c_1' \\ S_1 = (m_1'+m_2') + c_2' \\ S_2 = (m_2'+m_3') + c_3' \\ \quad\vdots \\ S_i = (m_i'+m_{i+1}') + c_{i+1}' \end{cases} \qquad (6\text{-}68)$$

由式（6-68）可以看出，每一个信息码元出现在两个 S 方程中，即 m_i' 与 S_i 和 S_{i-1} 有关。分析 m_i' 时，应根据 S_i 和 S_{i-1} 的值来判决是否 m_i' 有错。决定 S_i 和 S_{i-1} 的值共有 5 个码元：m_{i-1}'，m_i'，m_{i+1}'，c_i'，c_{i+1}'，但其中只有 m_i' 与 S_i 和 S_{i-1} 两个值都有关，而其他码元只与 S_i 一个值有

关。这种情况称方程 S_i 和 S_{i-1} 正交于 m'_i。在差错不超过一个的条件下，根据正交性得到判决规则如下：

1）当 S_{i-1} 和 S_i 都为"0"时，解码方程式（6-68）与编码方程式（6-67）完全一致，可判决无错。

2）当 S_{i-1} 和 S_i 都为"1"时，一定是 m'_i 出错，可判决 m'_i 有错，并进行纠正。

3）当 S_{i-1} 和 S_i 中只有一个为"1"时，一定是 m'_{i-1}、m'_{i+1}、c'_i、c'_{i+1} 中只有一个出错，可判决 m'_i 无错。

完成上述判决规则的电路是图 6-15 中的移位寄存器 D_3、与门及模 2 加法器 3。下面以判决 m'_1 为例说明判决的过程。在判决 m'_1 时，D_1 寄存 m'_2、D_2 寄存 m'_1，而 D_3 寄存的是 S_0。当 m'_2 到达时，模 2 加法器 2 中输出 S_1，与门判断 S_0 和 S_1 是否都是"1"。如果都是"1"，与门输出为"1"，否则输出为"0"。与门输出与 D_3 输出相加，即为 m'_1 的解码输出。当 $S_0 = S_1 = 1$ 时，表示 m'_1 有错，与门输出"1"，在模 2 加法器 3 中将 m'_1 纠正；当与门输出为"0"时，表明 m'_1 无错，将 m'_1 输出。其他信息码的判决依次类推。

可以看出，在解码时的正交方程组中，涉及 5 个码元，即 3 个码组，所以这个简单的卷积码可以在连续 3 个码中纠正 1 位差错。

6.7.2 矩阵形式

卷积码是非分组码，但也是一种线性码。从前文的分析可知，一个线性码完全可由一个监督矩阵或生成矩阵来确定。下面以 6.7.1 节的卷积码为例分析这两个矩阵。

1. 监督矩阵

由式（6-67）可得

$$\begin{cases} m_1 + c_1 = 0 \\ m_1 + m_2 + c_2 = 0 \\ m_2 + m_3 + c_3 = 0 \\ m_3 + m_4 + c_4 = 0 \\ m_4 + m_5 + c_5 = 0 \\ \vdots \end{cases} \tag{6-69}$$

式（6-69）用矩阵表示为

$$\begin{bmatrix} 11 \\ 1011 \\ 001011 \\ 00001011 \\ 0000001011 \\ \vdots \end{bmatrix} \begin{bmatrix} m_1 \\ c_1 \\ m_2 \\ c_2 \\ m_3 \\ c_3 \\ m_4 \\ c_4 \\ m_5 \\ c_5 \end{bmatrix} = 0 \tag{6-70}$$

与式(6-19)对比，式(6-70)的监督矩阵为

$$H = \begin{bmatrix} 11 \\ 1011 \\ 001011 \\ 00001011 \\ 0000001011 \\ \vdots \end{bmatrix} \tag{6-71}$$

可见卷积码的监督矩阵是一个有头无尾(一端固定，而另一端无限延伸)的半无穷矩阵。观察式(6-71)可以看出，这个矩阵的每两列结构是相同的，只是后两列比前两列下移了一行。由于该矩阵是半无穷矩阵，所以只能研究其截短矩阵来说明这种码的约束关系和性质。式(6-71)的截短监督矩阵应为

$$H_1 = \begin{bmatrix} 11 \\ 1011 \end{bmatrix} \tag{6-72}$$

截短矩阵的一般结构形式如图6-16所示。它实际上是从半无穷矩阵 H 的左上方切出来的一个小矩阵，其左边是一个 n 列、$(n-k)$ 行的子矩阵，向右的每列均相对于前 n 列降低 $(n-k)$ 行。

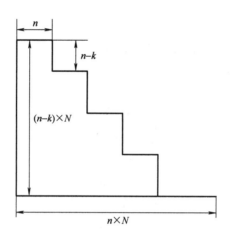

图 6-16　截短矩阵的一般结构形式

【例 6-9】　设一卷积码编码器的输出序列为

$$m_1 c_{11} c_{12} m_2 c_{21} c_{22} m_3 c_{31} c_{32} m_4 \cdots$$

即每一信息位 m_j 之后跟随两个监督位 $c_{j1} c_{j2}$，且监督位和信息位之间的一般关系为

$$c_{j1} = m_j + m_{j-1}$$
$$c_{j2} = m_j + m_{j-2}$$

试求此卷积码的截短监督矩阵 H_1。

解：由题目已知条件可知，该卷积码的 $k=1$，$n=3$，$N=3$，约束长度 $n \times N = 9$，监督方程为

$$c_{11} = m_1$$

$$c_{12} = m_1$$

$$c_{21} = m_2 + m_1$$

$$c_{22} = m_2$$

$$c_{31} = m_3 + m_2$$

$$c_{32} = m_3 + m_1$$

写成矩阵形式为

$$
\begin{bmatrix}
110 \\
101 \\
100110 \\
000101 \\
000100110 \\
100000101
\end{bmatrix}
\begin{bmatrix}
m_1 \\
c_{11} \\
c_{12} \\
m_2 \\
c_{21} \\
c_{22} \\
m_3 \\
c_{31} \\
c_{32}
\end{bmatrix}
= \mathbf{0}
$$

所以该卷积码的截短监督矩阵为

$$
\mathbf{H}_1 =
\begin{bmatrix}
110 \\
101 \\
100110 \\
000101 \\
000100110 \\
100000101
\end{bmatrix}
$$

仔细观察从例 6-9 得到的截短监督矩阵 $\mathbf{H}_1$，可以将它写为

$$
\mathbf{H}_1 =
\begin{bmatrix}
110 \\
101 \\
100110 \\
000101 \\
000100110 \\
100000101
\end{bmatrix}
=
\begin{bmatrix}
\mathbf{P}_1 \mathbf{I}_2 & & \\
\mathbf{P}_2 \mathbf{O} & \mathbf{P}_1 \mathbf{I}_2 & \\
\mathbf{P}_3 \mathbf{O} & \mathbf{P}_2 \mathbf{O} & \mathbf{P}_1 \mathbf{I}_2
\end{bmatrix}
\tag{6-73}
$$

式中，右边的 $\mathbf{I}_2$ 为二阶单位方阵；$\mathbf{P}_i$ 为 1×2 阶矩阵；$\mathbf{O}$ 为二阶全 0 方阵。对比式（6-20）可以发现有相似之处，可以得到卷积码的截短监督矩阵形式为

$$
\mathbf{H}_1 =
\begin{bmatrix}
\mathbf{P}_1 & \mathbf{I}_{n-k} & & & & & & \\
\mathbf{P}_2 & \mathbf{O} & \mathbf{P}_1 & \mathbf{I}_{n-k} & & & & \\
\mathbf{P}_3 & \mathbf{O} & \mathbf{P}_2 & \mathbf{O} & \mathbf{P}_1 & \mathbf{I}_{n-k} & & \\
\vdots & \vdots & \vdots & \vdots & \vdots & \vdots & & \\
\mathbf{P}_n & \mathbf{O} & \mathbf{P}_{n-1} & \mathbf{O} & \mathbf{P}_{n-2} & \mathbf{O} & \cdots & \mathbf{P}_1 & \mathbf{I}_{n-k}
\end{bmatrix}
\tag{6-74}
$$

式中，$\mathbf{I}_{n-k}$ 为 $(n-k)$ 阶单位方阵；$\mathbf{P}_i$ 为 $k \times (n-k)$ 阶矩阵；$\mathbf{O}$ 为 $(n-k)$ 阶全 0 方阵。由于 $\mathbf{H}_1$ 的

末行有其特殊性，故将它称为基本监督矩阵 $\boldsymbol{h}$，即

$$\boldsymbol{h}=\begin{bmatrix} \boldsymbol{P}_n & \boldsymbol{O} & \boldsymbol{P}_{n-1} & \boldsymbol{O} & \boldsymbol{P}_{n-2} & \boldsymbol{O} & \cdots & \boldsymbol{P}_1 & \boldsymbol{I}_{n-k} \end{bmatrix} \tag{6-75}$$

2. 生成矩阵

下面求卷积码的生成矩阵。由例 6-9 可得

$$m_1 c_{11} c_{12} m_2 c_{21} c_{22} m_3 c_{31} c_{32} m_4 \cdots = \begin{bmatrix} m_1 m_1 m_1 m_2 (m_1 \oplus m_2) m_2 m_3 (m_2 \oplus m_3)(m_1 \oplus m_3) m \cdots \end{bmatrix}$$

$$= \begin{bmatrix} m_1 m_2 m_3 m_4 \end{bmatrix} \begin{bmatrix} 1110100010 & 00 & \vdots \\ 0001110100 & 01 & \vdots \\ 0000001110 & 10 & \vdots \\ 0000000001 & 11 & \vdots \\ 0000000000 & 00 & \vdots \\ & \cdots \end{bmatrix} \tag{6-76}$$

与式(6-24)对比，可得生成矩阵为

$$\boldsymbol{G} = \begin{bmatrix} 1110100010 & 00 & \vdots \\ 0001110100 & 01 & \vdots \\ 0000001110 & 10 & \vdots \\ 0000000001 & 11 & \vdots \\ 0000000000 & 00 & \vdots \\ & \cdots \end{bmatrix} \tag{6-77}$$

显然它也是一个半无穷矩阵。其特点是每一行的结构相同，只是比上一行向右退后 3 列。与监督矩阵相似，它的截短生成矩阵为

$$\boldsymbol{G}_1 = \begin{bmatrix} 111010001 \\ & 111010 \\ & & 111 \end{bmatrix} = \begin{bmatrix} \boldsymbol{I}_1 & \boldsymbol{Q}_1 & \boldsymbol{O} & \boldsymbol{Q}_2 & \boldsymbol{O} & \boldsymbol{Q}_3 \\ & & \boldsymbol{I}_1 & \boldsymbol{Q}_1 & \boldsymbol{O} & \boldsymbol{Q}_2 \\ & & & & \boldsymbol{I}_1 & \boldsymbol{Q}_1 \end{bmatrix} \tag{6-78}$$

式中，$\boldsymbol{I}_1$ 为一阶单位方阵；$\boldsymbol{Q}_i$ 为 2×1 阶矩阵；$\boldsymbol{O}$ 为一阶全 0 方阵。通过对比式(6-73)可得

$$\boldsymbol{Q}_i = \boldsymbol{P}_i^{\mathrm{T}} \quad i=1,2,3,\cdots \tag{6-79}$$

即矩阵 $\boldsymbol{Q}_i$ 为矩阵 $\boldsymbol{P}_i$ 的转置。

与式(6-76)相似，截短生成矩阵也具有如下的形式：

$$\boldsymbol{G}_1 = \begin{bmatrix} \boldsymbol{I}_k \boldsymbol{Q}_1 & \boldsymbol{O} \boldsymbol{Q}_2 & \boldsymbol{O} \boldsymbol{Q}_3 & \cdots & \boldsymbol{O} \boldsymbol{Q}_N \\ & \boldsymbol{I}_k \boldsymbol{Q}_1 & \boldsymbol{O} \boldsymbol{Q}_2 & \cdots & \boldsymbol{O} \boldsymbol{Q}_{N-1} \\ & & \boldsymbol{I}_k \boldsymbol{Q}_1 & \cdots & \boldsymbol{O} \boldsymbol{Q}_{N-2} \\ & & & \cdots \end{bmatrix} \tag{6-80}$$

式中，$\boldsymbol{I}_k$ 为 k 阶单位方阵；$\boldsymbol{Q}_i$ 为 $(n-k) \times k$ 阶矩阵；$\boldsymbol{O}$ 为 k 阶全 0 方阵。由于 $\boldsymbol{G}_1$ 的首行有其特殊性，故将它称为基本生成矩阵 $\boldsymbol{g}$，即

$$\boldsymbol{g} = \begin{bmatrix} \boldsymbol{I}_k \boldsymbol{Q}_1 & \boldsymbol{O} \boldsymbol{Q}_2 & \boldsymbol{O} \boldsymbol{Q}_3 & \cdots & \boldsymbol{O} \boldsymbol{Q}_n \end{bmatrix} \tag{6-81}$$

与线性分组码相似，如果基本生成矩阵已给出，就可以从已知的信息位得到整个编码序列。

【例 6-10】 已知 $k=1$，$n=2$，$N=4$ 的卷积码，其基本生成矩阵为 $\boldsymbol{g}=\begin{bmatrix} 11010001 \end{bmatrix}$。试求该卷积码的截短生成矩阵 $\boldsymbol{G}_1$ 和截短监督矩阵 $\boldsymbol{H}_1$。

解：由题目已知

$$g = \begin{bmatrix} 11010001 \end{bmatrix}$$

由式(6-81)可知

$$g = \begin{bmatrix} I_1 Q_1 O\ Q_2 O\ Q_3 O\ Q_4 \end{bmatrix}$$

所以 $Q_1 = 1$ $Q_2 = 1$ $Q_3 = 0$ $Q_4 = 1$

所以截短生成矩阵为

$$G_1 = \begin{bmatrix} I_1 Q_1 O Q_2 O Q_3 O Q_4 \\ I_1 Q_1 O Q_2 O Q_3 \\ I_1 Q_1 O Q_2 \\ I_1 Q_1 \end{bmatrix} = \begin{bmatrix} 11010001 \\ 00110100 \\ 00001101 \\ 00000011 \end{bmatrix}$$

由于

$$Q_i = P_i^{\mathrm{T}} \quad i = 1,2,3,\cdots$$

所以 $P_1 = 1$ $P_2 = 1$ $P_3 = 0$ $P_4 = 1$

所以截短监督矩阵为

$$H_1 = \begin{bmatrix} P_1 I_1 \\ P_2 O\ P_1 I_1 \\ P_3 O\ P_2 O\ P_1 I_1 \\ P_4 O P_3 O\ P_2 O\ P_1 I_1 \end{bmatrix} = \begin{bmatrix} 11 \\ 1101 \\ 001101 \\ 10001101 \end{bmatrix}$$

6.8 交织码

交织码是一种可以纠正突发错误的常用码。其编码方法就是将已编码的信号比特按一定规则重新排列，这样，即使在传输过程中发生了成串差错，在接收端进行解交织时，也会将成串差错分散成单个(或长度很短)的差错，再利用信道编码的纠错功能纠正差错，就能够恢复出原始信号。总之，交织的目的就是使误码离散化，使突发差错变为信道编码能够处理的随机差错。采用交织码的通信系统如图 6-17 所示。

图 6-17 交织码通信系统

下面结合实例介绍交织码的一般工作过程。

设现将发送信息"I□am□a□teacher□and□you□are□a□student"，其中，"□"代表空格，如图 6-18a 所示。现把这些字符按照先后顺序平均分成六组，如图 6-18b 所示。首先，取出这六组中的第一个字符，并把它们结合在一起，形成一个新的组合，编号为 1；然后，再依次取出这六组中的第二个、第三个、…、第六个字符，并分别结合一组，编号依次为 2、3、…、6，如图 6-18c 所示；最后，把六组新的组合按顺序重新排列起来，就是交织的最终结果，如图 6-18d 所示。若该结果在传输过程中发生了长突发错误(用下划线表示)，则在接收端，经过解交织后，所得的接收信息如图 6-18e 所示。可见，长突发错误已分散成离散的随机差错，被限制在信道编码的纠、检错能力之内，这就是交织码的一般工作过程。

若将能纠正 t 个随机错误的 (n,k) 码作为方阵的行码，i 个行码构成一个 $i\times n$ 方阵，则这种交织可以纠正 t 个突发长度为 i 的突发错误，将 i 称为交织度。交织度越大，则离散度越大，抗突发差错能力也就越强。但交织度越大，交织编码处理时间越长，从而造成数据传输延时增大，也就是说，交织编码是以时间为代价的。

实际移动通信环境下的衰落，将造成数字信号传输的突发性差错。利用交织编码技术可离散并纠正这种突发性差错，改善移动通信的传输特性。

图 6-18　交织过程示意图

本 章 小 结

1）在通信系统数据传输过程中，降低误码率的基本方法是采用差错控制编码。其方法是将二进制数据序列做某种变换使其具有某种规律性，接收端利用这种规律性检出或者纠正错码。在进行变换时，通常要加入监督码，因此误码率的降低是以牺牲传输效率为代价的。

由于噪声有随机噪声和脉冲噪声之分，因此噪声造成的误码也分随机差错和突发差错两种类型。区分两种差错类型界限的依据是错误图样。差错类型不同选用的编码也不同。

差错控制方式分为四种类型：前向纠错、检错重发、混合纠错检错和信息反馈。这些方式各有特点，各适用于不同场合。

2）码距的大小决定着这种码的检错和纠错能力的大小。所谓码距是指两个许用码组中对应码位上具有不同二进制码元的个数。在一种码的集合中码组间的最小距离称为最小码距，也称汉明码距。差错编码的最小码距与检错纠错能力之间的关系见式(6-1)~式(6-3)。

如果一种码，它的每个码组信息位长度为 k，监督位长度为 r，码组总长为 $n=k+r$，则称这种码为分组码，或称 (n,k) 码。通常把 k/n 定义为编码效率。

3）纠错编码可以从不同的角度分类。常用的几种简单的差错控制编码有奇偶监督码、恒比码、正反码、重复码和群计数码。

4）汉明码是一种能够纠正 1 位错码且编码效率较高的线性分组码。(n,k) 汉明码 r 个监督位与码长为 n 的关系式为：$2^r-1\geqslant n$。

$(7,4)$ 汉明码是一种简单的汉明码。其汉明码距为 3，可以纠正 1 位错码或检测 2 位错码。

5）线性码是指监督码元与信息码元之间满足一组线性方程的码；分组码是指监督码元仅对本码组中的码元起监督作用。线性分组码是指既是线性码又是分组码的编码。

由线性分组码的监督关系可求出监督方程，为了计算方便，监督方程可以用矩阵的形式表示。已知信息码和典型形式的监督矩阵 H，就能确定各监督码元。生成矩阵就是根据监督方程产生的，典型监督矩阵和典型生成矩阵之间的关系可由式（6-20）、式（6-23）和式（6-24）表示。典型的生成矩阵可以产生整个码组 A，即可根据式（6-25）获得。

线性分组码的主要性质有封闭性、线性分组码中必有一个全 0 码组、码的最小距离等于非零码的最小重量。

6）循环码是一种重要的线性分组码，它除了具有线性的一般性质外，还具有循环性，即码组中任意一组码向前或向后循环一位后仍是该码中的一个码组。

在循环码中，任一个码组都可以用码多项式表示。想得到循环码的生成矩阵，首先要得到生成多项式。当循环码的长度 n 和信息位 k 给定之后，生成多项式 $g(x)$ 必定是 x^n+1 的一个 $(n-k)$ 次因式。确定 $g(x)$ 后，便可由 $g(x)$、$xg(x)$、$x^2g(x)$、$\cdots$、$x^{k-1}g(x)$ 构成生成矩阵 $G(x)$，从而求出整个码组。

7）卷积码是一种非分组码。卷积码在任何一段规定时间内编码器产生的 n 个码元，其监督位不仅决定于这段时间的 k 位信息码元，而且还决定于前 $N-1$ 段时间的信息码元。也就是说，监督位不仅对本码组起监督作用，还对前 $N-1$ 个码组也起监督作用。这 N 段时间内的码元数目 nN 称为这种卷积码的约束长度。通常将卷积码记作 (n,k,N)，其中 k 为一次移入编码器的比特数目，n 为对应于 k 比特输入的编码输出，其编码效率为 $R=k/n$。

卷积码也是一种线性码，也可用矩阵表示。可以用监督矩阵进行码组的监督，由于其监督矩阵的特殊性，常对它进行截短处理。由监督矩阵同样可以获得生成矩阵。当生成矩阵确定后，便可从已知的信息位得到整个编码序列。生成矩阵也可进行截短处理。

8）交织码是一种可以纠正突发错误的常用码。交织的目的就是使错码离散化，使突发差错变为信道编码能够处理的随机差错。交织度越大，则离散度越大，抗突发差错能力也就越强。但交织度越大，交织编码处理时间越长，从而造成数据传输延时增大。

思考题与习题

6-1 差错控制的基本思想是什么？

6-2 "差错控制是为了传输的可靠性而牺牲传输的有效性"，这句话是否正确？为什么？

6-3 什么是随机差错？什么是突发差错？什么叫错误密度？

6-4 某数据通信系统采用选择重发的差错控制方式，发送端要向接收端发送 7 个码组（序号 0~6），其中 1 号组出错，请在图 6-19 中的空格里填入正确的码组号。

图 6-19 习题 6-4 图

6-5 什么是码长、码重和码距？什么是编码效率？

6-6 已知两码组为 0000、1111。若用于检错，能检出几位错码？若用于纠错，能纠正几位错码？若同时用于检错和纠错，问纠错、检错的性能如何？

6-7 某系统采用垂直水平奇偶监督码，其信息码元见表 6-14，试填上监督码元，并写出发送的数据序列(假设采用偶监督,并按列发送)。

表 6-14 习题 6-7 表

位	信息字符对应码元								水平监督码元
b_7	1	1	1	0	0	1	1	0	
b_6	1	0	0	0	1	0	1	0	
b_5	1	1	1	0	1	0	1	0	
b_4	1	0	0	0	1	0	0	0	
b_3	0	1	1	1	1	1	1	1	
b_2	0	1	0	1	1	0	0	1	
b_1	0	0	0	1	0	0	0	1	
垂直监督码元									

6-8 设收到一组正反码为 1000111001,问码组中是否有错码?为什么?如有,是哪一位有错?

6-9 一码长 $n=15$ 的汉明码,监督位 r 应为多少位?编码效率应为多少?

6-10 接收端收到某(7,4)汉明码为 0111011,此汉明码是否有错?如果有错,错码位置是哪一位?

6-11 已知某线性码监督矩阵为

$$H = \begin{bmatrix} 1110100 \\ 1101010 \\ 1011001 \end{bmatrix}$$

试列出所有许用码组。

6-12 已知(7,4)线性分组码的全部码组为

 0000000 1000101 0001011 1001110 0010110 1010011 0011101 1011000

 0100111 1100010 0101100 1101001 0110001 1110100 0111010 11111111

试写出该循环码的生成多项式 $g(x)$ 和生成矩阵 G,并将 G 化成典型阵。

6-13 试证明 $x^{10}+x^8+x^5+x^4+x^2+x+1$ 为(15,5)循环码的生成多项式。求出该码的生成矩阵,并写出消息码为 $m(x)=x^4+x+1$ 的码多项式。

6-14 已知(7,4)码的生成矩阵为

$$G = \begin{bmatrix} 1000111 \\ 0100101 \\ 0010011 \\ 0001110 \end{bmatrix}$$

试写出所有许用码组,并求监督矩阵。若接收码组为 1101101,试计算校正子。

6-15 一卷积码编码器如图 6-20 所示,已知 $k=1$, $n=2$, $N=3$,试写出生成矩阵 G 的表达式。

图 6-20 习题 6-15 图

6-16 已知 $k=1$, $n=3$, $N=4$ 的卷积码,其基本生成矩阵为 $g=[\,111\ 001\ 010\ 011\,]$。试求该卷积码的截短生成矩阵 G_1 和截短监督矩阵 H_1。并写出当输入序列 $m=\{1001\cdots\}$ 时所对应的卷积码输出序列。

6-17 交织编码的目的是什么?

第 7 章

数据交换技术

第 4 章和第 5 章讨论了数据传输的基本原理，按照基本原理可以组成点对点的数据通信，即可实现两用户终端之间的相互通信。这种点对点的数据通信方式，对于需要连续通信的用户来说，是一种可行的通信方式。但是，多数用户的通信时间和业务量难以预测，需要在每个用户之间建立直接的固定连接信道是不切实际的。因此，为了提高线路利用率，用户终端之间需通过一个具有交换功能的通信网络连接起来，即用户终端之间的通信需要经过交换设备。本章主要讨论电路交换、报文交换、分组交换和帧交换等交换方式的基本原理、优缺点和适用场合，并对它们的主要性能进行比较。

7.1   数据交换概述

对于点到点之间的通信，只要在通信双方之间建立一个连接即可实现。对于点到多点或多点到多点之间的通信，最直接的方法就是让所有的通信方两两相连，但这种连接方法成本高，连接复杂，仅适合于终端数目较少、地理位置相对集中且可靠性要求很高的场合。而对于终端用户数量较多、分布范围较广的情况，最好的连接方法是在用户分布密集中心处安装一个设备，将每个用户终端设备分别用专用的线路连接到这个设备上，当任意两个用户之间要进行通信时，该设备就把连接这两个用户的开关接点合上，将这两个用户的通信线路接通。当两个用户通信完毕，再把相应的开关断开，两个用户间的连接也随之断开。这种能够完成任意两个用户之间通信线路连接与断开作用的设备称为交换设备或交换机。图 7-1 即为 DTE 用户接入交换网的示意图。

图 7-1   DTE 用户接入交换网示意图

利用交换网实现数据通信，主要有两种：一种是利用公用电话网（PSTN）进行数据交换；另一种是利用公用数据网进行数据交换。

利用 PSTN 进行数据交换可以充分利用现有公用电话网的资源，只需在 PSTN 上增加少量设备，进行一些必要的测试之后，即可开放数据通信业务，如图 7-2 所示。CCITT 在公用电话网上开放了数据通信的 V 系列建议。

由图 7-2 可以看出，只要在公用电话网上附加一些呼叫和应答装置，就可实现用户终端和计算中心设备的数据交换。图 7-2a 为人工呼叫和人工应答方式，工作过程是利用电话拨

a) 人工呼叫和人工应答方式

b) 自动呼叫和自动应答方式

图 7-2 利用 PSTN 进行数据交换示意图

号接通对方用户，双方通过人工认可后，转换电话/数据开关进行数据通信，通信结束后，中止电路。图 7-2b 是采用具有网络控制器（NCE）的调制解调器和自动呼叫器（ACE），构成自动呼叫和自动应答的方式，与许多用户接入 Internet 的方式类似。

可见，利用 PSTN 进行数据交换投资少、实现简易、使用方便。缺点包括：传输速率低，一般在 $200 \sim 1200 \text{bit/s}$ 之间；传输差错率高，其误码率可达 $10^{-3} \sim 10^{-5}$；线路接续时间长，不适合高速数据传输；传输距离受限制，若要保证长距离传输的质量需采取线路均衡等措施；接通率低、不易增加新功能等。

为满足高速数据传输、高可靠性和短接续时间的要求，必须建立一个经济上有效的、可用于开放数据业务的公用数据网，即利用公用数据网进行数据交换。它有两种交换方式：电路交换方式和存储-转发交换方式，其中存储-转发交换方式又可分为报文交换方式、分组交换方式和帧方式。

7.2 电路交换

7.2.1 电路交换原理

电路交换（Circuit Switching）是指在数据传输期间，在源站点与目的站点之间建立专用电路连接，数据传输结束之前，电路一直被占用，而不能被其他节点所使用。电路交换方式完成的数据传输要经历电路的建立、数据传输、电路的拆除三个阶段。

1. 电路的建立

图 7-3 所示为一个交换网络的拓扑结构。其中，站点 H 表示要求通信的设备，称为网站或端系统，一般是计算机或终端；"○"表示提供通信交换功能的节点设备。

在传输数据之前，源端先经过呼叫过程以建立一条端到端（站到站）的电路。如图 7-3 中，信源 H_1 站发送一个连接请求（信令）到节点 A，请求与 H_5 站建立一个连接。通常的做法是从 H_1 站到节点 A 的电路是一条专用线路，这部分的物理连接已经存在。节点 A 必须在通向节点 E 的路径中找到下一个路由。根据路径选择规程，节点 A 选择到节点 B 的电路，在此电路上分配一个未用的通道（可使用复用技术），并告诉 B 它要连接 E 节点；B 再呼叫 E，并建立电路 BE；节点 E 完成到 H_5 站的连接。这样在节点 A 与节点 E 之间就有了一条专

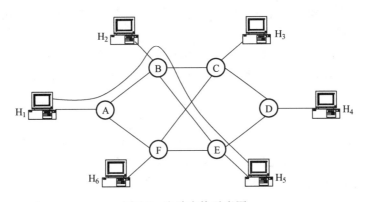

图 7-3　电路交换示意图

用电路 ABE，用于 H_1 站与 H_5 站之间的数据传输。

2. 数据传输

按上述例子，电路 ABE 建立以后，数据就可以从节点 A 送到节点 B，再由节点 B 传送到节点 E，也可以从节点 E 发送数据通过节点 B 到节点 A。这种数据传输经过每个中间节点时几乎没有延时，并且没有阻塞的问题（因为是专用线路），在整个数据传输过程中，所建立的电路必须始终保持连接状态，除非有意外的线路或节点故障而使电路中断。

3. 电路拆除

数据传输结束后，由通信的某一方发出拆除电路请求（信令），对方做出响应并释放链路。被拆除的信道空闲后，可被其他连接请求所使用。

电路交换机是实现电路交换的主要设备，它由交换电路和控制电路两部分组成，交换电路的功能主要完成相应电路的连接工作，在要求通信的站点之间建立物理连接，控制电路的功能是根据主叫站的呼叫信号控制交换电路接续工作。按照电路接续方式的不同，交换电路可以分为空分交换和时分交换两种方式。空分交换方式是通过空间物理连接的转换完成交换，通常可以用一个交换阵列来描述。时分交换是时分复用技术在数据交换上的应用，应用时分复用原理将物理线路分成若干个时分复用信道，通过一个时分接线器使用户数据按时隙进行交换。

7.2.2　电路交换的特点

电路交换中建立的连接是物理连接，如同建立在通信站点间的专线，通信双方在数据传输过程中独享该连接的信道资源，所以电路交换方式有如下优点：

1）信息的传输时延小，且对一次接续而言，传输时延固定不变。

2）交换机对用户的数据信息不存储，分析和处理用户数据信息时不必附加许多控制信息，交换机在处理方面的开销比较小，信息传输效率比较高。

3）数据传输可靠、迅速，数据不会丢失且保持原来的序列。

4）信息的编码方法和信息格式由通信双方协调，不受网络的限制。

电路交换方式也有很多不利因素，如数据通信的特点是数据传输的突发性和随机性。所以在通信量小时，会出现电路空闲时间大于信道使用时间的情况，即使不传送数据，其他站点也不能使用这些信道资源，从而造成信道容量的浪费。而且当数据传输阶段的持续时间很短暂时，电路建立和拆除所用的时间也得不偿失；当用户终端或网络节点负荷过重时，可能出现呼叫不通的情况，即不能建立电路连接。因此，电路交换方式的主要缺点如下：

1）电路接续时间较长。

2）电路资源被通信双方独占，电路利用率低。

3）不同类型的终端(终端的数据速率、代码格式、通信协议等不同)不能相互通信。

4）有呼损。

5）传输质量较差。

电路交换适用于数据传输要求质量高且批量大的情况。在数据传送开始之前必须先建立一条专用的电路，在线路释放之前，该通路由一对用户完全占用。对于猝发式的通信，电路交换效率不高。电路交换的典型例子是电话通信网络。

7.3 报文交换

电路交换的缺点限制了它在数据通信中的应用，为了克服电路交换方式中不同类型的终端不能相互通信、电路利用率低、有呼损等缺点，一种更符合数据通信特点的交换方式——存储-转发交换方式应运而生。这类交换方式无须在通信双方建立物理连接，对有通信要求的站点共享所有的信道资源，从而提高了信道的利用率。

7.3.1 报文交换原理

报文交换(Message Switching)方式的基本思想是存储-转发，即将用户的报文存储在交换机的存储器(内存或外存)中，当所需的输出电路空闲时，再将报文发向接收交换机或用户终端。与电路交换比较，报文交换无须在用户之间先建立呼叫，也不存在直接物理信道，交换结束后也不需要拆线过程。

报文交换示意图如图 7-4 所示，它无须在两个站点之间建立一条专用电路，数据传输单位是报文，传送过程采用存储-转发方式。当一个站点要发送报文时，它将一个目的地址附加到报文上，途经的网络节点根据报文上的目的地址信息，把报文发送到下一个节点，一直逐个节点地传送到目的节点。每个节点在收到整个报文并检查无误后，就暂存这个报文，然后利用路由信息找出下一个节点的地址，再把整个报文传送给下一个节点。在同一时间段内，报文的传输只占用两个节点之间的一段线路。而在两个通信用户间的其他线路段，可传输其他用户的报文，不像电路交换那样必须全部占用端到端信道。报文交换节点通常是一台小型计算机，它具有足够的存储容量来缓冲收到的报文。

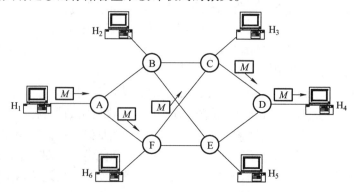

图 7-4　报文交换示意图

在报文交换方式中，网络节点以报文为单位接收、存储、转发信息。所谓报文就是站点一次性要发送的数据块，其长度不限并且可变。一份报文应包括三个部分：

1）报头或标题：包括源站地址、目的站地址和其他辅助控制信息。

2）报文正文：要传输的信息。

3）报尾：表示报文结束标志，若报文长度有规定，则可不用结束标志。

报文格式如图 7-5 所示，将用户数据信息封装成报文，报文中包含有控制信息和目的地址，各交换节点以存储-转发的方式进行数据交换。报文交换机原理如图 7-6 所示。

报文号	目的地址	源站地址	数据	校验

图 7-5 报文格式示意图

图 7-6 报文交换机原理示意图

报文交换机主要由通信控制器、中央处理机和外存储器等组成，如图 7-7 所示。

图 7-7 报文交换机

报文交换的过程如下：

1）报文交换机中的通信控制器探询各条输入通信线路，若某条通信线路有报文输入，则向中央处理机发出中断请求，并逐字把报文送入内存储器。

2）当收到报文结束标志后，表示一份报文全部接收完毕，则中央处理机对报文进行处理，如分析报头、判别和确定路由、登录输出排队表等。

213

3）将报文转移到外部大容量存储器，等待一条空闲输出线路。

4）一旦等到线路空闲，就把报文从外存储器调入内存储器，经通信控制器向线路发出去。

对于报文交换，来自不同输入线路的报文可经同一条输出线路输出，在交换机内部要排队等待，一般本着"先进先出"的原则，若不同用户的报文占用同一条线路传输，采用统计时分复用方式。为了使重要的、急需的数据先传输，可对不同类型的信息流设置不同的优先等级，优先级高的报文排队等待时间短。采用优先等级方式也可在一定程度上支持交互通信，在通信高峰时也可把优先级低的报文送入外存排队，以减少由于线路过忙引起的阻塞。

7.3.2 报文交换的特点

与电路交换相比，报文交换有如下特点：

1）报文从源站点传送到目的站点采用存储-转发方式，在传送报文时，一个时刻仅占用一段通道，提高了线路利用率。

2）在电路交换网络上，当通信量变得很大时，就不能接受新的呼叫。而在报文交换网络上，通信量大时仍然可以接收报文，不过传送延时会增加。

3）报文交换系统可以把一个报文发送到多个目的地，而电路交换网很难做到这一点。

4）报文交换网络可以进行速度和代码的转换。

报文交换的主要优点有：

1）可在不同类型的终端设备之间相互进行通信。

2）采用存储转发机制，在报文交换的过程中没有电路接续过程，且线路利用率高。

3）只要交换节点处缓存足够大，则不存在阻塞与呼损。

4）可实现同一报文由交换机转发到不同的收信地点。

报文交换的主要缺点有：

1）不能满足实时或交互式的通信要求，报文经过网络的延时长而且不定。

2）有时节点收到过多的数据而无空间存储或不能及时转发时，就不得不丢弃报文。

3）要求报文交换机有高速处理能力，且缓冲存储器容量大，因此交换机的设备费用高。

由此可见，报文交换不适用于实时通信的要求，它适用于公众电报和电子信箱业务等。

7.4 分组交换

随着计算机的普及和广泛应用，计算机之间的通信占据了数据通信的主要部分。这种通信具有高突发和高速的特点，显然电路交换和报文交换方式不能满足用户的要求。而报文交换的传输延时大，不能满足现代通信对实时性的要求。分组交换的出现正好解决了这个问题。

分组交换(Packet Switching)是报文分组交换的简称，它仍然采用存储-转发的方式。它是报文交换的一种改进，它将报文分成若干个分组，每个分组的长度有一个上限，有限长度的分组使得每个节点所需的存储能力降低，分组可以存储到内存中，从而提高了交换速度。每个分组中包括数据和目的地址。其传输过程在表面上看与报文交换类似，但由于限制了每个分组的长度，因此大大地改善了网络传输性能。

分组交换与报文变换最大的不同点如下：

1）分组交换把数据传送单位的最大长度限制在较小的范围内，这样就降低了每个节点所需要的存储量。

2）出错的分组需重发，由于分组的长度较小，因此大大降低了重发的比例和开销，提高了交换速度。源节点发出一个报文的第一个分组后，可以连续发出第二个、第三个分组，而第一个分组可能还在线路中，这些分组在各个节点被同时接收、处理和发送，而且可走不同的路径。这种并行性缩短了整体传输时间，并随时利用网络中流量分布的变化而确定尽可能快的路径。分组交换适用于交互式通信，如终端与主机通信。

7.4.1 分组交换原理

分组交换的基本原理主要有分组复用传输方式、分组的形成和传输、分组交换的过程等。

1. 分组复用传输方式

分组交换的最基本思想是实现通信资源的共享。一般而言，终端速率与线路传输速率相比低得多，若将线路分配给这样的终端专用，则是对通信资源的极大浪费。因此，采用多路复用技术，将多个低速的数据流合成起来共同使用一条高速的线路，可以提高线路利用率，充分利用通信资源。目前多路复用方法有多种，但从如何分配传输资源的角度，可以分成两类：一类是固定分配资源法；另一类动态分配资源法。固定分配资源法就是同步复用技术；动态分配资源法就是异步复用技术。

在数据交换方式中，报文交换、分组交换、帧交换、帧中继及 ATM 交换都属于统计时分复用方式。

在固定分配方式中，每个用户的数据都是在预先固定的子通路中传输，接收端也很容易由定时关系或频率关系将它们区分开来，分接成各用户数据流。而在统计时分复用方式中，由于各终端数据流是动态随机传输的，因此不能再用定时或频率关系在接收端来区分和分接它们，而是按照一定单元长度随机交织传输各用户终端的数据。在交织传输中，为了识别和分接来自不同终端的用户数据，常在采用统计时分复用时，将交织在一起的数据发送到线路上之前给它们打上一个与终端有关的标记，如在数据前加上终端号，这样接收端就可以通过识别用户数据的标记将它们区分开来。

2. 分组的形成与传输

为提高复用效率，应将数据按一定长度分组。分组交换中，将数据信息封装成分组以存储-转发的方式进行数据交换。每个分组由分组头和其后的用户数据部分组成。分组头包含接收地址和控制信息，其长度为 3~10B；用户数据部分长度一般是固定的，平均 128B，若线路的质量较好，也可以取 256B、512B 或 1024B。在接收端，再将分组按照顺序还原成报文。

3. 分组交换的过程

在实际通信中，分组是由分组型终端或专门设备产生，分组交换的过程如图 7-8 所示。设分组交换网中有三个分组交换中心，分别设有分组交换机 1、2、3，并有 A、B、C、D 四个用户终端，其中 A 和 D 是一般终端，B 和 C 为分组型终端。分组型终端以分组的形式发送和接收信息，而一般终端发送和接收的不是分组而是数据报文。因此，一般终端发送数据报文时要先由分组拆装设备（Packet Assembler/Disassembler，PAD）将报文拆分成若干分组，接收时也需先由 PAD 重新组装成报文。

215

分组交换网的工作过程如下：交换中心的交换机接到分组后首先把它存储起来，然后根据分组中的地址信息、线路的忙闲情况等选择一条路由，再把分组传给下一个交换中心的交换机。如此反复，一直把分组传输到接收方所在的交换机。

根据是否具有分组拆装功能，接入分组交换网的终端可以分为分组型终端(PT)和非分组型终端(NPT)两种，对于非分组型终端来说，接入分组网时需配置PAD，收到的分组由PAD进行报文的合并工作，并送交接收方计算机或终端。如图7-8中A终端把信息传给D终端之间的通信。对于分组型终端来说，能够自动按照分组的格式拆装，因此，收到的分组可直接交给计算机或终端，如图7-8中B、C终端之间的通信。

图7-8　分组交换示意图

图7-8中，有一般终端A与分组型终端C及分组型终端B与一般终端D两个通信过程。一般终端A发送报文，由PAD将它拆分成两个分组，经过分组交换机1，存入存储器并选择合适的路由，等到线路空闲，将其中一个分组传送给分组交换机2，分组交换机2经过同样的操作将该分组发送给分组交换机3；而报文A另一个分组则直接传送给分组交换机3。分组交换机3将两个分组直接发送给分组型终端C。另一个通信过程与之类似，只是发送终端是分组型终端，不需要PAD设备，而接收终端为一般终端，需先将分组重新组装才能接收。

7.4.2　分组交换的特点

分组交换和报文交换都采用存储-转发机制，由于分组交换不像报文交换那样以报文为交换单位，而是以若干个长度有限且固定的分组进行信息交换和传输，因此，分组交换的主要优点有：

1) 传输质量高。分组交换机具有差错控制、流量控制等功能，可实现逐段链路的差错控制(差错校验和重发)。分组在分组交换网中传输时，分段独立地进行差错控制，使信息传输的误码率大大降低，一般可达 10^{-10} 以下。另外，由于分组在分组交换网中传输的路由是可变的，当网内发生故障时，分组可自动选择一条避开故障点的迂回路径传输，不会造成通信中断。而电路交换只能提供端到端的差错控制。

2）传输时延小。分组交换采用分组为单位进行交换传输，分组交换中的传输时延主要来自节点交换机中的排队等待时间，与报文交换比较，已经大大减小，能够满足一些对实时性要求较高的交互式通信要求。

3）对用户终端的适应性强，为不同种类的终端相互通信提供方便。如分组交换网中，通过 X.25 协议向用户提供统一的接口，从而实现了不同速率、不同代码、不同通信控制规程的数据终端之间的互相通信。

4）可实现分组多路通信。采用分组型终端，利用分组交换的统计时分复用原理，可以很容易地在一对用户线上实现多个终端同时通信，从而实现分组多路通信。

5）经济性好。信息以分组为单位在交换机内存储和处理，可简化交换处理；分组长度较短，交换机的存储容量小，降低了网内设备的费用；可进行分组多路通信，通信电路的利用率高，降低了通信电路的使用费用。

分组交换的主要缺点有：

1）信息传输效率较低。由于传输分组时需要交换机有一定的开销，使网络附加的传输信息较多，对长报文通信的传输效率比较低。如每个分组有分组头，用来实现数据虚通路的建立、保持和拆除、进行差错控制和流量管理的无数据信息的控制分组等附加信息。

2）实现技术复杂。分组交换要对各种类型的分组进行处理，为分组选择路由，为用户提供速率、代码和规程的变换，为网络的维护管理提供必要的报告信息等，因此要求交换机有较高的处理能力，实现设备比较复杂，大型分组交换网的投资较大。

分组交换与报文交换最大的不同点是分组交换把数据传送单位的最大长度限制在较小的范围内，从而降低了每个节点所需要的存储量；另外，分组是较小的传输单位，只有出错的分组才会被重发，因此大大降低了重发的比例和开销，提高了交换速度。

7.4.3　分组的传输方式

分组交换有虚电路分组交换和数据报分组交换两种。它是计算机网络中使用最广泛的一种交换技术。

1. 虚电路方式

所谓虚电路，并非指一条存在的物理链路，而是指两个用户终端在开始互相发送和接收数据之前需要通过网络建立逻辑上的连接。一旦这种连接建立后，通信终端之间便可在网络中保持已建立的数据通路，用户发送的以分组为单位的数据将按顺序由这个逻辑上的数据通路到达终端。因此，虚电路方式具有电路交换的特色。图7-9所示为虚电路示意图。

之所以称这种连接为"虚"电路，是因为分组交换机（网络节点）按线路传输能力的"动态按需分配"原则保持一种连接关系，终端可以在任何时候发送数据（受流量控制），就像在通信两端的终端之间有一条物理数据电路。如果终端暂时没有数据可发送，网络仍保持这种连接关系，但这时网络可以将线路的传输能力和交换机的处理能力用作其他服务，分组交换机并没有独占网络资源，所以，这种连接电路是"虚"的。

虚电路方式的特点有：

1）一次通信具有呼叫建立、数据传输和呼叫清除三个阶段。

图 7-9　虚电路示意图

2）数据分组中不需要包含终点地址，因而对于数据量较大的通信来说传输效率较高。

3）终端之间的路由在数据传送前已被决定，因此，数据分组按已建立的路径顺序通过网络，在网络终点不需要对数据分组重新排序，分组传输延时小，而且不容易产生数据分组的丢失。

4）可向用户提供永久服务。用户若向网络中请了该项服务之后，分组交换网络就在两个用户之间建立永久的虚连接，用户之间的通信直接进入数据传输阶段，就好像具有一条专线一样。

虚电路方式的缺点是当网络中由于线路或设备故障可能使虚电路中断时，需要重新呼叫建立新的连接。但现在许多采用虚电路方式的网络已经就此做了改进，能够提供呼叫重连接（Call Reconnection）的功能，这是以虚电路方式工作的网络提供的一种功能。当网络出现故障时将由网络自动选择并建立新的虚电路，不需要用户重新呼叫，并且不会丢失用户数据。

虚电路方式的实现又分为两种：交换虚电路方式和永久虚电路方式。

交换虚电路（SVC）方式可以和拨叫式电路交换相比较。这种方式要经历以下三个过程：

（1）建立虚电路

网络的源节点和目的节点之间要事先建立一条逻辑通路。在图 7-10 中，假设 H_1 站有一个或多个分组要发送到 H_3 站去，那么它首先要发送一个呼叫请求分组到节点 A，请求建立一条到节点 B 的连接。节点 A 确定到节点 B 的路径，节点 B 再确定到节点 C 的路径，节点 C 最终把呼叫请求分组传送到 H_3 站，如果 H_3 站准备接收这个连接，就发送一个呼叫接收分组到节点 C，这个分组通过节点 B 和 A 返回到 H_1 站，从而在 H_1 站与 H_3 建立了一条逻辑通路。

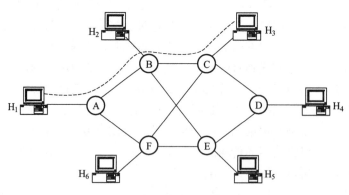

图 7-10　虚电路分组交换示意图

（2）交换数据

在逻辑通路建立后，即可在虚电路上交换数据。每个分组除了包含数据之外还得包含一个虚电路标识符（虚电路号）。根据预先建立好的路径，路径上的每个节点都知道把这些分组传送到哪里去，不再需要路由选择判断。

（3）拆除虚电路

当数据交换结束后，其中任意一个站均可发送拆除虚电路的请求来结束这次连接。一个站能和任何一个站建立多个虚电路，也能与多个站建立虚电路。这种传输数据的逻辑通路所以是"虚"的，是因为这条电路不是专用的而是时分复用的。每条虚电路支持特定的两个端点之间的数据传输，两个端点之间也可以有多条虚电路为不同的通信进程服务，这些虚电路的实际路由可能相同，也可能不同。

交换虚电路技术的主要特点是在数据传送之前先建立站与站之间的一条路径。需要注意的是，虚电路不像电路交换那样有一条专用通路。分组在每个节点上仍然需要缓冲，并在输出线路上排队等待输出。

永久虚电路（PVC）方式类似于租用线路。在这种方式中，通信双方虚电路路由信息事先存储在各交换节点的路由表中，通信的双方永远在线，数据传输前不必再有建立连接阶段，当然事后也不存在释放连接的问题。

永久虚电路方式适合有大量数据传输的用户，每次通信可省去呼叫建立连接过程。

2. 数据报方式

在数据报（Datagram）方式中，每个分组的传送是被单独处理的，就像报文交换中的报文一样也是独立处理的。每个分组被称为一个数据报，每个数据报自身携带足够的地址信息。一个节点接收到一个数据报后，根据数据报中的地址信息和节点所存储的路由信息，找出一个合适的出路，把数据报发送到下一个节点。因此，当某一个站点要发送一个报文时，先把报文拆成若干个带有分组序号和地址信息的数据报，依次发送到网络节点。各个数据报所走的路径可能不同，各个节点可以随时根据网络流量、故障等情况动态选择路由，从而各个数据报的到达不保证是按顺序的，甚至有的数据报会丢失。在整个过程中，没有虚电路建立，中间节点要为每个数据报做路由选择。

图7-11为数据报分组交换示意图。假设 H_1 站有由三个分组组成的报文发向 H_4 工作站，它首先将各分组发向节点 A 并存入缓存器中，之后选定空闲的路径向目的站传送。假如分组 P_1、P_2 选定了节点 B，而分组 P_3 选定了节点 F，在分组每经过一个节点时，都按存储-选径-转发的方式发送，直至将各分组传送至 H_4 工作站。由于各个分组所经的路径不同，再加上各分组在各节点上排队等待时间的不同，从而导致各个分组到达节点 D 的时刻可能不同，为此节点 D 只能在收齐后才能将分组 P_1、P_2、P_3 重新组装成同发送端相同的完整的报文，随后送工作站 H_4，至此一次报文传输完毕。在这种交换方式中，每个分组在各个节点再向前传输时均需经过路由选择；另外，在发送端要将整个报文分割成报文分组，而且在接收端要重新组装。

虚电路方式与数据报方式相比，其不同点在于：

1）虚电路方式是面向连接的交换方式。图7-10 中，主机 H_1 先向主机 H_4 发出一个特定格式的控制信息分组，要求进行通信，同时寻找一条合适路由。若主机 H_4 同意，通信就发回响应，然后双方就建立了虚电路。同理，主机 H_2 和主机 H_5 通信之前，也要建立虚电路。在虚电路建立后，网络向用户提供的服务就好像在两个主机之间建立了一对穿过网络的数字

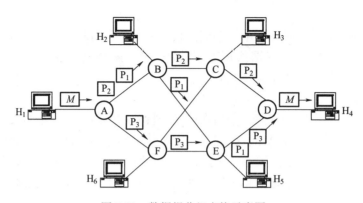

图 7-11　数据报分组交换示意图

管道。所有发送的分组都按顺序进入管道，然后按照"先进先出"的原则沿着此管道传送到目的站主机。到达目的站的分组顺序就与发送时的顺序一致，因此虚电路方式所提供的服务对通信的服务质量(Quality of Service，QoS)有较好的保证。

　　虚电路方式常用于两端点之间数据交换量较大的情况，能提供可靠的通信功能，保证每个分组正确到达，且保持原来的顺序。

　　但虚电路方式有一个弱点，当某个节点或某条链路出故障而彻底失效时，则所有经过故障点的虚电路将立即破坏，导致本次通信失败。

　　2) 数据报方式是面向无连接的交换方式。网络随时接收主机发送的分组(即数据报)，网络为每个分组独立地选择路由。网络尽最大努力将分组交付给目的主机，但网络对源主机没有任何承诺。网络不保证所传送的分组不丢失，也不保证按源主机发送分组的先后顺序，以及在时限内必须将分组交付给目的主机。当网络发生拥塞时，网络中的节点可根据情况将一些分组丢弃。数据报方式提供的服务是不可靠的，它不能保证服务质量。实际上"尽最大努力交付"的服务，就是没有质量保证的服务。

　　数据报方式适用于交互式会话中每次传送的数据报很短的情况。该方式省略了呼叫建立过程，因此当要传输的分组较少时，这种方式要比虚电路方式快速、灵活。而且分组可以绕开故障区而到达目的地，因此故障的影响面要比虚电路方式小得多。但分组交换网是以 CCITT X. 25 规程为基础的，为了与其匹配，在网络内大部分都采用虚电路连接方式。

　　表 7-1 为采用虚电路方式和数据报方式设计的通信子网的不同点。

表 7-1　采用虚电路方式和数据报方式设计的通信子网的不同点

对象	虚电路方式	数据报方式
时延	建立连接时间、节点处排队等待时间、分组传播时间	节点处排队等待时间、分组传播时间
路由选择	建立连接时进行一次路由选择	节点根据网络流量，为每个分组单独选择路由
状态信息	每个节点需保存一张虚电路表	无须保存状态信息
地址信息	每个分组包含一个短的虚电路号	每个分组包含完整的源地址和目的地址信息
故障影响	线路或设备故障可能使虚电路中断	故障节点处的分组丢失
拥塞控制	较容易	较困难

7.4.4 分组长度的选取

分组长度的选取是分组交换中至关重要的一个环节。分组长度的选取取决于交换过程中的延迟时间、交换机费用（包括存储器费用和分组处理费用）、信道传输质量、正确传输数据信息的信道利用率等。

一般来说，分组越长，交换过程中的延迟时间越大，但误码率随着分组长度的加长而减小，信道利用率则随着分组长度的加长而提高。当信息一定时，分组越长，存储处理费用越高，但由于交换的分组处理费用与分组数量成正比，因此分组越长，分组数量越少，分组处理费用越低。综合考虑，可以找到一个合适的分组长度，使交换机费用最少。CCITT 规定：分组长度以 16~4096B 之间的 2^nB 为标准的分组长度，一般选用的分组长度为 128B，不超过 256B（不包括组头）。分组头长度为 3~10B。

7.5 帧方式

帧方式是一种快速分组技术，是分组技术的升级。分组交换的传统方法是使用 X.25 协议，但该协议的数据传输效率较低。而快速分组交换（Fast Packet Switching，FPS）的目标是通过简化通信协议来减少中间节点对分组的处理，发展高速的分组交换机，以获得高的分组吞吐量和小的分组传输时延，以适应当前高速传输的需要。帧方式是在开放系统互连（OSI）参考模型第二层，即数据链路层上使用的、用来传送和交换数据单元的一种方式。由于在数据链路层的数据单元一般称作帧，故称为帧方式。

帧方式包括帧交换和帧中继两类。帧交换保留有差错控制和流量控制功能，而帧中继交换机只进行检测，但不纠错，且省去了流量控制等功能，这些均由终端完成。因此，帧中继比帧交换更简化，传输效率更高，所以帧中继技术应用广泛。

帧中继是一种减少节点处理时间的技术，其基本工作原理如下：节点交换机收到帧的目的地址后立即转发，无须等待收到整个帧并做相应处理后再转发。如果帧在传输过程中出现差错，当节点检测到差错时，可能该帧的大部分已被转发到了下一节点。为解决这个问题，当检测到该帧有错码时，节点立即停止发送，并发送一个指示信息到下一节点，下一节点收到指示信息后立即终止传输，并将该帧从网中丢弃，请求重发。可见，帧中继方式的中间节点交换机只转发帧而不返回确认帧，只有在目的终端交换机收到一帧后才返回端到端的确认信号。而在分组交换方式中，每一节点交换机收到一个分组后，都要返回一个确认信号，目的终端收到一个分组后也要返回一个端到端的确认信号。所以，帧中继减少了中间节点的处理时间。

与分组交换相同，帧中继传送数据信息所使用的传输链路是逻辑连接，而不是物理连接。帧中继采用统计时分复用，动态分布带宽，向用户提供共享的网络资源。帧中继采用面向连接的虚电路交换技术为每一帧提供地址信息，每一条线路和每一个物理端口可容纳许多虚电路，用户之间通过虚电路连接。和分组交换一样，虚电路交换技术可提供 SVC 业务和 PVC 业务。目前世界上已建成的帧中继网络大多只提供 PVC 业务。

帧中继交换网络应包含具有帧中继方式的用户终端和中间节点。实现帧中继的用户设备要求具有高智能、高处理速度等性能，而且还要有优质的线路条件。

帧中继技术的主要特点有：

（1）高效性

帧中继使用统计时分复用向用户提供共享资源，使用一组简化了的帧中继协议将数据信息以帧的形式有效地进行传送，而且提供纠错和要求重传的操作，省去了帧编号、流量控制、应答和监视等机制，大大节省了帧中继的开销。从而具有高的频带宽利用率、高的传输速率和小的网络时延。

（2）经济性

帧中继可以有效地利用网络资源，经济地将网络空闲资源分配给用户使用，即允许用户在网络资源空闲时，占用超过预定值的更多的带宽，共享资源，而只需要预定带宽的费用。

（3）高可靠性

实现帧中继要求有优质的线路和高智能用户设备，可保证数据传输过程中的低误码率，并可使少量的错码得以纠正。

（4）灵活性

帧中继网组建简单，实现灵活简便，只要将现在数据网的硬件设备稍加修改，并进行软件升级即可实现帧中继网的组建。帧中继网可为接入该网的用户所要传送的多种业务类型提供共同的网络传输能力，并对高层协议保持透明。对普通用户来说，使用帧中继网作为宽带业务的接入网是经济有效的。

帧中继技术适用于带宽要求 64kHz~2MHz，且参与通信的用户多于两个；当传输距离较远时，帧中继网络的高效性可使用户享有较好的经济性；当数据业务量为突发性时，由于帧中继具有动态分配带宽功能，帧中继可有效地处理突发性数据。

7.6 几种数据交换技术的比较

前面介绍了电路交换、报文交换、分组交换和帧中继的基本原理及各自特点。数据通信网中的交换方式可分为电路交换和存储-转发交换方式，设计时选择哪种交换方式取决于网络性能、交换设备费用、可维护性等多项指标。图 7-12 给出了几种交换方式在 4 个节点情况下进行通信的时序图。传输过程有时延，而且传输报文或分组的实际时间和节点数目的多少、节点的处理速度、线路传输速率、传输质量、节点的负荷等诸多因素有关。

图 7-12 几种交换方式的通信时序图（4 个节点）

表 7-2 给出了几种交换方式的性能比较。与电路交换相比，分组交换的电路利用率高，可实现变速、变码、差错控制和流量控制等功能。与报文交换相比，分组交换时延小，具备实时通信特点，且分组交换还具有多逻辑信道通信的能力。但分组交换增加了网络开销，因为每个分组之前要加一个与控制和监督有关的分组头，这也是分组交换要付出的代价。

表 7-2 几种交换方式的性能比较

项目	交换方式			
	电路交换	报文交换	分组交换	帧中继
接续时间	较长	较短	较短	较短
传输延时	短，毫秒级	长，≥60s	较长，≤200ms	较短
传输可靠性	较高	较高	高	高
过载反应	拒绝接收呼叫	节点延时增长	采用流控技术	采用流控技术
线路利用率	低	高	高	高
实时性业务	适用	不适用	适用	适用
支持业务	话音、数据	数据	数据	多媒体
实现费用	较低	较高	较高	较小
传输带宽	固定带宽	动态使用带宽	动态使用带宽	动态使用带宽

帧中继保留了分组交换的优点，如采用统计时分复用技术、电路利用率高、适用实时性业务等，而且克服了分组交换开销大的缺点，进一步减小了时延，提高了网络吞吐量。因此帧中继是最具优越性的交换方式。

因此，数据通信网中分组交换和帧中继是最适合数据通信网的交换方式，而帧中继又优于分组交换，所以数据通信业务通常利用帧中继网传输和交换数据。

本 章 小 结

利用交换网实现数据通信主要有利用 PSTN 和利用公用数据网两种方式交换数据。利用 PSTN 进行数据交换投资少、实现简易、使用方便，但传输速率低、差错率高、线路接续时间长。利用公用数据网进行数据交换有电路交换方式、报文交换方式、分组交换方式和帧方式。

1）电路交换是指在数据传输期间，在源站点与目的站点之间建立专用电路连接，数据传输结束之前，电路一直被占用，而不能被其他节点所使用。用电路交换完成的数据传输要经历电路的建立、数据传输、电路的拆除三个阶段。电路交换中建立的连接是物理连接，信息的传输时延小，数据传输可靠、迅速，数据不会丢失且保持原来的序列，适于数据传输要求质量高且批量大、通信用户较确定的情况。

2）报文交换采用存储-转发交换方式，将用户的报文存储在交换机的存储器中，当所需的输出电路空闲时，再将报文发向接收交换机或用户终端。它不需在通信双方建立物理连接，当前有通信要求的站点共享所有的信道资源，可使不同类型的终端设备相互通信，而且报文交换没有电路接续过程。但是，报文经过网络的延迟时间长而且不定，不适于实时通信。

3）分组交换仍然采用存储-转发方式。它将报文由分组型终端或专门设备分成若干个分组，每个分组中包括数据和目的地址，且每个分组的长度有一个上限，从而降低了节点所需的存储能力，提高了交换速度，且传输时延小，大大地改善了网络传输性能。

分组交换有面向连接的虚电路分组交换和面向无连接的数据报分组交换两种。虚电路方式具有电路交换的特色，其实现分为交换虚电路(SVC)方式和永久虚电路(PVC)方式两种。数据报方式中，每个分组自身携带足够的地址信息，而且是被单独处理，但不保证一个报文的各个分组是按顺序到达终端，甚至有的数据报会丢失。

分组长度的选取与交换过程中的延迟时间、交换机费用、信道传输质量、正确传输数据信息的信道利用率等因素有关。可以找到一个合适的分组长度，使交换机费用最少。

4）帧方式是一种快速分组技术，包括帧交换和帧中继两类。帧交换保留有差错控制和流量控制功能，而帧中继交换机只进行检测，且省去了流量控制等功能。帧中继中，节点交换机收到帧的目的地址后立即转发，无须等待收到整个帧并做相应处理后再转发，减少了中间节点的处理时间，适用于带宽要求较高、参与通信的用户较多、传输距离较远且数据业务量为突发性的情况。

思考题与习题

7-1 为什么要进行数据交换？
7-2 说明利用公用电话网进行数据传输和交换的优缺点。
7-3 利用公用数据网进行数据交换的方式有哪些？
7-4 电路交换的通信过程分为哪几个阶段？
7-5 简述电路交换的优缺点，说明电路交换的适用场合。
7-6 简要说明报文交换的工作过程。
7-7 报文交换中的报文由哪几部分组成？
7-8 报文交换的优缺点有哪些？它适用于什么场合？
7-9 分组交换的基本概念是什么？
7-10 分组交换中采用的是哪种复用方式？有什么优点？
7-11 一般终端和分组型终端有什么不同？
7-12 分组交换的优缺点有哪些？
7-13 试画出分组交换方式的一个分组格式。
7-14 什么是虚电路？虚电路交换方式有什么特点？
7-15 比较电路交换和虚电路分组交换的异同。
7-16 数据报交换方式有什么特点？它与虚电路交换相比，有哪些区别？
7-17 分组长度的选取与哪些因素有关？
7-18 帧方式有哪两类？各有什么特点？
7-19 与分组交换比较，帧中继的突出优点是什么？
7-20 数据通信网中，为什么分组交换和帧中继是最适合数据通信网的交换方式？

第 8 章

通信协议

数据通信是在各种类型的数据终端和计算机之间进行的，为了保证通信的顺利进行，必须有一系列双方共同遵守的通信协议。本章首先介绍通信协议和协议分层的概念，接着介绍开放系统互连参考模型，然后讨论物理层协议、数据链路传输控制规程，最后介绍 X.25 分组交换协议和帧中继协议。

8.1 开放系统互连参考模型

8.1.1 通信协议及分层结构

1. 通信协议

通信协议就是通信双方事先约定好的双方都必须遵守的通信规则、约定，它实际上是一些通信规则集。通信协议一般由语法、语义和时序组成。

（1）语法（Syntax）

语法是用于规定将若干个协议元素和数据组合在一起来表达一个更完整的内容时所应遵循的格式，即对所表达的内容的数据结构形式的一种规定，也就是"怎么讲"。

（2）语义（Semantics）

语义是指对构成协议的协议元素含义的解释，也即"讲什么"。不同类型的协议元素规定了通信双方所要表达的不同内容。

（3）时序（Timing）

时序规定了事件执行的先后顺序和速度匹配。

2. 协议分层

通信协议较为复杂，为了描述和双方共同遵守的方便，通常将协议分层，每一层对应着相应的协议。各层协议的集合就是全部协议。

8.1.2 开放系统互连参考模型

数据通信系统的终端设备主要是计算机，而不同厂家生产的计算机的种类是不尽相同的，为了使不同种类的计算机能够互连，以实现相互通信和资源共享，国际标准化组织（ISO）于 1977 年正式制定了标准化的开放系统互连参考模型（OSI/RM），其原始定义如下："开放系统是对与开放系统互连有关的实系统在参考模型中诸方面的一种表征。而实开放系统是指一组完整的系统或网络，它在与其他系统通信时，遵循 OSI 标准"。

1. 基本概念

（1）实体

OSI 参考模型的每一层都是若干功能的集合，可以看成它由许多功能块组成，每一个功能块执行协议规定的一部分功能，具有相对的独立性，称为实体。实体可以是软件实体，也可以是硬件实体。

（2）接口

接口是指穿越相邻层之间界面进行数据传送的一组规则，可以是硬件接口，也可以是软件接口。

（3）连接

连接是指两个对等实体为进行数据通信而进行的一种结合。

（4）服务

服务是指某一层及其以下各层通过接口提供给上层的一种能力。系统中包含一系列的服务，在协议的控制下，两个对等实体间的通信使得本层能够向上一层提供服务，服务是向上层提供的，是看得见的。

2. OSI 七层模型

OSI 构造了顺序式的七层模型，即物理层、数据链路层、网络层、传输层、会话层、表示层和应用层，如图 8-1 所示。不同系统同等层之间按相应协议进行通信，同一系统不同层之间通过接口进行通信。只有最低层物理层完成数据传递，其他同等层之间的通信称为逻辑通信，其通信过程为将通信数据交给下一层处理，下一层对数据加上若干控制位后再交给它的下一层处理，最终由最低层物理层传递到对方系统物理层，再逐层向上传递，从而实现对等层之间的逻辑通信。各层的功能如下：

应用层
表示层
会话层
传输层
网络层
数据链路层
物理层

图 8-1　OSI 参考模型
层次结构

（1）物理层

物理层的任务就是通过物理介质（如双绞线、同轴电缆、光缆等）透明地传送比特流。物理层还要确定连接电缆插头的定义及连接法，提供有关同步和全双工比特流在物理介质上的传输手段。

典型的物理层协议有：RS-232-C、RS-449/422/423、V.24、V.28、X.20、X.21 等。

（2）数据链路层

数据链路层的任务是在两个相邻节点间的线路上无差错地传送以帧为单位的数据。每一帧包括数据和必要的控制信息。数据链路层要保证各节点之间的可靠传输，并提供数据链路的建立、维持、拆除功能；对相邻通路进行差错控制、数据成帧、同步等。

数据链路层的常用协议有基本传输控制规程、高级数据链路控制规程。

（3）网络层

网络层通常由通信子网和资源子网两大部分构成。网络层的任务就是控制通信子网的运行，向高层提供数据在网络间透明传输的服务。网络层规定了网络连接的建立、拆除和通信管理的协议，包括数据交换、路由选择、通信流量控制等。

（4）传输层

传输层的任务是向上一层的进行通信的两个进程之间提供一个可靠的端到端服务，使它们看不见传输层以下的数据通信的细节。传输层的功能包括端到端的顺序控制、流量控制、差错控制、差错恢复及监督服务质量等。

（5）会话层

两个进程之间建立的逻辑上的联系为会话，为用户进入传输层的接口，负责进程间建立会话和终止会话，控制会话期间的对话。会话层不参与具体的数据传输，但它却对数据传输进行管理。它在两个互相通信的进程之间，建立、组织和协调其交互。

（6）表示层

表示层主要解决用户信息的语法表示问题，包括字符化码、数据格式、控制信息格式、加密等。

（7）应用层

应用层是对应用进程进行抽象，只保留应用进程中与进程间交互有关的部分。经过抽象后的应用进程就成为 OSI 应用层中的应用实体。应用层实现终端用户应用进程之间的信息交换。

3. 层间通信

OSI/RM 中，不同系统的应用进程在进行数据传送时，其信息在各层之间的传递过程是采用对等层传输的形式进行。传输过程中用户数据送到应用层，由应用层向物理层逐层向下传递，每一层都加上本层必要的控制信息，数据到达物理层后由传输介质传送到对方的物理层，然后由物理层向应用层逐层向上传送，同时去除本层的控制信息，最后由应用层交给用户。

8.2 物理层协议

物理层考虑的是怎样才能在连接各种计算机的传输介质上传输数据的比特流，而不是连接计算机的具体物理设备或具体的传输介质。

现有的计算机网络中的物理设备和传输媒体的种类非常多，通信手段也有许多不同的方式。物理层的作用正是要尽可能地屏蔽这些差异，使其上面的数据链路层感觉不到这些差异，这样就可以使数据链路层只需要考虑如何完成本层的协议和服务，而不必考虑网络具体的传输介质是什么。用于物理层的协议也常称为物理层规程。

8.2.1 物理层的接口特性

物理层协议就是 DTE 和 DCE 之间的一组约定，它规定了 DTE 与 DCE 之间标准接口的机械特性、电气特性、功能特性和规程特性。

DTE/DCE 接口是 DTE 与 DCE 之间的界面，一般设有许多信号线和控制线，为了使不同厂家生产的产品能够互换或互通，实现兼容，DTE/DCE 接口必须标准化。

（1）机械特性

机械特性描述连接器即接口接插件的插头、插座的规格、尺寸、针的数量与排列情况等。标准主要由 ISO 制定。例如，ISO2110 规定了 25 芯 DTE/DCE 接口接线器及引线分配，用于串行和并行音频调制解调器、公用数据网接口、电报网接口和自动呼叫设备；ISO4903 规定了 15 芯 DTE/DCE 接线器及引线分配，用于 ITU-T 建议 X.20、X.21、X.22 所规定的公用数据网接口。

（2）电气特性

电气特性描述接口的电气连接方式和电气参数，如发送器和接收器的电路特性、负载要求、传输速率和连接距离等。相关建议有 ITU-T V.28、V.35、V.10/X.26、V.11/X.27。

（3）功能特性

功能特性对各接口信号线做出确切的功能定义并确定相互间的操作关系，主要有 V.24 和 X.24 两个建议。

（4）规程特性

规程特性描述了接口电路间的相互关系、动作条件和在接口传输数据需要执行的事件顺序，反映了在数据通信过程中，通信双方可能发生的各种可能事件。相关建议有 ITU-T V.24、V.54、V.55。

8.2.2 常用的物理层标准

1. EIA RS-232-C

EIA RS-232-C 是美国电子工业协会于 1969 年颁布的一种被广泛使用的物理层标准。该标准最初是为了促进公用电话网进行远程数据通信而制定，现在也广泛地应用于主机和终端之间的近程连接之中。

（1）机械特性

EIA RS-232-C 建议使用 25 芯的连接器，并对该连接器的尺寸及芯针排列位置进行了详细说明，如图 8-2 所示。它与 ISO2110 标准兼容，一般来讲 RS-232-C 在 DTE 一侧采用针式结构，在 DCE 一侧采用孔式结构，其与 V.24 接口线的对应关系见表 8-1。另外，在实际使用中，并非要用到该标准的全部信号线的功能，也可采用芯针较少的标准连接器，如 9 芯（针）连接器。

图 8-2 EIA RS-232-C 25 芯连接器示意图

表 8-1 EIA RS-232-C 与 V.24 接口线的对应关系

25 芯连接器引脚号	RS-232-C	V.24	接口电路名称	方向 DTE DCE
数据信号				
2	BA	103	发送数据 TxD	→
3	BB	104	接收数据 RxD	←
14	SBA	118	反向信道发送数据	→
16	SBB	119	反向信道接收数据	←
控制信号				
4	CA	105	请求发送 RTX	→
5	CB	106	允许发送 CTX	←
6	CC	107	数据设备准备好	←

（续）

25 芯连接器引脚号	RS-232-C	V.24	接口电路名称	方向 DTE DCE
控制信号				
20	CD	108/2	数据终端准备好 DTR	→
22	CE	125	呼叫指示器	←
8	CF	109	数据载波检测 DCD	←
21	CG	110	信号质量检测 SQD	←
23	CH	111	数据信号速率选择（DTE）	→
23	CI	112	数据信号速率选择（DCE）	←
19	SCA	120	方向信道请求发送	→
13	SCB	121	反向信道允许发送	←
12	SCF	122	方向信道载波检测	←
时序信号				
15	DB	114	发送信号码元定时（DCE）TxC	←
17	DD	115	接收信号码元定时（DCE）RxC	←
24	DA	113	发送信号码元定时（DTE）TxC	→
信号地线				
1	AA	101	保护地线 PG	—
7	AB	102	信号地线 SG	—
其他信号				
9			保留（测试）+V	
10			保留（测试）-V	
11			未定义	
18	LL	141	本地回馈	→
25	TM	142	测试模式	

（2）电气特性

EIA RS-232-C 规定采用单端发送单端接收，双极性电源供电电路，逻辑"1"电平为-5～-15V，逻辑"0"电平为+5～+15V，在-3～+3V 的过渡区，逻辑状态是不定的。表 8-2 为 EIA RS-232-C 的电气特性标准。EIA RS-232-C 标准要求信号线上最大负载电容不能超过 2500pF，所以其最大传输距离为 15m。

表 8-2 EIA RS-232-C 的电气特性

驱动器输出电平	逻辑"1"：电平为-5～-15V 逻辑"0"：电平为+5～+15V
驱动器输入电平	-25～+25V
驱动器通断时的输出阻抗	>300Ω
输出短路电流	<0.5A
驱动器转换速率	<30V/μs
接收器输入阻抗	3～7kΩ

（续）

接收器输入电压允许范围	$-25 \sim +25V$
接收器输出（输入开路时）	逻辑"1"
接收器输出（输入经 300Ω 接地）	逻辑"1"
接收器输出（+3V 输入）	逻辑"0"
接收器输出（-3V 输入）	逻辑"1"
最大负载电容	2500pF

（3）功能特性

EIA RS-232-C 将 25 芯连接器中的 20 条信号线分为四类，分别是数据线（4 条）、控制线（11 条）、定时线（3 条）、信号地线（2 条），余下的 5 条未定义留用户专用。

2. 其他 EIA 接口标准

在 EIA 接口标准中，常见的串行接口协议还有 EIA-422、EIA-449、EIA-485、EIA-530 等。

（1）EIA-422

即为 RS-422，采用 4 线、全双工、差分传输、多点通信的数据传输接口协议。允许多个接收端，接口可以有四端口、八端口，甚至十端口等几种型号。当电缆线的长度为 12m 时，EIA-422 传输速率可以达到 10Mbit/s；而当电缆线的长度为 1200m 时，EIA-422 传输速率可以达到 100kbit/s，并且能抗电子干扰和电涌。尽管 EIA-422 一个发送端就可以连接最多 10 个接收端，但还不能实现真正的多点通信。

（2）EIA-449

即为 RS-449，接口协议于 1992 年 9 月制定。采用平衡传输时的电气特性协议是 RS-422；非平衡传输时的电气特性协议是 RS-423，数据的传输率可达 200kbit/s。

（3）EIA-485

即为 RS-485，采用 2 线、全双工、多点通信的数据传输接口协议，其电气特性和 RS-232 大不一样，用缆线两端的电压差值来表示传递信号。一端的电压标识为逻辑"1"，另一端的电压标识为逻辑"0"。两端的电压差最小为 0.2V 以上时有效，任何不大于 12V 或者不小于-7V 的差值在接收端都被认为是正确的。EIA-485 可以应用于配置成本低廉的广域网，采用单机发送、多机接收通信连接，可提供高速的数据通信速率（10m 时 35Mbit/s，1200m 时 100kbit/s）。EIA-485 的发送端需要设置为发送模式，可以使用双线模式实现真正的多点双向通信。

（4）规程特性

EIA RS-232-C 描述了在不同的条件下，各条信号线呈现接通或断开状态的顺序和关系。如 DTE 与 DTE 连接时，只有当 CC 和 CD 均处于接通状态时，两者才可能进行通信。随后，DTE 要发送数据，则先将 CA 呈接通状态，等待 CB 线上的接通应答出现之后，才能在 BA 线上发送串行数据。

3. X.21

X 系列建议是专为数据通信制定的，符合开放系统互连的七层协议。X 系列建议中较为广泛使用的是 X.21 建议。

X.21 建议是 ITU-T 在 1976 年发布的，它定义了用户计算机的 DTE 如何与数字化的 DCE 交换信号的数字接口标准。X.21 的设计目标之一是减少 RS-232 之类的串行接口中的信号线的数目,采用 15 芯标准连接器代替原来的 25 芯连接器,而且其中仅定义了 8 条接口线。X.21 的另外一个设计目的是允许接口在比 EIA RS-232-C 更长的距离上进行更高速率的数据传输,其电气特性类似于 EIA RS-422 的平衡接口,支持最大的 DTE-DCE 电缆距离是 300m。X.21 可以按同步传输的半双工或全双工方式运行,传输速率最大可达 10Mbit/s。

X.21 接口的 15 芯连接器中定义了 8 条功能线,见表 8-3。

表 8-3 X.21 接口的 15 芯连接器中 8 条功能线定义

电路符号	电路名称	方向 DTE DCE
G	信号地或公共回路	
Ga	DTE 公共回路	→
T	发送线	→
R	接收线	←
I	指示	→
S	位时标信号	←
B	字节时标	←
C	控制信号	←

X.21 接口的工作过程分成四个阶段:空闲,呼叫建立连接,数据传输,连接清除。

1)空闲(或静止)阶段。此阶段接口不工作(类似挂着机的情况)。

2)呼叫建立连接阶段。通过交换控制信号建立 DTE 与 DCE 间的逻辑连接。

3)数据传输阶段。通信双方交换数据(电话中双方通话)。

4)连接清除阶段。通过交换控制信号中断两个 DTE 间的通信关系,拆除它们间的逻辑连接(电话中说"再见"挂机)。

8.3 数据链路传输控制规程

8.3.1 基本概念

数据链路是由数据电路和两端的通信控制器(或传输控制器)构成的(见图 1-9)。当需要在一条线路上传送数据时,除了必须有数据电路外,还必须有一些必要的规程来控制这些数据的传输。数据链路就像一个数字管道,可以在它上面进行数据通信。当采用复用技术时,一条数据电路上可以有多条数据链路。

1. 数据通信的过程

一个完整的数据通信过程包括以下五个阶段。

1)建立物理连接。就是物理层的若干数据电路的互连,数据电路可以是交换型的,也可以是专用线路。

2)建立数据链路。通信双方进行控制信息的交换,保证有效可靠地传输数据信息。

3)数据传送。按规定的格式组织数据信息,并按规定的顺序沿所建立的数据链路向对方发送,同时要进行差错控制、流量控制等,以保证透明和相对无差错地传送数据信息。

4)传送结束,拆除数据链路。通过规定的结束字符来拆除数据链路,而不是拆除物理连接。

5)拆除物理连接。数据传送结束后,只要任何一方发出拆线信号,便可拆除通信线路,使双方数据终端恢复到初始状态。

2. 数据链路控制规程的功能

为保证数据可靠的传输，数据链路控制规程应有帧控制、透明传输、差错控制、流量控制、链路管理等功能。

（1）帧控制

在数据链路层，数据的传送单位是帧。数据一帧一帧地传送，就可以在出现差错时，只需将有差错的帧再重传一次，从而避免了将全部数据都进行重传。帧同步是指接收端应当能从收到的比特流中准确地区分出一帧的开始和结束在什么地方。

（2）透明传输

透明传输就是不管所传数据是什么样的比特组合，都应当能够在链路上传送。当所传数据中的比特组合恰巧出现了与某一个控制信息完全一样时，必须采取适当的措施，使接收端不会将这样的数据误认为是某种控制信息。这样才能保证数据链路层的传输是透明的。

（3）差错控制

在计算机通信中，一般都要求有极低的比特差错率。为此，数据通信中广泛地采用了编码技术。差错控制编码技术详见第6章。

（4）流量控制

发送端发送数据的速率必须使接收端来得及接收。当接收端来不及接收时，就必须及时控制发送端发送数据的速率。

（5）链路管理

当网络中的两个节点要进行通信时，数据发送端必须确知接收端是否已经处在准备接收的状态。为此，通信的双方必须先要交换一些必要的控制信息。同样地，在传输数据时要维持数据链路，而在通信完毕时要释放数据链路。

8.3.2　数据链路控制规程的功能

数据链路控制规程分为面向字符型的传输控制规程和面向比特型的传输控制规程。面向字符型的传输控制规程又分为基本型和基本扩充型；面向比特型的传输控制规程又分为高级数据链路控制规程、先进数据通信规程、同步数据链路规程。

1. 基本型传输控制规程

面向字符型的控制规程于1960年开始发展，IBM公司首先发表了二进制同步通信规程（BSC）成为实际应用的标准。属于这类规程的还有 ISO 1745 信息处理—数据通信系统的基本型控制规程和扩展基本型控制规程；美国国家标准协会制定的 ANSI X3.28 通信控制规程；我国数据通信基本型控制规程 GB/T 3453—1994。

（1）特征

面向字符的基本型传输控制规程有如下特征：

1）以字符作为传输信息的基本单位，并规定了10个字符用于传输控制。

2）差错控制采用垂直水平奇偶监督，并采用检错重发。

3）采用半双工通信方式。

4）采用异步和同步传输方式。

5）传输代码采用国际5号码。

（2）传输控制字符

采用 ASCII 编码表中所定义的10个专门用于传输控制的字符，见表8-4。

表 8-4 面向字符的基本型传输控制规程的控制字符

类别	名称	英文名称	功能
格式字符	标题开始	SOH(Start of Head)	表示信息电文标题的开始
	正文开始	STX(Start of Text)	表示信息电文正文的开始
	正文结束	ETX(End of Text)	表示信息电文正文的结束
	码组结束	ETB(End of Transmission Block)	表示码组的结束
基本控制字符	询问	ENQ(Enquiry)	询问对方要求回答
	确认	ACK(Acknowledge)	对询问的肯定回答
	否定回答	NAK(Negative Acknowledge)	对询问的否定回答
	传输结束	EOT(End of Transmission)	表示数据传输结束
	同步	SYN(Synchronous Idle)	用于建立同步
	数据链转义	DLE(Data Link Escape)	与后继字符一起组成控制功能

（3）信息报文和监控序列

1）信息报文。信息报文包括正文和标题。正文是要传输的信息，标题是与传输正文有关的辅助信息，包括发信地址、收信地址、优先级别、报文编号和传送路径等内容。信息报文有四种格式，如图 8-3 所示。

a) 信息报文的基本格式

b) 无标题信息报文格式

c) 将信息报文的标题分成 n 个组的格式

d) 将信息报文正文分成 m 个正文组的格式

图 8-3 信息报文的四种格式

标题以字符 SOH 开始，正文以字符 STX 开始，以字符 ETX 结束。正文长度一般没有限制，但为了便于差错控制，可将正文分成若干个码组，码组的长度取决于数据电路的质量。一个码组以字符 STX 开始，以字符 ETB 结束，对于正文的最后一个码组以字符 ETX 结束。在每个码组或正文的最后是校验字符 BCC。

根据上述格式可知，传输过程中不允许在正文或标题中出现与控制字符相同的序列，从而限制了它的应用。为了实现信息传输的透明性，可在控制字符 SOH、STX 等前面加上转义字符 DLE。如用 DLE SOH 来表示标题的开始，这样就可以区分是信息还是控制字符。

2）监控序列。由监控字符组成的序列称为监控序列。一般由单个传输字符或由若干图形字符引导的单个传输控制字符组成。监控序列又分为正向监控序列和反向监控序列。

正向监控序列的监控方式是由主站（发送信息或命令的 DTE 称为主站）发出监控序列，从主站传输到从站（接收信息或命令而发出认可信息或响应的 DTE 称为从站），与信息报文传输的方向一致。正向监控序列主要包括轮询序列（主站呼叫从站）、选择序列（主站选择从站）、询问序列、结束序列、放弃序列、拆线序列和同步序列等，见表 8-5。

表 8-5　正向监控序列

名称		控制序列
轮询序列		探询地址 ENQ
选择序列	站选择	选择地址 ENQ
	选择地址	（前缀）ENQ
	建立数据链路	（前缀）ENQ
询问序列（催促应答）		（前缀）ENQ
结束序列		（前缀）EOT
放弃序列	码组放弃	（前缀）ENQ
	站放弃	（前缀）EOT
拆线序列		（前缀）DLE EOT
同步序列		SYN SYN

反向监控序列是由从站向主站发出的控制序列，它的方向与信息报文传输的方向相反。反向监控序列：主要包括对信息报文和选择序列的肯定应答序列；对轮询、选择序列和信息报文的否定应答序列；链路拆除序列和中断序列等，见表 8-6。

表 8-6　反向监控序列

名称		控制序列	
肯定应答	选择序列	（前缀）ACK	非编号方式应答
		（前缀）DLE0	编号方式应答
	信息报文	（前缀）ACK	非编号方式应答
		（前缀）DLE0	对偶数编号码组应答
		（前缀）DLE1	对奇数编号码组应答

（续）

名称		控制序列
否定应答	选择序列	（前缀）NAK
	信息报文	（前缀）NAK
	探询序列	（前缀）EOT
结束请求	返回控制站	（前缀）EOT
	返回中性状态	（前缀）EOT
中断请求	码组中断	（前缀）EOT
拆线序列	站中断	（前缀）DLE 3/12
拆线		（前缀）DLE EOT

在信息报文传输过程中，对主站的数据序列和轮询序列，从站必须以应答序列响应。响应的序列有肯定应答（ACK）和否定应答（NCK）。主站发出结束序列后，若从站同意结束两站之间的通信，回答（前缀）EOT，若从站也有信息需要发送给主站，回答（前缀）ENQ。此时主从站的位置相互转换。

2. 面向比特型的高级数据链路控制规程

20世纪70年代初，IBM公司率先提出了面向比特型的同步数据链路控制规程（Synchronous Data Link Control，SDLC）。随后，ANSI和ISO均采纳并发展了SDLC，并分别提出了自己的标准，即ANSI的高级数据通信控制过程（Advanced Data Communication Control Procedure，ADCCP），ISO的高级数据链路控制（High-Level Data Link Control，HDLC）规程。

（1）HDLC的概念

为了能适应不同配置、不同操作方式和不同传输距离的数据通信链路，HDLC定义了三种类型的站、两种链路配置和三种数据传输方式。

1）三种类型的站。

① 主站：对链路进行控制。主站发出的帧称为命令。

② 从站：在主站控制下进行操作。从站发出的帧称为响应。主站为线路上的每个从站维持一条逻辑链路。

③ 复合站：具有主站和从站的双重功能。复合站既可以发送命令也可以发出响应。

2）两种链路配置。

① 不平衡配置：适用于点对点和多点线路，由一个主站和多个从站组成，支持全双工或半双工传输。

② 平衡配置：仅用于点对点线路，由两个复合站组成，支持全双工或半双工传输。

3）三种数据传输方式。

① 正常响应方式（Normal Responses Mode，NRM）：适用于不平衡配置，只有主站能启动数据传输，从站仅当收到主站的询问命令时才能发送数据。

② 异步平衡方式（Asynchronous Responses Mode，ABM）：适用于平衡配置，任何一个复合站都无须取得另一个复合站的允许就可以启动数据传输。

③ 异步响应方式（Asynchronous Balanced Mode，ARM）：适用于不平衡配置，从站无须取得主站的明确指示就可以启动数据传输，主站的责任只是对线路进行管理。

（2）HDLC的特点

HDLC不依赖于任何一种字符编码集；数据报文可透明传输，用于实现透明传输的0比特插入法易于硬件实现；全双工通信，有较高的数据链路传输效率；所有帧采用 CRC 检验，对信息帧进行顺序编号，可防止漏收或重份，传输可靠性高；传输控制功能与处理功能分离，具有较大的灵活性。

（3）HDLC 帧结构

HDLC 用具有统一结构的帧进行同步传输，图 8-4 所示为 HDLC 的帧结构。

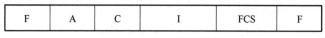

图 8-4 HDLC 的帧结构

1）标志域 F。标志域为 01111110 的比特模式，用以标志帧的起始和前一帧的终止。标志域也可以作为帧与帧之间的填充字符。通常，在不进行帧传送时，信道仍处于激活状态，在这种状态下，发送端不断地发送标志字段，便可认为一个新的帧传送已经开始。采用 0 比特插入法可以实现数据的透明传输。

2）地址域 A。地址域的内容取决于所采用的操作方式。每一个从站和复合站都被分配一个唯一的地址。命令帧中的地址域携带的是对方站的地址，而响应帧中的地址域所携带的地址是本站的地址。某一地址也可分配给不止一个站，这种地址称为组地址，利用一个组地址传输的帧能被组内所有拥有该组地址的站接收。但当一个站或复合站发送响应时，它仍应当用它唯一的地址。还可用全"1"地址来表示包含所有站的地址，称为广播地址，含有广播地址的帧传送给链路上所有的站。另外，还规定全"0"地址为无站地址，这种地址不分配给任何站，仅用于测试。

3）控制域 C。控制域用于构成各种命令和响应，以便对链路进行监视和控制。发送端主站或复合站利用控制域来通知被寻址的从站或复合站执行约定的操作；相反，从站用该字段作为对命令的响应，报告已完成的操作或状态的变化。该字段是 HDLC 的关键。HDLC 中有信息帧（I 帧）、监控帧（S 帧）和无编号帧（U 帧）三种不同类型的帧。控制域的第 5 位（基本格式）或第 9 位（扩展格式）是 P/F 位，即轮询/终止（Poll/Final）位。控制域格式如图 8-5 所示。

	1	2	3	4	5	6	7	8
信息帧（I 帧）	0	N(S)			P/F	N(R)		
监控帧（S 帧）	10		S		P/F	N(R)		
无编号帧（U 帧）	11		M		P/F	M		

a）基本格式

	1	2	3	4	5	6	7	8	9	10	11	12	13	14	15	16
I 帧	0	N(S)							P/F	N(R)						
S 帧	1	0	S	S	×	×	×	×	P/F	N(R)						
U 帧	1	I	M	M	U	M	M	M	P/F	×	×	×	×	×	×	×

b）扩展格式

N(S)—本站当前发送的帧序号	N(R)—本站期望收到对方站的帧序号
S—监控帧功能位，有四种类型	M—无编号帧功能位，有32种类型
P/F—轮询/终止位	U—未定义　　×—保留位

图 8-5 控制域格式

控制域 C 中 1 位或 1、2 位表示传送帧的类型，1 位为"0"表示是信息帧，1、2 位为"10"是监控帧，"11"是无编号帧。

信息帧中，2~4 位为存放发送帧序号，5 位为轮询终止位，当为"1"时，要求被轮询的从站给出响应，6~8 位为下个预期要接收的帧的序号。

监控帧中，3、4 位为 S 帧类型编码，5 位为轮询/终止位，当为"1"时，表示接收端确认结束。

无编号帧提供对链路的建立、拆除以及多种控制功能，用 3、4、6、7、8 五个 M 位来定义，可以定义 32 种附加的命令或应答功能。

4）信息域 I。信息域可以是任意的二进制比特串。比特串长度未做限定，其上限由 FCS 字段或通信站的缓冲器容量来决定。目前国际上用得较多的是 1000~2000bit；而下限可以为 0，即无信息字段。但是，监控帧（S 帧）中规定不可有信息字段。

5）帧校验序列域 FCS。帧校验序列字段可以使用 16 位 CRC，对两个标志字段之间的整个帧的内容进行校验。ITU-T V4.1 建议规定的 FCS 的生成多项式为 $x^{16}+x^{12}+x^5+1$。

（4）HDLC 的帧类型

HDLC 通过在主站和从站之间或两个复合站之间交换各种帧进行操作。HDLC 协议的帧类型见表 8-7。其中，主站发出的帧称为命令帧，从站发出的帧称为响应帧。

表 8-7 HDLC 协议的帧类型

类型	名称	功能	描述
信息帧（I 帧）	信息帧（I 帧）	命令/响应	交换用户数据
监控帧（S 帧）	接收就绪（RR）	命令/响应	肯定应答，可以接收 I 帧
	接收未就绪（RNR）	命令/响应	肯定应答，不能继续接收
	拒绝接收（REJ）	命令/响应	否定应答，后退 N 帧重发
	选择性拒绝接收（SREJ）	命令/响应	否定应答，选择性重发
无编号帧（U 帧）	置正常响应方式（SNRM）	命令	置数据传输方式为 NRM
	置扩展的正常响应方式（SNRME）	命令	置数据传输方式为扩展的 NRM
	置异步响应方式（SARM）	命令	置数据传输方式为 ARM
	置扩展的异步响应方式（SARME）	命令	置数据传输方式为扩展的 ARM
	置异步平衡方式（SABM）	命令	置数据传输方式为 ABM
	置扩展的异步平衡方式（SABME）	命令	置数据传输方式为扩展的 ABM
	置初始化方式（SIM）	命令	由接收站启动数据链路控制过程
	拆除连接（DISC）	命令	拆除逻辑连接
	无编号应答（UA）	响应	对置方式命令的肯定应答
	非连接方式（DM）	响应	从站处于逻辑上断开的状态
	请求拆除连接（RIM）	响应	请求断开逻辑连接
	请求初始化方式（RD）	响应	请求发 SIM 命令启动初始化过程
	无编号信息（UI）	命令/响应	交换控制信息
	无编号询问（UP）	命令	请求发送控制信息
	复位（REST）	命令	用于复位，重置 N(R)N(S)
	交换标识（XID）	命令/响应	交换标识和状态
	测试（TEST）	命令/响应	交换用于测试的信息字段
	帧拒绝（FRMR）	响应	报告接收到不能接受的帧

1）信息帧（I帧）。信息帧用于传送有效信息或数据，通常简称I帧。I帧以控制字第一位为"0"来标志。

信息帧的控制字段中的N(S)用于存放发送帧序号，以使发送端不必等待确认而连续发送多帧。N(R)用于存放接收端下一个预期要接收的帧的序号，N(R)=5，即表示接收端下一帧要接收5号帧，换言之，5号帧前的各帧已接收。N(S)和N(R)均为3位或7位二进制编码，可取值0~7或0~127。

2）监控帧（S帧）。监控帧用于差错控制和流量控制，通常简称S帧。S帧以控制字段第一、二位为"10"来标志。S帧带信息字段，只有6个字节即48个比特。S帧的控制字段的第三、四位为S帧类型编码，共有四种不同编码，分别表示：

① 00——接收就绪（RR），由主站或从站发送。主站可以使用RR型S帧来轮询从站，即希望从站传输编号为N(R)的I帧，若存在这样的帧，便进行传输；从站也可用RR型S帧来作为响应，表示从站希望从主站那里接收的下一个I帧的编号是N(R)。

② 01——拒绝（REJ），由主站或从站发送，用以要求发送端对从编号为N(R)开始的帧及其以后所有的帧进行重发，这也暗示了N(R)以前的I帧已被正确接收。

③ 10——接收未就绪（RNR），表示编号小于N(R)的I帧已被接收，但目前正处于忙状态，尚未准备好接收编号为N(R)的I帧，可用来对链路流量进行控制。

④ 11——选择拒绝（SREJ），要求发送端发送编号为N(R)的单个I帧，并暗示其他编号的I帧已全部确认。

可以看出，RR型S帧和RNR型S帧有两个主要功能：首先，这两种类型的S帧用来表示从站已准备好或未准备好接收信息；其次，确认编号小于N(R)的所有I帧已接收。REJ和SREJ型S帧用于向对方站指出发生了差错。REJ帧用于go-back-n策略，用以请求重发N(R)以前的帧已被确认，当收到一个N(S)等于REJ型S帧的N(R)的I帧后，REJ状态即可清除。SREJ帧用于选择重发策略，当收到一个N(S)等SREJ帧的N(R)的I帧时，SREJ状态即应消除。

3）无编号帧（U帧）。无编号帧因其控制字段中不包含编号N(S)和N(R)而得名，简称U帧。U帧用于提供对链路的建立、拆除以及多种控制功能，但当要求提供不可靠的无连接服务时，它有时也可以承载数据。无编号帧按其控制功能可分为以下几个子类：

① 设置数据传输方式的命令和响应。设置数据传输方式的命令是由主站/复合站发送给从站/复合站，表示设置或改变数据传输方式。从站/复合站接收了设置数据传输方式的命令帧后以无编号应答帧（UA）响应，UA帧中的F位和接收到的命令帧的P位必须相同。一种传输方式建立后将一直有效，直到另外的设置方式命令改变了当前的传输方式。主站向从站/复合站发送置初始化方式（SIM）命令，使得接收该命令的从站/复合站启动一个建立链路的过程。在初始化方式下，两个站用无编号信息帧（UI）交换数据和命令。拆除连接命令（DISC）用于通知接收该命令的站，链路已经拆除，对方站以UA帧响应，表示已接收该命令，链路随之断开。非连接方式帧（DM）可用于响应所有的置传输方式命令，表示响应的站处于逻辑上断开的状态，即拒绝建立指定的传输方式。请求初始化方式帧（RD）也可用于响应置传输方式命令，表示响应站没有准备好接收命令，或正在进行初始化。请求拆除连接帧（RIM）则表示响应站要求断开逻辑连接。

② 传输信息的命令和响应。传输信息的命令和响应用于两个站之间交换信息。无编号信息帧（UI）既可作为命令帧，也可以作为响应帧，UI帧传送的信息可以是高层的状态、操

238

作中断状态、时间、链路初始化参数等。主站/复合站可发送无编号询问(UP)命令请求接收站送出无编号响应帧,以了解它的状态。

③ 链路恢复的命令和响应。链路恢复的命令和响应用于 ARQ 机制不能正常工作的情况,接收站可用帧拒绝响应(FRMR)表示接收的帧中有错误。如控制域无效、信息域太长、帧类型不允许信息域等。

④ 其他命令和响应。有两个命令和响应不宜归入以上几类。交换标识(XID)帧用于两个站之间交换它们的标识和特征,实际交换的信息依赖于具体的实现。测试命令帧(TEST)用于测试链路和接收站是否正常工作,接收站收到测试命令后要尽快以测试帧响应之。

(5) HDLC 的透明传输

每个帧前、后均有一标志码 01111110,用作帧的起始、终止指示及帧的同步。标志码不允许在帧的内部出现,以免引起畸变。为保证标志码的唯一性同时兼顾帧内数据的透明性,可以采用 0 比特插入法来解决。该法在发送端监视除标志码以外的所有字段,当发现有连续 5 个"1"出现时,便在其后插入一个"0",然后继续发后续的比特流。在接收端,同样监测除起始标志码以外的所有字段。当连续发现 5 个"1"出现后,若其后有一个"0"则自动删除它,以恢复原来的比特流;若发现连续 6 个"1",则可能是插入的"0"发生差错变成的"1",也可能是收到了帧的终止标志码。后两种情况,可以进一步通过帧中的帧检验序列来加以区分。0 比特插入法原理简单,很适合硬件实现。其实现过程如图 8-6 所示。

原始数据　01111110101101111111111100101011111110

线上数据　01111110101101111011110110010101111110

插入的"0"

接收端恢复出
的数据　01111110101101111111111100101011111110

图 8-6　HDLC 的 0 比特插入法

(6) HDLC 的操作过程

由于 HDLC 的命令响应非常多,可以实现各种应用环境的所有要求。下面给出几个典型的实例说明 HDLC 的操作过程。

如图 8-7 所示,为了方便,图中用 I 表示信息帧。I 后面的两个数字分别表示信息帧中的 N(S)和 N(R)值。如 I21 表示信息帧的发送顺序号 N(S)为 2,接收顺序号 N(R)为 1,意味着该帧是发送站送出的第 2 帧,并捎带应答已接收了对方站的第 0 帧,期望接收的下一帧是第 1 帧。监督帧和无编号帧都直接给出帧名字,管理帧后的数字则表示帧中的 N(R)值,P 和 F 表示该帧中的 P/F 位置"1",没有 P 和 F 表示这一位置"0"。

图 8-7a 说明了链路建立和拆除的过程。A 站发出 SABM 命令并启动定时器,在一定时间内没有得到应答后重发同一命令。B 站以 UA 帧响应,并对本站的局部变量和计数器进行初始化。A 站收到应答后也对本站的局部变量和计数器进行初始化,并停止计时,这时逻辑链路就建立起来了,双方可以交换数据。拆除链路的过程由双方交换一对命令和响应 DISC 和 UA 完成。在一过程中有可能出现链路不能建立的情况,B 站以 DM 响应 A 站的 SABM 命

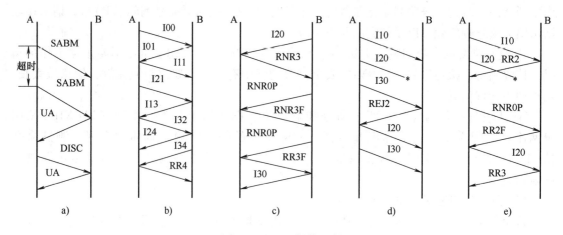

图 8-7　HDLC 操作示例

令，或者 A 站重发 SABM 命令预定的次数后还收不到任何响应，就表明链路不能建立，这时 A 站放弃建立链路，向上层实体报告链接失败，请求干预。

图 8-7b 说明了全双工交换信息帧的过程。每个信息帧中用 N（S）指明发送顺序号，用 N（R）指明接收顺序号，即向对方站送回的应答。当一个站连续发送了若干帧而没有收到对方发来的信息帧时，N（R）字段只能简单地重复。如 A 发给 B 的 I11、I12。最后 A 站没有信息帧要发时用一个监督帧 RR4 对 B 站给予应答。图中也表示了肯定应答的积累效应，如 A 站发出的 RR4 帧一次应答了 B 站的两个数据帧。

图 8-7c 说明了接收站忙的情况。出现这种情况的原因可能是接收站数据链路层实体缓冲区溢出，也可能是接收站上层实体来不及处理接收到的数据。图中 A 站以 RNR3 响应 B 站的 I20 帧，表示 A 站对第 2 帧之前的帧已正确接收，但不能继续接收下一帧，即第 3 帧。B 站接收到 RNR3 后每隔一定时间以 P 位置"1"的 RNR 命令询问接收站的状态。接收站 A 如果保持忙则以 F 位置"1"的 RNR 帧响应；如果忙状态解除，则以 F 位置"1"的 RR 帧响应，于是数据传送从 RR 响应中的接收序号开始恢复发送。

图 8-7d 说明了使用 REJ 命令的情况。A 站发出了 1、2、3 等信息帧，其中第 2 帧出错。接收站检出错误帧后发出 REJ2 命令，发送站返回到出错帧重发。这是使用后退 N 帧 ARQ 技术的情况。

图 8-7e 说明了超时重发的情况。A 站发出的第 2 帧出错，B 站检测到错误后丢弃了它。但是 B 站不能发出 REJ 命令，因为 B 站无法判断这是一个 I 帧。A 站超时后发出 P 位置"1"的 RNR 命令询问 B 站的状态。B 站以 RR2F 响应，表示希望接收 2 号帧，于是数据传送从断点恢复。

8.4　分组交换协议——X.25 建议

8.4.1　X.25 建议概述

X.25 建议是一项广泛使用的分组交换协议标准，它最早于 1976 年得到批准，并在 1980 年、1984 年、1988 年、1992 年相继进行了修订。X.25 建议是公用数据网上以分组方式工作的 DTE 与 DCE 之间的接口规程,其中 DTE 通常是主计算机、个人计算机、智能终端等分组型终端,DCE 通常是与 DTE 连接的网络中的分级交换机,如果 DTE 与入口交换机节点之间的传输线路采用模拟线路,则 DCE 也包括调制解调器(Modem)。

X.25 建议的层次结构为三层,分别为物理层、链路层和报文分组层,如图 8-8 所示。这三层分别对应 OSI 模型的最低三层(见图 8-1)。

图 8-8 X2.5 建议的层次结构

当用户数据传递到 X.25 建议的第三层时,它将创建报文分组并附加控制信息标题,然后报文分组交给第二层的 LAPB 实体,它在报文分组的前后附加控制信息并形成 LAPB 帧,最后将 LAPB 帧交给物理层,形成 X.21 标准的比特流进行传输。

8.4.2 X.25 建议的物理层

X.25 建议的物理层定义了 DTE 和 DCE 之间的电气接口和建立物理的信息传输通路的过程,其标准规范为 X.21 标准,但在许多场合下也用类似于 EIA RS-232-C 的标准。

8.4.3 X.25 建议的链路层

X.25 建议的链路层为数据以帧序列的形式可靠地在物理链路上传输,其标准称为链路访问过程平衡(Link Access Procedure Balanced,LAPB)。LAPB 是源于 HDLC 的一种面向位型的协议,它实际上是 BAC(平衡的异步方式类别)方式下的 HDLC,是 HDLC 的一个子集。它是数据链路层协议,负责管理在 X.25 建议中 DTE 与 DCE 之间的通信和数据包的组织过程。LAPB 能够确保传输帧的无差错和正确排序。

LAPB 与 HDLC 共享相同的帧格式、帧类型和字段功能,不同的是,LAPB 受 ABM 传输模式的限制且只适用于复合站。LAPB 电路可由 DTE 或 DCE 建立。启动呼叫的站称为主站,响应的另一站称为次站。另外 LAPB 所使用的 P/F 位与其他协议不同,在 LAPB 中,由于没有主从关系,发送端使用 P 位来要求立即响应。在响应帧中,这一位变成接收端的 F 位。接收端总是打开 F 位去响应来自发送端 P 位的命令。由于确认响应可能会丢失并导致任何一端无法确保帧是否正确排序,就会采用 P/F 位,同时需要重建参考点。

8.4.4 X.25 建议的分组层

在分组层中,分组是传送用户层送来的数据信息或控制信息的基本单位,它们送入链路层后,在链路层的 I 字段进行透明传输。

1. 分组类型

分组可以按其所执行的功能进行以下分类。

（1）呼叫建立分组

呼叫建立分组用于在两个 DTE 之间建立交换虚电路。这类分组有呼叫请求分组/呼入分组、呼叫接收分组/呼叫连通分组。

（2）数据传输分组

数据传输分组用于在两个 DTE 之间实现数据传输。这类分组有数据分组、流量控制分组、中断分组和在线登记分组。

（3）恢复分组

恢复分组是实现分组层的差错恢复，包括复位分组、再启动分组和诊断分组。

（4）呼叫释放分组

呼叫释放分组用于在两个 DTE 之间断开虚电路，包括呼叫释放请求分组/释放指示分组和释放确认分组。

2. 分组的一般格式

X.25 建议定义了每一种分组格式和它们的功能，由于篇幅，这里仅介绍分组的一般格式。分组的一般格式如图 8-9 所示。分组包括分组头和用户数据两部分，其长度随分组类型不同而有所不同。

（1）一般格式识别符

一般格式识别符由第一个字节的高 4 位二进制编码组成，它分别定义了一些通用的功能，其格式如图 8-10 所示。一般格式识别符的使用方法见表 8-8。

图 8-9 分组的一般格式

图 8-10 一般格式识别符的格式

表 8-8 一般格式识别符的使用方法

一般格式识别符		第一字节的高位			
		8	7	6	5
呼叫建立分组	模 8 序列编号方案	×	×	0	1
	模 128 序列编号方案	×	×	1	0
拆分线组	模 8 序列编号方案	×	0	0	1
	模 128 序列编号方案	×	0	1	0
拆线、流量控制、中断、重新建立、重新开始、登记与诊断分组	模 8 序列编号方案	0	0	0	1
	模 128 序列编号方案	0	0	1	1

（续）

一般格式识别符		第一字节的高位
		8 7 6 5
数据传输分组	模 8 序列编号方案	× × 0 1
	模 128 序列编号方案	× × 1 0
一般格式识别符扩展		0 0 1 1
为其他应用备用		× × 0 0

注：××未规定。

1）Q 位。8 位用来区分传输的分组是用户数据还是控制信息。Q = 0 表示是用户数据；Q = 1表示是控制信息。它是数据分组中的限定符位，用于 PAD 之间或 PAD 与分组型终端之间的通信控制。

2）D 位。7 位是确认位，用于数据和呼叫建立分组中的传送证实，在其他分组中均被置"0"。D = 0，表示分组由本地（DTE 与 DCE 之间）确认；D = 1，表示分组由远端（DTE 与 DTE 之间）确认。

3）SS 位。6 和 5 位表示分组的顺序编号的方式。SS = 01，表示按模 8 序列编号；SS = 10，表示按模 128 序列编号。

（2）逻辑信道组号

逻辑信道组号位于第一个字节的低 4 位，其最大值为 15，在重新开始分组、诊断分组和登记分组中这 4 位均置"0"。系统为每个交换虚呼叫或永久虚电路都分配一个逻辑信道号。

（3）逻辑信道号

除重新开始分组、诊断分组和登记分组之外，每个分组的第二个字节均为逻辑信息编号，在呼叫建立阶段由系统分配逻辑信道组号和逻辑信道号。在虚呼叫建立之后，为了避免在每个分组中都要发送完整的 12 位地址，使用缩短了的逻辑信道寻址方式。每次虚呼叫只能在 DTE/DCE 接口使用一个逻辑信道组号和一条逻辑信道号。对于使用虚呼叫和永久虚电路的用户，逻辑信道组号和逻辑信道号应在鉴定业务时与主管部门协商分配。在不使用永久虚电路的情况下，逻辑信道 1 可分配给 LIC（单向输入），逻辑信道 0 只用于重新开始分组、诊断分组、登记请求分组和登记证实分组。

（4）分组类型识别符

分组头的第三个字节表示分组类型识别符，用于识别各种不同的分组。

数据通信系统中有几种常用的分组，如建立虚电路时用到的呼叫请求分组/呼入分组、呼叫接收分组/呼入连通分组、释放虚电路时用到的释放请求分组/释放指示分组、释放确认分组，数据传输时用到的数据分组等。

8.5 帧中继协议

8.5.1 概述

1. 帧中继的概念

帧中继（Frame Relay，FR）技术是分组交换的升级技术，是 20 世纪 90 年代初出现的一种公用数据交换网络技术。它工作于 OSI 的第二层，以帧为单位进行存储和转发。帧中继简化了节点机之间的协议，将流量控制和差错控制等留给终端去完成，缩短了传输时延，提高了传输效率。

2. 帧中继原理

帧中继的节点交换机收到一帧的目的地址后立即开始将其转发出去，而不必等到整个帧接收完毕并做相应处理后再转发。帧中继是一种减少节点处理时间及延时的技术。

按上述机制，只有当整个帧被接收后，节点才能检测到差错。但节点检测出差错时，很可能该帧的大部分已转发至别的节点。为了解决这个问题，可以采用一旦检测到有错码节点便立即中止这次传输的方法。当中止传输的指示到达下个节点后，下个节点就立即中止该帧的传输，并丢弃该帧。

3. 帧中继的特点

帧中继可以看成是 X.25 建议中分组交换技术及其功能的子集，它具有以下特点：

1）帧中继能够为用户提供简单的标准化接口，产品兼容性好。

2）帧中继采用带外信息技术，其控制信号在专用的信道内传输，与传送用户数据的信道相隔离。

3）网络处理更为简单，交换过程中出错后的重传纠错功能留给用户域中的端系统处理。

4）帧中继采用统计复用技术，信道的利用率更高。

5）帧中继支持多协议。

6）帧中继传输速率高。

8.5.2　帧中继的体系结构

1. 帧中继的分层结构

X.25 建议使用了 OSI 参考模型的下三层协议。帧中继则简化了 X.25 建议，舍去了 X.25 建议的分组层，采用二级结构，即物理层和链路层，如图 8-11 所示。其中链路层只保留核心部分，实现帧的透明传输和差错控制，但不提供检出错误后的重传功能键。链路层采用的是 LAPF 规程（LAPF 规程是 LAPD 规程的扩展）。

帧中继的优越性体现在它不需要进行第三级的处理，而让帧直接通过交换节点体现，即在帧的尾部还未收到之前，交换节点就可以把帧的首部发送出去，从而节省了交换机的开销，达到缩短时延，提高吞吐量的目的。为了确保数据的正确传输，所需的纠错重传、流量控制等功能则由端对端的用户设备去完成。

图 8-11　帧中继的分层结构

2. 帧中继传输协议

帧中继传输协议可以分为控制平面（C-Plane）和用户平面（U-Plane）。控制平面执行数据链路呼叫控制功能，使用 ITU-T Q.931 和 Q.932 两个协议。用户平面执行端用户之间的数据传输，使用 Q.922（LAPF）协议的核心部分 DL-CORE，Q.922 协议的剩余部分 DL-CONTROL 则是用户平面的可选功能。

帧中继传输协议与 X.25 建议等低速分组交换协议相比有如下特点：

1）帧中继传输协议只包含物理层和数据链路层，没有网络层，数据流以数据链路层的帧格式在网络中传输。

2）帧中继是基于 ISDN 的高速信道，如 H 信道，其速率可达 DS1 的 1.5Mbit/s。

3）帧中继对 ISDN 的突发性数据能做出良好的响应，而且可简化拓扑结构，降低硬件成本。

3. 帧结构

ITU-T Q.922 协议规定了帧中继的帧结构，如图 8-12 所示。

图 8-12　帧中继的帧结构

帧中继的帧结构与 HDLC 的帧格式类似，其主要差别是没有控制域 C。各字段的作用如下。

（1）标志字段 F

标志字段 F 含特殊的位序列 01111110，用来指明帧的开始和结束。

（2）地址字段 A

地址字段 A 的长度为 2B，也可扩展为 3 或 4B。由以下几个部分组成。

1）数据链路连接标识符（Data Link Connection Identifier，DLCI）。用于标识此帧要通过的虚连接号。对于 2B 的地址字段，最多可提供 1024 个虚连接号。根据 ITU 的有关建议，DLCI0 保留，供呼叫控制命令使用；DLCI1~15 和 DLCI1008~1022 保留待用；DLCI1023 供本地管理接口使用；DLCI16~1007 共有 992 个地址为帧中继使用。对于标准的帧中继接口，DLCI 值只具有本地含义。

2）命令与响应 C/R。此位帧中继不使用，仅与高层应用有关。

3）扩展地址 EA。此位表示地址字段扩展与否。当 EA 为"0"时，表示下一字节仍是地址字段，否则就表示地址字段到此为止。

4）正向显式阻塞通知（Forward Explicit Congestion Notification，FECN）。此位置"1"表示与该帧同方向传输的帧可能受网络阻塞的影响而造成时延。

5）反向显式阻塞通知（Backward Explicit Congestion Notification，BECN）。此位置"1"表

示与该帧反方向传输的帧可能受网络阻塞的影响而造成时延。

6）丢弃指示 DE。此位置"1"表示在网络发生阻塞时，允许丢弃该帧。引起丢弃的原因主要有两个：一是帧出错，指出 FCS 字段检测错误或者虚连接号 DLCI 未在交换机登记；二是由交换机引起的网络阻塞。

（3）信息字段 I

信息字段包含用户数据，其长度可变。

（4）帧校验序列字段 FCS

FCS 字段含有 2B 的循环冗余校验码，其作用在于检测链路上出现差错的频度，供网络管理使用。

4. 帧中继协议的运行机制

帧中继提供两种基本业务，即交换虚电路和永久虚电路。交换虚电路是每次提供帧中继服务时，都要经历建立链路和释放链路阶段，即获得和释放网络资源。它适合随机性强、数据传输量小的通信场合。永久虚电路是用户向网络管理部门预约通信业务，由网络提供永久性的虚电路，因此在提供帧中继服务时，就无须经历建立和释放链路阶段。它适用于通信对象固定、数据传输量较大的通信场合。无论是交换虚电路和永久虚电路，帧中继的逻辑链路都是通过 DLCI 来实现的。

帧中继协议的运行过程如下：首先，由两个对等的控制平面使用 SETUP 等控制命令，同意建立一条数据链路。接着控制平面利用系统管理功能，向用户平面的链路管理实体发送一条 M2N 类型原语，表示一条数据链路已协商好，链路级管理实体接收后向 DL-CORE 发出 MC-ASSIGN 原语，DL-CORE 根据此原语所带的三个参数（DLCI、DL-CORE 的内部连接号 CORE-CEI 和物理信道号指示 PH-CEI），在 PH-CEI 所指定的物理信道上建立数据链路，并将这条链路的服务参数（如最大的传输速率）通知用户平面的 DL-CORE。一旦 DL-CORE 将这些参数记录在内部表上之后，用户平面就可以独立于控制平面发送用户数据了。帧中继协议的运行机制体现了 ISDN 把控制与传输分开的重要思想，这就为实现快速分组交换奠定了基础。

本 章 小 结

1）通信协议就是通信双方事先约定好的双方都必须遵守的通信规则、约定，它实际上是一些通信规则集。通信协议一般由语法、语义和时序组成。

2）为了使不同类型的计算机或终端能互连，以便相互通信和资源共享。国际标准化组织（ISO）提出了开放系统互连参考模型（OSI/RM）。OSI 参考模型共分七层：物理层、数据链路层、网络层、传输层、会话层、表示层和应用层。

3）物理层协议就是 DTE 和 DCE 之间的一组约定，它规定了 DTE 与 DCE 之间标准接口的机械特性、电气特性、功能特性和规程特性。常用的物理层标准有 EIA RS-232-C 和 X. 21。

4）为了在 DTE 与网络之间或 DTE 与 DTE 之间有效、可靠地传输数据信息，必须进行传输控制。数据链路层的协议称为数据链路传输控制规程。数据链路传输控制规程基本上分为两大类：面向字符型和面向比特型。

面向字符型的基本型传输控制规程以字符作为传输信息的基本单位，并规定了 10 个控制字符用于传输控制，其报文格式可分为信息报文和监控序列。

面向比特型的高级数据链路控制规程，以帧为单位传输数据信息和控制信息，传输效率较高。帧的结构是固定的，有标志域、地址域、控制域、信息域和校验域组成。帧的类型有信息帧(I 帧)、监控帧(S 帧)和无编号帧(U 帧)。

5) X.25 建议是公用数据网上以分组方式工作的 DTE 与 DCE 之间的接口规程。X.25 建议的层次结构分为物理层、链路层和报文分组层等三层。分组可以按其所执行的功能分为呼叫建立分组、数据传输分组、恢复分组和呼叫释放分组。

6) 帧中继是 X.25 建议的分组网在光纤传输条件下发展起来的一种快速分组交换技术，它简化了网络功能，减少了中间节点的处理时间，提高了传输速率。帧中继采用二级结构，物理层和链路层。帧中继的帧结构与 HDLC 的帧格式类似，但没有控制域。

思考题与习题

8-1 什么是通信协议？通信协议一般由哪几部分组成？

8-2 什么是实体？什么是服务？

8-3 试画出 OSI 参考模型，并简述各层的功能。

8-4 物理层协议中规定的物理接口的基本特性有哪些？

8-5 EIA RS-232-C 电气特性中逻辑"1"和逻辑"0"电平是如何规定的？

8-6 数据链路传输控制规程的功能有哪些？

8-7 试画出 HDLC 的帧结构，并说明其帧的类型。

8-8 已知 HDLC 帧的 I 字段的内容为 01101111011111101111110010，试给出采用 0 比特插入法后的比特序列。

8-9 X.25 建议的层次结构分为哪几层？

8-10 X.25 建议的分组层的功能是什么？按所执行功能可以分为哪几种分组？

8-11 为什么帧中继比分组交换缩短了传输时延，提高了传输效率？

8-12 帧中继的分层体系结构如何？

8-13 帧中继传输协议与 X.25 建议等低速分组交换协议相比有哪些特点？

第 **9** 章

数据通信网

数据通信自 20 世纪 60 年代诞生以来，一直处于快速发展中，各种新技术层出不穷，迅速成熟并投入到实际应用中。数据通信网是数据通信发展的必然结果，作为现代信息网的重要组成部分，它在现代信息社会中的作用举足轻重。本章首先介绍数据通信网的基本知识，接着对电路交换网、分组交换网、数字数据网、ATM 网、城域网、无线网和移动通信网的基本概念、组成、特点、工作原理和应用等进行详细介绍。

9.1 数据通信网概述

9.1.1 数据通信网的构成

数据通信网是一个由分布在各地的数据终端、数据交换设备和数据传输链路所构成的网络，在网络协议的支持下实现数据终端间的数据传输和交换。数据通信网如图 9-1 所示。

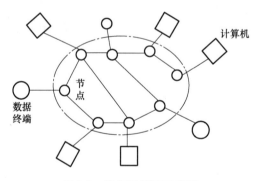

图 9-1　数据通信网示意图

数据通信网的硬件构成包括数据终端设备、数据交换设备及数据传输链路。

1. 数据终端设备

数据终端设备（DTE）是数据通信网中的信息传输的源点和终点，它的主要功能是向传输链路输出数据和从网络中接收数据，并具有一定的数据处理和数据传输控制功能。

2. 数据交换设备

数据交换设备（DCE）是数据通信网的核心，即图 9-1 中的节点。它的基本功能是完成对接入交换节点的数据传输链路的汇集、转接接续和分配。

3. 数据传输链路

数据传输链路是数据信号的传输通道，包括用户终端的入网路段(即数据终端到交换设备间的链路)和交换节点之间的传输链路。

数据传输链路上的数据信号传输方式有基带传输、频带传输和数字数据传输等。

9.1.2 数据通信网的分类

数据通信网可以从以下几个不同的角度进行分类。

1. 按网络拓扑结构分类

拓扑结构是应用拓扑学来研究数据通信网结构，拓扑是从图论演变而来的，是一种研究与大小形状无关的点、线、面特点的方法。数据通信网按网络拓扑结构分类，有以下几种基本形式。

(1) 全互连形网

全互连形网中的每个节点和网上其他所有节点都有通信线路连接，如图 9-2 所示。它的可靠性高，无须路由选择，通信方便，但网络连接复杂，线路利用率比较低，经济性差。全互连形网适合于节点数少、距离较近的环境。

(2) 不规则形网

不规则形网也称为网格形网。在通信网络中任意两节点间是否用点对点线路专线连接，要依据其间的信息流量以及网络所处的位置来确定。如果某节点间的通信可由其他中继节点转发且不影响网络性能，则不必直接互连。因此地域范围很大且节点数较多时，可采用不规则形网。不规则形网中的每一个节点均至少与其他两个节点相连，如图 9-3 所示。它的可靠性比较高，且线路利用率比一般的全互连形网要高。数据通信中的骨干网一般采用不规则形网结构。

图 9-2 全互连形网

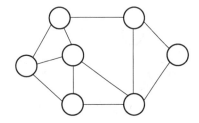

图 9-3 不规则形网

(3) 星形网

星形网是由一个功能较强的转接中心和一些各自连到中心的从节点组成。如图 9-4 所示。网络中各个从节点间不能直接通信，从节点间的通信必须经过转接节点。星形网一般有两种结构，一种是转接中心仅起从节点连通的作用；另一种是转接中心除了转接功能之外，还具有很强的处理能力，转接中心也成为各从节点共享的资源。星形网建网容易，控制相对简单，线路利用率高，经济性好，但可靠性低，且网络性能过多地依赖于中心节点，一旦转接中心出故障，将导致全网瘫痪。星形网一般用于非骨干网。

(4) 树形网

树形网是星形网的扩展，树的每个节点都具有处理能力，如图 9-5 所示。一般说来，越靠近树根的节点，处理能力就越强。树根节点一般具有通用功能，以便控制协调系统的工作，树叶节点一般具有专用功能。树形网层次结构不宜太多，以免转接开销太大。树形网也是数据通信非骨干网采用的一种网络结构。

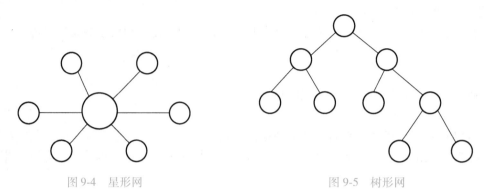

图 9-4　星形网　　　　　　　　　　　图 9-5　树形网

（5）环形网

环形网是各节点首尾相连组成一个环状，如图 9-6 所示。数据在网上单向流动，每个节点按位转发所经过的信息，可用令牌控制来协调控制各节点的发送，任意两节点都可通信。它结构简单，易于实现，传输时延确定，通信距离比较远；但可靠性差，任一节点与通信链路的故障都将导致系统失效，故障诊断与处理比较困难，控制、维护和扩容比较复杂。

（6）总线型网

在总线型网中，所有节点共同连接到一条通信介质上，不存在中心节点，如图 9-7 所示。同一时刻只允许一个节点发送信号，并以广播方式到达所有其他的节点。它结构简单，易于实现，布线容易，介质利用率高，可靠性好，单一节点的故障不影响全局，系统扩容方便；但故障诊断与处理困难，介质可靠性差，直接通信距离较短。

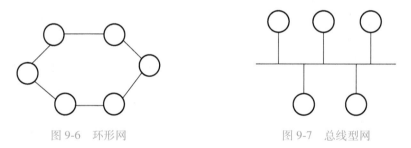

图 9-6　环形网　　　　　　　　　　　图 9-7　总线型网

2. 按传输技术分类

按传输技术分类，数据通信网可分为交换网和广播网。

（1）交换网

根据采用的交换方式的不同，交换网又可分为电路交换网、报文交换网、分组交换网、帧中继网、DDN 网和 ATM 网。

（2）广播网

在广播网中，每个数据站的收发信息共享同一传输媒介，从任一数据站发出的信号可被所有的其他数据站接收。在广播网中没有中间交换节点。

3. 按业务种类分类

按所实现的业务种类分类，通信网可分为电话通信网、数据通信网和广播电视网。

4. 按服务范围分类

按网络的服务范围分类，数据通信网可分为企业网、本地网、长途网和国际网。

9.2　电路交换网

电路交换网主要有两种，分别为公共交换电话网（PSTN）和综合业务数字网（ISDN）。

9.2.1　公共交换电话网

公共交换电话网是打电话时中间经过的传输网络。PSTN 是以模拟技术为基础的电路交换网。通过 PSTN 实现通信具有费用最低的优点，但其传输质量较差，网络资源利用率较低，数据传输速率较低。

PSTN 是一个模拟信道，两个站点在经 PSTN 通信时，必须经双方 Modern 实现计算机数字信号与模拟信号之间的转换，其内部并没有上层协议保障其差错控制能力。PSTN 在通信双方建立连接后独占一条信道，在中间无信息时信道也不能被其他用户所利用。如同打电话，双方话机接通后即使不讲话，其他用户也无法占用。

PSTN 带宽有限，而且中间没有存储转发功能，难以实现变速传输，只能用于通信要求不高的场合。

PSTN 入网方式简便灵活，可有多种选择：

（1）借用普通拨号电话线

只要把两端的电话机拆除，在电话线上接入计算机的 Modern 即可通信。通信接口可用计算机本身的 COM 口或加插通信卡即可。由于其支持的通信速率低，故常用于不频繁的小型文件传输。借用普通拨号电话线组网的连接图如图 9-8 所示。

（2）租用一条电话专线

相当于通信双方连接了一条固定的直通线，随时可以通信。这种组网方式增加了租用专线的费用，但其通信速率和质量比普通拨号方式都有提高。常用于速率要求不高而又要频繁通信的业务。

图 9-8　借用普通拨号电话线组网

（3）经普通拨号电话线或租用专用电话线方式经 PSTN 转接入公共分组交换数据网（X.25 网）。

利用电话线经 PSTN 接入本地 X.25 网再与远地 X.25 网连接是一种较好的远程方式。X.25 网为用户提供了可靠的面向连接虚电路的服务，其可靠性与传输速率（X.25 中继线传输速率可达 64kbit/s～2Mbit/s）比用电话线通信高得多。

9.2.2　综合业务数字网

1. ISDN 概述

（1）ISDN 的概念

综合业务数字网的概念诞生于 20 世纪 70 年代，成熟于 20 世纪 80 年代。1984 年 ITU-T

把 ISDN 定义为："ISDN 是以综合数字电话网（IDN）为基础发展演变而成的通信网，能够提供端到端的数字连接，用来支持包括话音和非话音在内的多种电信业务，用户能够通过有限的一组标准多用途用户/网络接口接入网内"。

（2）ISDN 的特点

1）支持端到端的数字连接。ISDN 是一个全数字化的网络，网络中的一切信号均以数字形式进行传输和交换，也就是说不论原始信号是话音、文字、数据还是图形，都需要先在终端上转换成数字信号，然后通过数字信道传送到 ISDN 网中，再由网络将这些数字信号传输到通信另一方的终端设备。但用户网接口上仍采用模拟传输。

2）提供综合的通信业务。ISDN 不仅覆盖了现有各种通信网的全部业务，还包括数字电话、传真、可视电话、电视会议和电子邮件银行业务等。

3）提供标准的入网接口。ISDN 向用户提供了一组标准的多用途入网接口，不同的业务和终端可经过同一接口入网。所以 ISDN 的所有业务都可采用单一的号码。接口的标准化不仅使终端设备可携带，而且还简化了网络的管理工作。

2. ISDN 的基本结构

ISDN 的基本结构如图 9-9 所示。

图 9-9　ISDN 的基本结构示意图

NT1—网络终端设备　NT2—网络终端设备（PBX）　TE1—标准的 ISDN 终端设备　TE2—非 ISDN 终端设备
LT—线路终端　ET—交换终端　TA—ISDN 适配器　R、S、T、U、V—各设备连接接口参考点

（1）ISDN 的结构配置

ISDN 定义了 R、S、T、U、V 五个参考点来描述各设备间的连接接口。其中，参考点 T 用于标志用户设备和 ISDN 网络设备之间的接口，在参考点 T 的一边为用户设备，另一边为 ISDN 设备。ISDN 终止于网络终端设备（NT1），ISDN 交换机通过 NT1 经参考点 T 与用户设备接口。在 NT1 内装有一个连接器，最多可有 8 个终端接入总线。从用户角度看，用户设备和网络界面是 NT1 的连接器。NT1 同时还包括网络管理、测试、维护和性能监视的功能。

（2）ISDN 的用户设备及参考点

ISDN 将用户设备分为两类：一类是标准的 ISDN 终端设备，称为 TE1，可直接接入 ISDN；另一类为非 ISDN 终端设备，称为 TE2，需经 ISDN 适配器（TA）适配后接入 ISDN 网。普通的 PC 是一个 TE2 类终端，可以通过插入 ISDN 适配卡接入 ISDN。ISDN 适配卡通常只

252

具有 ISDN 基速接口(BRI)，ISDN 路由器具有基速接口(BRI)或主速接口(PRI)。具有 PRI 的路由器可与多个具有 BRI 的终端相连。

在用户设备和网络设备之间还可插入一个 NT2。NT2 是一个智能设备，可以包括 OSI 的下三层功能。典型的 NT2 设备是一台数字化的专用分支交换机(PBX)。

在 ISDN 中，非 ISDN 终端 TE2 与终端适配器 TA 之间的连接参考点为 R；终端与网络之间的参考点，即 TE1 或 NT2 之间的连接参考点为 S；网络用户端与传送端之间的参考点，即 NT1 与 NT2 之间的连接参考点为 T；网络终端接入传输线路接口参考点，即 NT1 与线路终端(LT)之间的连接参考点为 U；用户环路传送端与交换终端之间的参考点，即 LT 与 ET 之间的连接点为 V。如不采用 NT2，则 S 和 T 为同一参考点。

3. ISDN 用户/网络接口

（1）ISDN 用户/网络接口的信道类型

从用户角度，ISDN 可看成是通过一个单一的用户/网络接口提供各种各样业务的网络。用户/网络接口的信息传输能力以信道来描述。根据不同的信道速率、信息性能和信息容量，信道可分为以下几种不同的类型。

1）B 信道是用户信道，用于传输话音、数据、传真或图像等用户信息，其传输速率为 64kbit/s。B 信道可用来访问多种不同的交换模式，如电路交换和分组交换。一个 B 信道可以包含多个低速的用户信息，但这些信息送达的目的地必须相同。

2）D 信道是信令信道，主要用于传送连接控制信息以控制 ISDN 服务。此外，它还可以传送数据信息。D 信道依据特定接口的不同，其传输速率可取 16kbit/s 或 64kbit/s。

3）H 信道用来传输高速用户信息，包括传输高速数据、快速传真、视频信号和高质音频等；用户可以将 H 信道作为高速干线或者根据各自的时分复用方案将其划分使用。H 信道有三种标准，即 H0 信道：384kbit/s；H11 信道：1536kbit/s；H12 信道：1920kbit/s。

4）E 信道为电路交换业务提供信号，而且它只在使用多种存取配置的用户/网络接口才使用。

（2）ISDN 用户/网络接口的结构

ISDN 用户/网络接口的结构有两种类型，即基本速率接口和基群(一次群)速率接口。

1）基本速率接口(BRI)。该接口包括两条 64kbit/s B 信道和一条 16kbit/s D 信道，即 2B+D 接口，总速率达到 144kbit/s。这种接口能满足大部分单个用户的需要。2B+D 信道无须改造现有的电话线，只要求交换机提供 ISDN 功能，用户的 ISDN 通信设备就可以直接通过现有的电话线接入，进行话音和多种形式的数据通信。

2）基群(一次群)速率接口(PRI)。这种接口主要用于装有 PBX 或具有召开电话会议用的高速信道等需要很大业务量的用户，它可提供 1544kbit/s 和 2048kbit/s 两种速率的传输能力。其接口结构可根据用户对通信的不同要求做出多种安排，一种典型的结构是 nB+D。对于需要使用高速率的用户可以采用 mH0+D、H11+D 或 H12+D，也可以采用既有 B 信道又有 H0 信道的结构 nB+mH0+D。

4. ISDN 的业务能力

ISDN 的业务能力主要有三种：承载业务、用户终端业务和补充业务。

（1）承载业务

承载业务是由网络提供单纯的信息传送业务，主要有电路交换方式、分组交换方式和帧中继方式。

（2）用户终端业务

用户终端业务是在人和终端的接口上提供的各种面向用户的应用业务，如数字电话、智能用户电报、可视图文和用户电报等。

（3）补充业务

补充业务是承载业务或用户终端业务的附加业务，不能独立向用户提供，它必须随基本通信业务一起提供。

9.3 分组交换网与帧中继网

9.3.1 分组交换网

分组交换网的发展始于 20 世纪 70 年代中期，当时世界范围内迅速发展和相继建立了一批用于数据交换的分组交换网络。我国的公用分组交换网 ChinaPAC 于 1993 年建成并正式开放业务，它覆盖全国省会城市和部分地市，形成了全国范围的公用数据交换网。

1. 分组交换网的构成

分组交换网的结构形式如图 9-10 所示。

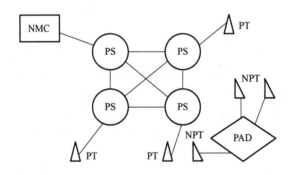

图 9-10　分组交换网的结构形式

分组交换网主要由分组交换机(PS)、终端设备(DTE：分组型 PT、非分组型 NPT)、网络管理中心(NMC)、分组装配拆装设备(PAD)和传输线路构成。

（1）分组交换机

分组交换机是分组交换网的重要组成部分。根据其位置不同，可分为转接交换机和本地交换机两种。转接交换机通信容量大，通信处理能力强，在单位时间内处理的分组数大，线路传输速率高，线路端口数多，所有线路端口都用于交换机之间互联的中继端口，所以其路由选择功能强。本地交换机通信容量小，通信处理能力较低，单位时间内能处理的分组数少，大部分线路端口为用户端口，主要接至用户数据终端，一般只有一个线路端口用作中继端口接至转接交换机，与网内其他数据终端互通时必须经过相应的转接交换机，只有局部交换功能，基本上不具备路由选择功能。

分组交换机的主要功能有：

1）提供网络交换虚电路(SVC)和永久虚电路(PVC)两项基本业务，实现分组在两种虚电路上传送，完成信息交换任务。

2）实现 X.25、X.75 等多种接口规程协议功能。

3）如果交换机需直接连接非分组型终端，或经电话网接终端，则交换机还应有 X.3、X.28、X.29、X.32 等接口规程协议功能。

4）能进行路由选择，以便在网中选择一条最佳路由实现两个 DTE 之间的通信。

5）能进行流量控制，防止网络阻塞，使不同速率的终端能互相通信。

6）完成局部的维护、运行管理、故障报告与诊断、计费及一些网络的统计等功能。

（2）远程集中器

远程集中器可以将离分组交换机较远地区的低速数据终端的数据集中起来后，通过一条中、高速电路送往分组交换机，以提高电路利用率。分组型终端 PT 和非分组型终端 NPT 分别通过它们的相应接口接入远程集中器。远程集中器具有本地交换的功能。

（3）终端设备

终端设备分为分组型终端和非分组型终端。分组型终端（如计算机或智能终端等）发送和接收的均是规格化的分组，可以按照 X.25 协议等直接与分组交换网相连；而非分组型终端（如字符型终端）产生的用户数据不是分组，而是一连串字符。非分组型终端不能直接接入分组交换网，而必须通过分组装配拆装设备才能接入到分组交换网。

（4）网络管理中心

网络管理中心又称为网络控制中心，是为保证网络连续工作和提高网络的有效性而设置的。通常由三个部分组成：网络管理机、网络终端设备和外围设备。

网络管理中心的主要任务如下：

1）收集全网的信息。收集的信息主要有交换机或线路的故障信息，检测规程差错、网络拥塞、通信异常等网络状况信息，通信时长与通信量多少的计费信息，以及呼叫建立时间、交换机交换量、分组延时等统计信息。

2）路由选择与拥塞控制。根据收集到的各种信息，协同各交换机确定当时某一交换机至相关交换机的最佳路由。

3）网络配置的管理和用户管理。网络中心针对网内交换机、设备与线路等的容量情况、用户所选用补充业务情况及用户名与其对照号码等，向其所连接的交换机发出命令，修改用户参数表。

4）用户运行状态的监视与故障检测。网络管理中心通过显示各交换机和中继线的工作状态、负荷、业务量等，掌握全网运行状态，检测故障。

5）控制软件管理。通过对各交换机软件进行遥控安装修改，以便在交换机软件被破坏后进行恢复和交换机软件版本的更新。

（5）分组装配拆装设备

分组装配拆装设备主要实现将非分组型终端接入分组网中。

分组装配拆装设备的主要功能有：

1）完成规程转换。把非分组型终端的字符通过 PAD 组装成分组以便于发至分组交换机中；同时从分组交换机来的分组被拆卸成字符，以便非分组型终端接收。

2）统计时分复用。把各终端的字符数据流装配成分组后，在 PAD 至交换机的中、高速线路上统计时分复用，以便于更有效地利用线路并且扩充非分组型终端接入的端口数。

2. 分组交换网的业务功能

分组交换网可向用户提供的基本业务功能分为两类：基本业务功能和用户任选的补充业

务功能。

（1）基本业务功能

基本业务功能分为交换虚电路和永久虚电路两类。

虚电路就是要求在数据交换之前，分组交换网根据全网络的运行状况，所确定的在当时情况下通信双方数据传输的最佳逻辑路由。该逻辑电路由数据传输途径的各段逻辑信道连接而成。逻辑电路只有在数据传输时才被分配占用。

1）交换虚电路。交换虚电路是指每次通信时双方建立的虚电路。数据终端间要通信时，先要拨号建立虚电路，通信结束后再释放虚电路。通常称通信开始到释放虚电路为一次呼叫，所以交换虚电路业务又称为虚呼叫业务。分组交换网中的任何终端之间都可以建立虚电路。

2）永久虚电路。永久虚电路是指两终端之间的虚电路永久式连接。建立了永久虚电路的终端间通信时无须拨号建立虚电路及释放虚电路的过程。它适合两个通信终端固定不变的场合。

（2）用户任选的补充业务功能

用户任选的补充业务功能分为在合同期内使用的和在每次呼叫时使用的用户任选的补充业务。根据 ITU-T 的规定，在公用分组交换网中所使用的用户补充业务功能有 31 项，以下仅讨论常用的几项，更多的请查阅相关的文献和资料。

1）闭合用户群。闭合用户群业务就是由多个用户组成一个群，群内用户可以互相通信，但不能与群外用户通信。可以利用这一业务功能在公用分组网内组成专用网。

2）快速选择业务。如果用户要传送的数据量小于 128B，用户可以在建立及释放虚电路过程中把用户数据带上传递到对方，从而省去了通信过程，加快了通信速度。要实现快速选择业务必须要求对方为能接收快速选择业务的用户。

3. 分组交换网的性能

衡量分组交换网的传输交换性能主要有四个方面：分组传输时延、虚电路建立时间、传输差错率和网路可利用率。

（1）分组传输时延

分组传输时延是指从网路源点的节点交换机收到发送用户送来的一个完整数据分组的最后一个比特起，到把这个数据送到终点，并且节点交换机已准备好向接收用户传送出数据分组的这段时间。

分组传输时延首先取决于节点交换机的处理能力，节点交换机的处理能力用每秒处理的分组数来表示。一般的集中式节点交换机处理能力约为 500 分组/s，大型节点交换机的处理能力约为 1000 分组/s。其次，分组传输时延也与从源节点交换机到终点节点交换机所途经的节点交换机的数目、传输距离以及数据信道的传输质量等因素有关。分组在网内的时延应小于 300ms。

（2）虚电路建立时间

虚电路建立时间实质上是呼叫用户发出的呼叫请求分组的传输时延与被叫用户发出的呼叫接收分组的传输时延之和。在大多数情况下，呼叫请求分组的传输时延不超过 1s，呼叫接收分组的传输时延不超过 1s，所以虚电路的建立时间一般不超过 1.5s。

（3）传输差错率

传输差错率用来衡量传输的质量。由于在数据分组交换网的传输链路中采用了有效的循环冗余码和差错检测自动重发系统来控制传输质量。所以，分组交换网的传输质量较高。在节点交换机之间的链路上的传输差错率一般低于 10^{-8}。

（4）网路可利用率

网路可利用率是指分组交换网对用户而言的可利用程度，它可以用网路中所有用户总的工作时间与网路实际提供给用户的有效工作时间的比值来描述，定义为

$$\eta = \frac{t}{T} \tag{9-1}$$

式中，T 为用户总的工作时间，T = 网络用户数×统计时间；t 为用户总的工作时间−故障时间；故障时间 = 故障用户数×故障时间。

统计时间可以周、双周或月作为单位。

9.3.2 帧中继网

1. 帧中继的功能

帧中继的功能主要包括以下几个方面：

1）帧中继主要用于传递数据业务，它使用一组规程将数据以帧的形式有效地进行传送。帧一般要比分组要长得多，可以达到 1600B/帧。

2）帧中继交换机只采用物理层和链路层两级结构，取消了网络层的大部分功能。其链路层主要有统计时分复用、帧透明传输和错误检测等功能，不提供差错发现并重传操作，这使得交换机的开销减少，降低了通信时延。一般用户的接入速率为 64kbit/s~2Mbit/s。

3）帧中继传送数据信息所使用的传输链路是逻辑连接，而不是物理连接，在一个物理连接上可以复用多个逻辑连接。通过统计时分复用，动态分布带宽，用户可以共享网络资源，提高了利用率。

4）提供一套合理的带宽管理和防止阻塞的机制，用户有效地利用预先约定的带宽，并且允许用户的突发数据占用未预定的带宽，以提高整个网络资源的利用率。

5）帧中继采用面向连接的虚电路交换技术，可以提供交换虚电路业务和永久虚电路业务。

2. 帧中继网的基本构成和用户接入

（1）基本构成

帧中继网由三个要素组成，即帧中继接入设备、帧中继交换设备和公用帧中继业务。

1）帧中继接入设备（FRAD）：即用户住宅设备，包括主机、网桥/路由器、分组交换机、特殊的帧中继 PAD。

2）帧中继交换设备：T1/E1（1.544/2.048Mbit/s）一次复用器、分组交换机、专用帧中继交换设备等，为用户提供标准帧中继接口。

3）公用帧中继业务：通过公用帧中继业务提供业务。帧中继接入设备和专用帧中继设备可通过标准帧中继接口与公用帧中继网相连。

（2）用户接入帧中继网

目前，大部分用户采用直通用户电路接帧中继网，也有些用户通过电话交换电路或 ISDN 交换电路接入。

一般而言，用户接入帧中继网可采用以下几种形式，如图 9-11 所示。

1）局域网接入形式。局域网用户一般通过网桥/路由器接入帧中继网，也可以通过其他

图 9-11　用户接入帧中继网

的帧中继接入设备（如集线器、PAD 等）接入帧中继网。

2）计算机接入形式。各类计算机通过帧中继接入设备（FRAD）将非标准的接口规程转换为标准的用户网络接口（UNI）规程后接入帧中继网；如果计算机自身带有标准的 UNI 规程，则可作为帧中继终端直接接入帧中继网。

3）用户帧中继交换机接入公用帧中继网。用户专用的帧中继网接入公用帧中继网时，将专用网络中的一台交换机作为公用帧中继网的用户，以标准的 UNI 规程接入。

3. 帧中继应用

（1）适用场合

1）当用户需要进行数据通信，带宽要求为 64kbit/s~2Mbit/s，且参与通信的各方多于两个时，使用帧中继是一种较好的解决方案。

2）通信距离较长时，应选帧中继。因为帧中继的高效性使用户可以享有较好的经济性。

3）当数据业务量为突发性时，由于帧中继具有动态分配带宽的功能，选用帧中继可以有效地处理突发性数据。

（2）业务应用

1）局域网互联。帧中继很适合为局域网用户传送大量的突发性数据，所以利用帧中继网络进行局域网互联是帧中继业务中最典型的一种业务。

2）图像传送。帧中继网络可提供图像、图表的传送业务，这些信息的传送往往要占用很大的网络带宽。帧中继网络为医疗、金融机构之间图像、图表的传送提供了良好的解决方案。

3）虚拟专用网。帧中继网络可以将网络中的若干个节点划分为一个分区，并设置相对独立的管理机构，对分区内的数据流量及各种资源进行管理。分区内各个节点共享分区内的网络资源，分区之间相对独立，这种分区结构就是虚拟专用网。

9.4　数字数据网

9.4.1　数字数据网概述

数字数据网（Digital Data Network，DDN）是 20 世纪 70 年代由数字数据系统（DDS）逐步发展而来的。它将数据通信技术、数字通信技术、光纤通信技术、数字交叉连接技术和计算机技术有机地结合在一起,使其应用范围从单纯提供端到端的数据通信,扩大到能提供和支持多种业务服务的传输网络。

1. DDN 的定义

DDN 是一种利用数字信道传输数据信号的数字传输网,也是面向所有专线用户或专网用户的基础电信网。它为专线用户提供中、高级数字型点对点传输电路,或为专网用户提供数字型传输网通信平台。

DDN 的传输媒介可以是光纤、数字微波、卫星信道、电缆和双绞线。它能向用户提供 200bit/s~2Mbit/s 速率任选的半永久性连接的数字数据传输信道,以满足各类用户的需求。所谓的半永久性连接是指所提供的信道属非交换型信道,其用户数据信息是根据事先约定的协议,在固定通道带宽和预先约定速率的情况下顺序地连续传输,但传输速率、到达地点和路由选择上并非完全不可改变。一旦用户提出改变的申请,由网络管理人,或在网络允许的情况下由用户自己对传输速率、传输数据的目的地和传输路由进行修改,但这种修改不是经常性的,所以称为半永久性交叉连接或半固定交叉连接。

2. DDN 的特点

1)传输速率高,网络延时小。由于 DDN 采用 PCM 数字信道,且采用半永久性交叉连接,传输速率每个数字话路可达 64kbit/s,干线传输速率通常为 2.048Mbit/s 和 33Mbit/s,干线最高传输速率可达 150Mbit/s,平均每节点延时不大于 450μs。

2)传输质量好。DDN 一般采用光纤作为介质,而且采用再生中继技术,使信道的干扰不会叠加和积累,其误码率一般在 10^{-6} 以下。

3)传输距离远。PCM 采用数字中继再生的方式,所以传输距离可以跨地区甚至跨国。

4)多协议支持。DDN 为全透明传输网,可以支持任何规程,支持数据、图像、声音等多种业务。

5)传输安全可靠。DDN 通常采用多路由的网状拓扑结构,所以中继传输中任何一个节点发生故障、网络拥塞或线路中断时,只要不是最终一段用户线路,节点总会自动迂回改道,而不会中断用户的端到端的数据通信。

6)网络运行管理简便。由于 DDN 把检错和纠错等功能转移到智能化程度较高的数据终端设备来完成,所以简化了网络运行中间环节的管理、监督等,操作方便。

9.4.2 DDN 网络的结构

一个 DDN 网络主要由五部分组成:本地传输系统、DDN 网络节点、局间传输系统、网同步系统和网络管理系统,如图 9-12 所示。

1. 本地传输系统

本地传输系统由用户设备、用户环路组成。用户环路包括用户线和用户接入单元。用户设备一般是数据终端设备、电话机、传真机、个人计算机以及用户自选的其他用户终端设备,也可以是计算机局域网。

用户设备送出的信号是用户的原始信号,这种信号的种类很多,可以是脉冲形式的数据信号,音频形式的话音和传真信号,数字形式的数据信号以及其他形式的各种信号等。用户接入单元在用户端把这些原始信号转换成适合在用户线上传输的信号,如频带型或基带型的调制信号,并在可能的情况下,将几个用户设备的信号放在一对用户线上传输,以实现多路复用。然后由局端的相应设备或接口电路把它们还原成几个用户设备的信号或系统所要求的

图 9-12　DDN 网络的结构示意图

N—DDN 节点　NAU—网络接入单元　UAU—用户接入单元　DTE—数据终端设备

一定信号方式，再输入到节点进行下一步的传输。

2. DDN 网络节点

网络节点就是复用/交叉连接系统，主要由两个部分组成，即复用系统和交叉连接系统。复用就是把多路信号集合在一起，共用同一个物理传输介质；交叉连接就是对支路进行交换。交叉连接的信号通常是数字信号，故一般称为数字交叉连接系统。

3. 局间传输系统及网间互联

局间传输就是指节点间的数字信道以及由各节点通过与数字信道的各种连接方式组成的网络拓扑。局间传输的数字信道通常是指数字传输系统的基群信道。网间互联是指不同制式的 DDN 之间的互联及与 PSTN、LAN 等的互联。

4. 网同步系统

DDN 是一个同步数字传输网，因此全网所有的设备必须同步工作。网同步系统的主要任务就是通过采用某种技术，供给全网设备工作的同步时钟，确保全网设备的同步工作。有三种同步方式，即准同步、主从同步和相互同步。准同步按 ITU-T G.811 建议，常为国际间使用。主从同步是通过把时钟相位锁定在主时钟的参数定时上达到同步。相互同步是一种没有唯一参考时钟的同步方式，每个交换机都是锁定在所有来信时钟的平均值上。DDN 通常采用主从同步方式。

5. 网络管理系统

网络管理是网络正常运行和发挥其性能的必要条件。网络管理至少应包括：用户接入管理，网络资源的调度，路由选择，网络状态监控，网络故障诊断、告警与处理，网络运行数据的收集与统计，计费信息的收集与报告等。

9.4.3　DDN 网络业务与用户接入

1. DDN 可支持的网络业务服务

DDN 可提供的基本业务和服务除了专用电路业务外，还提供了多种增值业务。增值业务包括帧中继、压缩话音/G3 传真以及虚拟专用网多种业务和服务。

（1）专用电路

专用电路包括点对点专线和多点专线两类。用户租用一条点对点专线后，DDN 为两个用户间提供一条双向的高速率、高质量的专用电路。点对点适用于同步及异步通信环境。如果用户终端为异步方式，传输速率范围可在 200bit/s ~ 19.2kbit/s 之间；如采用同步方式，传输速率范围可在 1200bit/s~128kbit/s 之间，最高可达 2.048Mbit/s。

多点专用电路包括一点对多点和多点对多点两类。一点对多点是指一个主站可对多个从站进行广播或轮询；多点对多点专用是指多个点之间可以相互通信，视频会议可采用这种方式。

（2）帧中继

DDN 也提供帧中继业务，帧中继业务即为虚宽带业务，把不同长度的用户数据段包封在一个较大的帧内，加上寻址和校验信息，帧的长度可达 1000B 以上，传输速率可达 2.048Mbit/s。

（3）压缩话音/G3 传真业务

用户话音设备接入 DDN 话音接口完成模块转换、话音编码压缩和处理。在二端话音服务模块之间提供数字化信号的透明传输。

（4）虚拟专用网

用户可以租用部分公用 DDN 网络资源构成自己的专用网，即虚拟专用网。用户可以对租用的网络资源进行调度和管理。

2. 用户接入方式

DDN 提供了丰富的用户接入方式：二线模拟传输方式；二线（四线）频带调制解调器传输方式；二线（四线）基带传输方式；基带传输加 TDM 复用传输方式；话音数据模拟传输方式；2B+D 数据终端单元传输方式；PCM 数字线路传输方式；DDN 节点机通过 PCM 设备的传输方式。DDN 用户接入方式如图 9-13 所示。

图 9-13　DDN 用户接入方式

9.5 ATM 网

9.5.1 基本概念

异步转移模式(Asynchronous Transfer Mode，ATM)已被国际电信联盟远程通信标准化组(ITU-T)于 1992 年 6 月定义为宽带综合业务数字网的传递模式。其中，转移包括了传输和交换两个方面，异步是指在接续中和用户端带宽分配的方式。因此，ATM 就是一种在用户接入、传输和交换等综合处理各种通信量的技术。

ATM 网可以单一的网络结构、综合的方式处理语音、数据、图形和电视类信息，也可以提供更大的容量和综合的业务，具有灵活的网络接入方式。

9.5.2 原理及特点

1. ATM 的原理

ATM 网的结构如图 9-14 所示。它由多个 ATM 交换机组成。ATM 网络与用户之间的接口称为用户网络接口(UNI)；ATM 交换机与 ATM 交换机之间的接口称为网络与网络接口(NNI)。

图 9-14　ATM 网的结构

ATM 网在信息格式和交换格式上与分组交换相似，而在网络构成和控制方式上与电路交换相似。

ATM 网采用面向连接的传输方式，将数据分割成固定长度的信元，通过虚连接进行交换。ATM 中的虚连接由虚电路(Virtual Path，VP)和虚通道(Virtual Channel，VC)组成，分别用 VPI 和 VCI 来标识。多个虚通道可以复用一个虚通路，而多个虚通路又可以复用一条传输链路。在一条传输链路上，每个虚连接可以用 VPI 和 VCI 的值唯一标识。

当发送端希望与接收端建立虚连接时，它首先通过 UNI 向 ATM 网发送一个建立连接的请求。接收端接到该请求并同意建立连接后，一条虚连接才会被建立。虚连接用 VPI/VCI 来标识。连接建立后，虚连接上所有中继交换机中都会建立连接映像表。

在虚连接中，相邻两个交换机间信元的 VPI/VCI 值保持不变。当信元经过交换机时，其信元头中的 VPI/VCI 值将根据要发送的目的地，参照连接映像表被映射成新的 VPI/VCI。这样，通过一系列 VP、VC 交换，信元被准确地传送到目的地。

虚连接有两种形式：永久虚连接(PVC)和交换虚连接(SVC)。PVC 和 SVC 的不同点在于 SVC 是在进行数据传输之前通过信令协议自动建立的，数据传输之后便被拆除；PVC 是由网络管理等外部机制建立的虚拟连接，该连接在网络中一直存在。

ATM 的信息传输采用固定长度格式，均为 53B。其中包括 48B 的数据和 5B 的信元头。

由 5 个字节组成的信元头功能十分有限，主要来标识虚连接，同时也完成一些有限的流量控制、拥塞控制、差错控制等功能。

ATM 网的传输原理可以概括如下：ATM 可以看作是一种特殊的分组型传递方式方法，它建立在异步时分复用的基础上，并使用固定长度的信元。当用户希望通过 ATM 网络传输数据时，首先通过信令向目的站点提出建立虚连接的请求，同时给出该连接所需的质量参数。若这些要求被满足，则连接建立，发送端得到一个 VPI/VCI。这时，发送端就可以通过这条虚连接将数据发送给接收端。当数据经过 ATM 交换机时，要进行 VP、VC 交换，这时，信元头中的 VPI、VCI 被赋予新值。数据传输结束后，虚连接被拆除。

2. ATM 的特点

从 ATM 网的传输机制可以看出 ATM 网具有某些独特的特点：适应高带宽应用的需求；能支持不同速率的多种媒体业务；具有良好的可扩展性；其信元更容易用硬件实现，可以向高速化的方向发展。

9.6　城域网

城域网（Metropolitan Area Network，MAN）是在一个城市范围内所建立的计算机通信网，属宽带局域网。由于采用具有有源交换元件的局域网技术，网中传输时延较小，传输媒介主要采用光缆，传输速率在 100Mbit/s 以上。

MAN 的一个重要用途是用作骨干网，通过它将位于同一城市内不同地点的主机、数据库，以及 LAN 等互相联接起来，这与 WAN 的作用有相似之处，但两者在实现方法与性能上有很大差别。

MAN 基于一种大型的 LAN，通常使用与 LAN 相似的技术。MAN 单独列出的一个主要原因是已经有了一个标准——分布式队列双总线（Distributed Queue Dual Bus，DQDB），即 IEEE 802.6。DQDB 由双总线构成，所有的计算机都连接在上面。

9.6.1　城域网的定义

城域网的典型应用即为宽带城域网，就是在城市范围内，以 IP 和 ATM 电信技术为基础，以光纤为传输媒介，集数据、语音、视频服务于一体的高带宽、多功能、多业务接入的多媒体通信网络。

宽带城域网能满足政府机构、金融保险、大中小学校、公司企业等单位对高速率、高质量数据通信业务日益旺盛的需求，特别是快速发展起来的互联网用户群对宽带高速上网的需求。

宽带城域网的发展经历了一个漫长的时期，从传统的语音业务到图像和视频业务，从基础的视听服务到各种各样的增值业务，从 64kbit/s 的基础服务到 2.5Gbit/s、10Gbit/s 等的租线业务。随着技术的发展和需求的不断增加，宽带城域网的业务种类也在不断发展和变化。

局域网或广域网通常是为一个单位或系统服务，而城域网则是为整个城市而不是为某个特定的部门服务。

建设局域网或广域网包括资源子网和通信子网两个方面，而城域网的建设主要集中在通信子网上，其中也包含两个方面：一是城市骨干网，它与国家级骨干网相连；二是城市接入网，它把本地所有的联网用户与城市骨干网相连。

9.6.2　城域网的组成

城域网络分为三个层次：核心层、汇聚层和接入层。

核心层主要提供高带宽的业务承载和传输，完成和已有网络（如 ATM、FR、DDN、IP 网络）的互联互通，其特征为宽带传输和高速调度。

汇聚层的主要功能是给业务接入节点提供用户业务数据的汇聚和分发处理，同时要实现业务的服务等级分类。

接入层利用多种接入技术进行带宽和业务分配，实现用户的接入，接入节点设备完成多业务的复用和传输。

9.6.3　城域网的特点

1. 传输速率

宽带城域网采用大容量的 Packet Over SDH 传输技术，为高速路由和交换提供传输保障。千兆以太网技术在宽带城域网中的广泛应用，使骨干路由器的端口能高速有效地扩展到分布层交换机上。光纤、网线到用户桌面，使数据传输速率达到 100Mbit/s、1000Mbit/s。

2. 投入少、简单

宽带城域网用户端设备价格低而且普及，可以使用路由器、HUB 甚至普通的网卡。用户只需将光纤、网线进行适当连接，并简单配置用户网卡或路由器的相关参数即可接入宽带城域网。

3. 技术先进

技术上为用户提供了高度安全的服务保障。宽带城域网在网络中提供了第二层的虚拟局域网（VLAN）隔离，使安全性得到保障。由于 VLAN 的安全性，只有在用户局域网内的计算机才能互相访问。如果要从网外访问，则必须通过正常的路由和安全体系。虚拟拨号的普通用户通过宽带接入服务器上网，经过账号和密码验证才可以上网，用户可以非常方便地自行控制上网时间和地点。

4. 直连技术

IP 城域网设备的光接口以点对点方式直连，业务接入设备也通过光纤与骨干设备直接连接。光纤直连技术舍弃了传输设备，方案简单，成本低廉。

5. 传送平台

通过多业务传送平台（MSTP，由光同步数字传输网（SDH/SONET）改造而来）实现城域网的传输。在此平台上，TDM 业务、ATM 业务、IP 业务都可以接入，并且能高效传输，同时三种业务还可以进行交叉和交换。

9.6.4　城域网的应用

1. 高速上网

利用宽带 IP 城域网频带宽、速度快的特点，用户可以快速访问 Internet 及享受一切相关的互联网服务，包括 WWW、电子邮件、新闻组、BBS、信息搜索、远程文件传送等。

2. 视频点播与网络电视

利用 Web 浏览器随心所欲地点播自己爱看的节目，包括电影精品、流行的电视剧，还有视频新闻、体育节目、戏曲歌舞等。通过 Web 浏览器的方式直接从网上收看电视节目，克服了现有电视频道受地区及气候等多种因素约束的弊病。

3. 远程技术

远程技术包括远程医疗、远程会议、远程教育、远程监控、远程交易等。

9.7 无线网络

9.7.1 无线网络的基本概念

无线网络(Wireless Network)是指将地理位置上分散的计算机通过无线技术连接起来实现数据通信资源共享的网络。无线网络中的传输媒介是无线电波。与有线网络不同的是,这种网络通信模式不需要实现物理布线。随着无线网络标准的制定、安全问题的解决和速率的提高,无线网络以极快的速度在许多领域展开了应用。

9.7.2 无线网络的分类

按覆盖范围,无线网络的分类如下。

1. 无线广域网

无线广域网(Wireless Wide Area Network,WWAN)是采用无线网络技术把分散的局域网连接起来的通信方式。WWAN技术可使用用户通信远程公用网络或专用网络建立无线网络连接。无线广域网的结构分为末端系统(两端的用户集合)和通信系统(中间链路)两部分。

IEEE 802.20是WWAN的重要标准,适用于高速移动环境下的宽带无线接入系统空中接口规范,其在物理层技术上以正交频分复用技术(OFDM)和多输入多输出技术(MIMO)为核心,充分挖掘时域、频域和空域的资源,能够满足无线通信高移动和高吞吐量的需求,具有性能好、效率高、成本高和部署灵活等特点。

2. 无线城域网

无线城域网(Wireless Metropolitan Area Network,WMAN)是采用无线网络技术实现在城区的多个场所之间创建无线网络连接。WMAN使用无线电波或红外线传送数据,由于它可代替有线宽带接入,又称为无线本地环路。

IEEE 802.16是WMAN的标准,无线城域网可在5.8GHz、3.5GHz和2.5GHz这三个频段上运行,接入速率最高可达75Mbit/s,最大传输距离可达50km,覆盖半径可达1.6km,可替代现有的有线和DSL连接方式。无线城域网具有传输距离远、接入速率高、应用范围广;不存在瓶颈限制,系统容量大;提供广泛的多媒体通信服务等特点。

3. 无线局域网

无线局域网(Wireless Local Area Network,WLAN)是采用无线信道作为传输媒介实现的计算机局域网,它具备局域网和无线网络两方面的特征。

WLAN有两个主要标准,即IEEE 802.11和HiperLAN。IEEE 802.11由面向数据的计算机通信技术发展而来,主张无连接的WLAN。HiperLAN由欧洲电信标准化协会(ETSI)提出,由电信行业发展而来,更关注基于连接的WLAN。WLAN的传输范围在100m左右。无线局域网具有安装便携,维护方便;使用灵活,移动简单;经济节约,性价比高;易于扩展,大小自如等特点。

265

4. 无线个人网

无线个人网(Wireless Personal Area Network，WPAN)是指在个人工作的地方把属于个人使用的电子设备用无线技术连接起来实现自组网络，不需要使用接入点(AP)。

WPAN 是以个人为中心来使用的无线个人区域网，主要用于短距离内无线通信，以减少各种传输线缆的使用，其最大距离为 10m 空间范围。WPAN 标准是 IEEE 802.15，其中 IEEE 802.15.1 是蓝牙技术的一个正式标准，采用 2.4GHz 的频段进行通信，其数据传输速率为 1Mbit/s；IEEE 802.15.3 是开发低成本和低功耗的蓝牙设备标准，采用 2.4GHz 的频段进行通信，其数据传输速率为 55Mbit/s；IEEE 802.15.4 是开发非常低成本、非常低功耗的无线传感器网络设备标准。

9.7.3 无线网络的拓扑结构

下面以无线局域网为例，说明无线网络的拓扑结构。无线局域网分两种拓扑结构，分别为无中心的对等网络和有中心的结构化网络。其中第一种通称为 Ad hoc 网络，要求网络中任意两个站点均可直接通信，其拓扑结构如图 9-15 所示，第二种通称为 Infrastructure 网络，要求网络中一个网络站点充当中心站，所有站点对网络的访问均由其控制，其拓扑结构如图 9-16 所示。

图 9-15　Ad hoc 无线网络

图 9-16　Infrastructure 无线网络

1. 无中心的对等网络

采用这种拓扑结构的网络一般使用公用广播信道，各站点都可竞争公用信道，当网络中用户数(站点数)过多时，信道竞争将成为限制网络性能的瓶颈。无中心的对等网络中的路由信息可能会占据大部分的有效通信，从而降低网络的整体效率，并且为了满足任意两个站点直接进行通信，无中心站点布局受环境限制较大，因此，这种结构适用于用户数相对较少的工作群。

对等网络也称为 Ad hoc 网络，它覆盖的服务区称为独立基本服务区，该网络无法接入有线网络中。网络中的节点不仅具有普通移动终端所需的功能，而且具有报文转发能力。与普通的移动网络和固定网络相比，它具有以下特点。

1）无中心。所有节点地位平等，节点可随时加入和离开网络，任何节点的故障不会影响整个网络的运行，具有很强的抗毁性。

2）自组织。节点通过分层协议和分布式算法协调各自的行为，节点开机后即可快速、自动地组成一个独立的网络。

3）多跳路由。当节点要与其覆盖范围之外的节点进行通信时，需要中间节点的多跳转发，Ad hoc 网络中的多跳路由由普通的网络节点完成，而不是由专用的路由设备来完成。

4）动态拓扑。Ad hoc 是一个动态网络，网络节点可随处移动，也可随时开机和关机，使得网络的拓扑结构随时发生变化。

2. 有中心的结构化网络

有中心的结构化网络中由于存在中心站实现对网络的访问控制，对网络吞吐性能及网络时延性能的恶化并不剧烈，每个站点只需在中心站覆盖范围内就可与其他站点通信，所以网络中心站布局受环境限制也比较小。同时，中心站点为接入有线网络提供逻辑接入点。这种拓扑结构的弱点是抗毁性差，中心站点的故障容易导致整个网络瘫痪，并且中心站点的引入增加了网络成本。

9.8　移动通信

9.8.1　移动通信的基本概念

移动通信（Mobile Communication）是指通信的双方，至少有一方是在移动中进行的通信，包括固定点与移动点、移动点与移动点之间的通信。移动体可以是人，也可以是汽车、火车、轮船等在移动状态中的物体。

9.8.2　移动通信的分类

移动通信主要有三种分类方法：按设备的使用环境；按服务对象；按移动通信系统。

1. 按设备的使用环境分类

根据设备的使用环境，移动通信可以分为陆地移动通信、海上移动通信和航空移动通信，还有地下隧道与矿井移动通信、水下潜艇移动通信、太空航天移动通信等。

2. 按服务对象分类

按照服务对象，移动通信可以分为公用移动通信和专用移动通信。公用移动通信主要指第一代、第二代、第三代、第四代和第五代公用移动通信。专用移动通信是为公安、消防、急救、机场管理、交通管理等专业部门提供服务的移动通信。

3. 按移动通信系统分类

按移动通信系统，移动通信可分为公用蜂窝移动通信、专用调度电话、集群调度电话、个人无线电话、公用无线电话和移动卫星通信等类型。

（1）公用蜂窝移动通信

公用蜂窝移动通信属于公用、全球性、用户数量最大的用户移动电话网。

（2）专用调度电话

专用调度电话属于专用的业务电话系统，可以是单信道的，也可以是多信道的，如公交管理、航空调度等专用调度电话系统。

（3）集群调度电话

集群调度电话可以是一个城市公安、消防等多个业务系统共享的移动通信系统。集群调度电话可以根据各个部门的要求统一设计和建设，集中管理，共享频道、线路和基站资源，从而节约了建设资金、频段资源与维护费用，是专用调度电话系统发展的高级阶段。

（4）个人无线电话

个人无线电话无须中心控制设备，如果两个人各拿一个对讲机就可以在近距离范围内实现个人无线电话。

（5）公用无线电话

公用无线电话属于机场和火车站等公共场所使用的无线电话系统。它可以通过拨号接入城市电话系统，只支持工作人员在商场、车站或机场内移动过程中使用。

（6）移动卫星通信

移动卫星通信手机可以用于地面基站无线覆盖的山区、海上，实现船与岸上、船与船之间的通信。移动卫星通信的典型代表是国际海事卫星电话系统。

9.8.3　移动通信的特点

由于移动通信允许在移动状态（速度可以很快，范围可以很大）下通信，所以系统与用户之间的信号传输一定得采用无线方式，且系统复杂。其特点如下。

1）移动性。就是要保持物体在移动状态中的通信，因而它必须是无线通信，或者无线通信与有线通信的结合。

2）电波传播条件复杂。因移动体可能在各种环境中运动，电磁波在传播时会产生反射、折射、绕射、多普勒效应等多种现象，以及多径干扰、信号传播延时可展宽等效应。

3）噪声和干扰严重。包括城市环境中的汽车火花噪声、各种工业噪声，移动用户之间的互调干扰、邻道干扰、同频干扰等。

4）系统和网络结构复杂。移动通信是一个多用户通信系统和网格，必须使用户之间互不干扰，能协调一致地工作。此外，移动通信系统还应与市话网、卫星通信网、数据网等互联，整个网络结构很复杂。

5）要求频带利用率。电磁波频率资源是极其有限的，各种不同制式的移动通信系统能使用的频率资源不过几十兆赫兹，必须充分提高其利用率，以确保用户大信息流的需求。

9.8.4　移动通信系统的组成

移动通信系统按其经营方式或用户性质可分为专用移动通信系统（专网）和公共移动通信系统（公网）。公共移动通信系统即蜂窝移动通信系统，主要由交换网路子系统（Network Sub-System，NSS）、运营支撑系统（Operation Support System，OSS）、基站子系统（Base Station Subsystem，BSS）和移动台（Mobile Station，MS）等部分组成，如图9-17所示。

1. 交换网路子系统

NSS包括一个移动业务交换中心（Mobile Switching Centre，MSC）、一个或若干个归属位置寄存器（Home Location Register，HLR）、拜访位置寄存器（Visitor Location Register，VLR）、鉴权中心（Authentication Centre，AUC）、移动设备识别寄存器（Equipment Identity Register，EIR）、操作维护中心（Operation and Maintenance Certre，OMC）等，主要完成交换功能，客户数据与移动性管理、安全性管理所需的数据库功能。

（1）MSC

MSC是对位于它所覆盖区域中的移动台进行控制和形成话路交换的功能实体，也是移动通信系统与其他公用通信网之间的接口。它可完成网络接口、公共信道信令系统和计费等功能，还可完成BSS、MSC之间的切换和辅助性的无线资源管理、移动性管理等。

图 9-17　移动通信系统的组成示意图

（2）HLR

HLR 是一个数据库，用于存储本地注册用户的数据。每个移动客户都应在其归属位置寄存器注册登记。它主要存储两类信息：一是有关客户的参数；二是有关客户目前所处位置的信息，以便建立至移动台的呼叫路由。

（3）VLR

VLR 是一个动态数据库，为 MSC 存储外来 MS 的来话、去话呼叫所需检索的信息，如客户的号码，所处位置区域的识别，向客户提供的服务等参数。

（4）AUC

AUC 用于产生为确定移动客户的身份和对呼叫保密所需鉴权、加密的三参数（随机号码、符合响应、密钥）的功能实体。

（5）EIR

EIR 是一个数据库，存储有关移动台设备参数。它主要完成对移动设备的识别、监视、闭锁等功能，以防止非法移动台的使用。

（6）OMC

OMC 主要是操作维护系统中的各功能实体。

2. 运营支撑系统

OSS 是电信运营商的一体化、信息资源共享的支持系统，主要由网络管理、系统管理、计费、营业、账务和客户服务等部分组成，系统间通过统一的信息总线有机整合在一起。它主要包括操作维护中心和网络管理中心，负责全网的通信质量及运行的检验和管理，记录和收集全网运行中的各种数据的情况，同时它对全网内各设备之间都有连接线，并对各设备执行监视和控制职能。

3. 无线基站子系统

BSS 包括基站控制器（Base Station Controller，BSC）和基站收发信台（Base Transceiver Station，BTS）。它在一定的无线覆盖区中由 MSC 控制，是与 MS 进行通信的系统设备，主要负责完成无线发送接收和无线资源管理等功能。

（1）BSC

BSC 处理无线电信道的分配，接收来自移动电话的测量，并控制从一个 BTS 到另一个

BTS 的切换。一个 BSC 控制数十个或甚至数百个 BTS。

（2）BTS

BTS 负责移动信号的接收和发送处理，包括无线电发射/接收设备、天线和所有无线接口特有的信号处理部分。

4. 移动台

移动台就是移动客户设备部分，由移动终端和客户识别卡（Subscriber Identification Module，SIM）组成。

（1）MS

MS 就是"机"，完成话音编码、信道编码、信息加密、信息的调制和解调、信息的发送和接收。

（2）SIM

SIM 就是"身份卡"，也称为智能卡，存放认证客户身份所需的所有信息，并能执行一些与安全保密有关的重要功能，以防止非法客户进入网络，同时它还存储与网络和客户有关的管理数据，移动端只有插入 SIM 后才能进入网络。

9.8.5 移动通信系统的基本工作原理

下面以在福州入网的 A 手机漫游到上海拨上海本地的 B 手机和拨美国的 C 座机为例说明移动通信系统的基本工作原理。A 手机是在福州移动公司入的网，那么它的所有重要信息全部存储在福州移动公司的 HLR 中，当 A 漫游到上海时，A 手机的当前位置的信息就需要存储到上海移动公司的 VLR 中，它需要向 A 手机的 HLR 索取相关的信息。当 A 从上海返回福州时，上海移动公司的 VLR 中有关 A 手机的位置信息将被删除。

1. A 拨 B

当 A 漫游到上海移动公司下属的基站 K 覆盖的范围内，并使用手机拨上海本地的 B 手机时，基站 K 的天线就可以接收到 A 手机的服务请求信号。基站 K 的基站控制设备在接到服务请求之后首先为这次通话分配一个通信信道，同时将手机的服务请求发送到上海移动交换中心的移动交换机，该交换机通过 HLR 查找被叫 B 手机的当前位置信息，根据当前手机的位置信息将呼叫信息发送到 B 手机所处的小区基站，由该基站的天线向 B 手机发出振铃信号，从而实现 A 与 B 的通信。

2. A 拨 C

当 A 漫游到上海移动公司下属的基站 K 覆盖的范围内，并使用手机拨美国的 C 座机时，基站 K 的基站控制设备在接到服务请求之后，将该服务请求发送到上海移动交换中心的移动交换机，该交换机根据手机号码判断 A 手机是在福州移动公司入的网，那么上海移动交换中心的 VLR 立即向福州移动交换中心的 HLR 索要 A 手机的相关信息，并保留 A 手机的当前位置信息。如果 A 手机已申请了国际通信业务，那么上海移动交换中心的移动交换机将根据 A 的通话请求，通过 PSTN 接通位于美国的 C 座机，实现 A 与 C 的通信，同时记录 A 手机本次的通信时间，记入计费系统。

本 章 小 结

1）数据通信网是由数据终端设备、数据交换设备和数据传输链路所构成的网络。数据通信网按网络拓扑结构分为全互连形网、不规则形网、星形网、树形网、环形网和总线型网。

2）电路交换网分为公共交换电话网（PSTN）和综合业务数字网（ISDN）。公共交换电话网是以模拟技术为基础的电路交换网络，其通信费用相对低廉，入网方式也简便灵活。综合业务数字网是综合数字网（IDN）为基础发展而成的，IDN是以64kbit/s的PCM信道为基础，把数字交换技术和数字时分复用传输技术综合起来的数字电话网。相对于IDN，综合业务数字网不仅实现了传输和交换的综合，也实现了各种业务综合，即通过网络为用户提供包括数据、话音、图像和传真等各类业务。

3）分组交换网主要由分组交换机、远程集中器、终端设备、网络管理中心、分组装配拆装设备和传输线路构成，其业务功能有基本业务功能和用户任选的补充业务功能。分组交换网的传输交换性能主要有四个方面：分组传输时延、虚电路建立时间、传输差错率和网路可利用率。帧中继是继X.25之后发展起来的数据通信技术之一，具有传输速度快、网络时延小、互联性能好和带宽利用率高等优点。帧中继网由三个要素组成，即帧中继接入设备、帧中继交换设备和公用帧中继业务。

4）数字数据网（DDN）是利用数字通道来传输数据信号的数据传输网。其应用范围从最初单纯提供数据通信服务，逐渐扩展拓宽到支持多种业务网和增值网，其特点是传输速率高、网络时延小，传输质量好、传输距离远、传输安全可靠等。DDN主要由本地传输系统、DDN网络节点、局间传输系统、网同步系统和网络管理系统等五部分组成。

5）异步转移模式（ATM）是一种在用户接入、传输和交换等综合处理各种通信量的技术。ATM采用面向连接的传输方式，有永久虚连接和交换虚连接两种形式，其信息传输采用固定长度格式，均为53B。ATM具有高带宽、易扩展、易实现等特点。

6）城域网（MAN）就是在城市范围内，以IP和ATM电信技术为基础，以光纤作为传输媒介，集数据、语音、视频服务于一体的高带宽、多功能、多业务接入的多媒体通信网络。城域网分为核心层、汇聚层和接入层等三个层次，具有传输速率快、投入少且简单、技术先进等特点，可实现高速上网、视频点播和远程通信等应用。

7）无线网络是指将地理位置上分散的计算机通过无线技术连接起来实现数据通信资源共享的网络，有无线广域网、城域网、局域网和个人网等，包括无中心的对等网络和有中心的结构化网络两种拓扑结构。

8）移动通信是指通信的双方，至少有一方是在移动中进行的通信。移动通信可分为公用蜂窝移动通信、个人无线电话、公用无线电话和移动卫星通信等。公共移动通信系统的基本结构主要由交换网路子系统、运营支撑系统、无线基站子系统和移动台等部分组成。

思考题与习题

9-1　数据通信网的硬件构成有哪些？

9-2　数据通信网按网络拓扑结构分为哪几种？

9-3　公共交换网入网有哪几种方案？

9-4　综合业务数字网有哪些特点？

9-5　综合业务数字网R、S、T、U、V等参考点各连接哪些设备？

9-6　综合业务数字网用户/网络接口中的基本速率接口和基群（一次群）速率接口支持的速率各是多少？

9-7　分组交换网的设备组成有哪些？

9-8　远程集中器和分组装配拆装设备各有什么功能？

9-9　从哪几个方面可以衡量分组交换网的传输交换性能？

9-10 帧中继网的构成要素有哪些？

9-11 用户接入帧中继网有哪几种方式？

9-12 数字数据网的特点有哪些？

9-13 数字数据网主要由哪几部分组成？

9-14 数字数据网的业务主要是什么？

9-15 试述 ATM 网的工作原理。

9-16 试述永久虚连接和交换虚连接的不同之处。

9-17 试述 ATM 网的特点。

9-18 城域网可分为哪三个层次？各有什么功能？

9-19 无线网络中的 Infrastructure 网络有什么优缺点？

9-20 公共移动通信系统主要由哪几部分组成？

9-21 移动通信系统中的归属位置寄存器和拜访位置寄存器各有什么作用？

附　录

附录 A　Q 函数和误差函数

1. Q 函数

Q 函数定义为

$$Q(a) = \int_a^{+\infty} \frac{1}{\sqrt{2\pi}} e^{-\frac{y^2}{2}} dy$$

Q 函数具有以下性质：

1）$Q(0) = \frac{1}{2}$。

2）$Q(-a) = 1 - Q(a)$，$a > 0$。

3）$Q(a) \approx \frac{1}{a\sqrt{2\pi}} e^{-\frac{a^2}{2}}$，$a \gg 1$（通常 $a > 4$ 即可）。

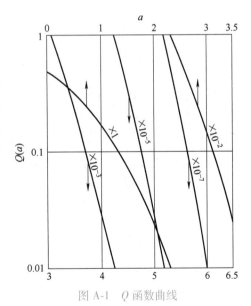

图 A-1　Q 函数曲线

Q 函数曲线如图 A-1 所示。图中各条曲线上的箭头指向用来表示横轴坐标的刻度在图的上面还是下面。曲线上标注的乘因子用来与由该条曲线查得的纵轴坐标值相乘。例如，$a = 4.75$，由横轴查得对应的纵轴值为 0.103，曲线上的乘因子为 10^{-5}，因此，$Q(4.75) = 0.103 \times 10^{-5} = 1.03 \times 10^{-6}$。

2. 误差函数

（1）误差函数定义为

$$erf(\beta) = \frac{2}{\sqrt{\pi}} \int_0^\beta e^{-y^2} dy$$

误差函数具有以下性质：

1）$erf(-\beta) = -erf(\beta)$。

2）$erf(\infty) = 1$。

3）对于均值为 a、方差为 σ^2 的高斯分布，其取值落在 $(a - \beta\sigma, a + \beta\sigma)$ 内的概率为 $p(a - \beta\sigma \leqslant y \leqslant a + \beta\sigma) = erf\left(\frac{\beta}{\sqrt{2}}\right)$。

（2）互补函数定义为

$$erfc(\beta) = 1 - erf(\beta) = \frac{2}{\sqrt{\pi}} \int_{\beta}^{+\infty} e^{-y^2} dy$$

互补函数具有以下性质：

1）$erfc(-\beta) = -erfc(\beta)$。

2）$erfc(\infty) = 0$。

3）$erfc(\beta) \approx \frac{1}{\sqrt{\pi}} e^{-\beta^2}$，$\beta \geqslant 1$。

3. Q 函数与误差函数的关系

1）$Q(a) = \frac{1}{2} erfc\left(\frac{a}{\sqrt{2}}\right)$。

2）$erfc(a) = 2Q(\sqrt{2}a)$。

3）$erf(a) = 1 - 2Q(\sqrt{2}a)$。

4. $Q(x)$ 函数表

$Q(x)$ 函数表见表 A-1 和表 A-2。

表 A-1 $Q(x)$ 函数表

x	0.00	0.01	0.02	0.03	0.04	0.05	0.06	0.07	0.08	0.09
0.0	0.5000	0.4960	0.4920	0.4880	0.4840	0.4801	0.4761	0.4721	0.4681	0.4641
0.1	0.4602	0.4562	0.4522	0.4483	0.4443	0.4404	0.4364	0.4325	0.4286	0.4247
0.2	0.4207	0.4168	0.4129	0.4090	0.4052	0.4013	0.3974	0.3936	0.3897	0.3859
0.3	0.3821	0.3783	0.3745	0.3707	0.3669	0.3632	0.3594	0.3557	0.3520	0.3483
0.4	0.3446	0.3409	0.3372	0.3336	0.3300	0.3264	0.3228	0.3192	0.3156	0.3121
0.5	0.3085	0.3050	0.3015	0.2981	0.2646	0.2912	0.2877	0.2843	0.2810	0.2776
0.6	0.2743	0.2709	0.2676	0.2643	0.2611	0.2578	0.2546	0.2514	0.2483	0.2451
0.7	0.2420	0.2389	0.2358	0.2327	0.2296	0.2266	0.2236	0.2206	0.2177	0.2149
0.8	0.2119	0.2090	0.2061	0.2033	0.2005	0.1977	0.1949	0.1922	0.1894	0.1867
0.9	0.1841	0.1814	0.1788	0.1762	0.1736	0.1711	0.1685	0.1660	0.1635	0.1611
1.0	0.1587	0.1562	0.1539	0.1515	0.1492	0.1469	0.1446	0.1423	0.1401	0.1379
1.1	0.1357	0.1335	0.1314	0.1292	0.1271	0.1251	0.1230	0.1210	0.1190	0.1170
1.2	0.1151	0.1131	0.1112	0.1093	0.1075	0.1056	0.1038	0.1020	0.1003	0.0985
1.3	0.0967	0.0951	0.0934	0.0918	0.0901	0.0885	0.0869	0.0853	0.0838	0.0823
1.4	0.0808	0.0793	0.0778	0.0764	0.0749	0.0735	0.0721	0.0708	0.0694	0.0681
1.5	0.0668	0.0655	0.0643	0.0630	0.0618	0.0606	0.0594	0.0582	0.0571	0.0559
1.6	0.0548	0.0537	0.0526	0.0516	0.0505	0.0495	0.0485	0.0475	0.0465	0.0455
1.7	0.0446	0.0436	0.0427	0.0418	0.0409	0.0401	0.0392	0.0384	0.0375	0.0367
1.8	0.0359	0.0351	0.0344	0.0336	0.0329	0.0322	0.0314	0.0307	0.0301	0.0294
1.9	0.0287	0.0281	0.0274	0.0268	0.0262	0.0256	0.0250	0.0244	0.0239	0.0233
2.0	0.0228	0.0222	0.0217	0.0212	0.0207	0.0202	0.0197	0.0192	0.0188	0.0183
2.1	0.0179	0.0174	0.0170	0.0166	0.0162	0.0158	0.0154	0.0150	0.0146	0.0143
2.2	0.0139	0.0136	0.0132	0.0129	0.0125	0.0122	0.0119	0.0116	0.0113	0.0110
2.3	0.0107	0.0104	0.0102	0.00990	0.00964	0.00939	0.00914	0.00889	0.00866	0.00842
2.4	0.00820	0.00798	0.00776	0.00755	0.00734	0.00714	0.00659	0.00676	0.00657	0.00639
2.5	0.00621	0.00604	0.00587	0.00570	0.00554	0.00539	0.00523	0.00508	0.00494	0.00484

（续）

x	0.00	0.01	0.02	0.03	0.04	0.05	0.06	0.07	0.08	0.09
2.6	0.00466	0.00453	0.00440	0.00427	0.00415	0.00402	0.00391	0.00379	0.00368	0.00357
2.7	0.00347	0.00336	0.00326	0.00317	0.00307	0.00298	0.00289	0.00280	0.00272	0.00264
2.8	0.00256	0.00248	0.00240	0.00233	0.00226	0.00219	0.00212	0.00205	0.00199	0.00193
2.9	0.00187	0.00181	0.00175	0.00169	0.00164	0.00159	0.00154	0.00149	0.00144	0.00139

表 A-2　大 x 值的 $Q(x)$ 函数表

x	$Q(x)$	x	$Q(x)$	x	$Q(x)$
3.00	1.35×10^{-3}	4.00	3.17×10^{-5}	5.00	2.87×10^{-7}
3.05	1.14×10^{-3}	4.05	2.56×10^{-5}	5.05	2.21×10^{-7}
3.10	9.68×10^{-4}	4.10	2.07×10^{-5}	5.10	1.70×10^{-7}
3.15	8.16×10^{-4}	4.15	1.66×10^{-5}	5.15	1.30×10^{-7}
3.20	6.87×10^{-4}	4.20	1.33×10^{-5}	5.20	9.96×10^{-8}
3.25	5.77×10^{-4}	4.25	1.07×10^{-5}	5.25	7.61×10^{-8}
3.30	4.83×10^{-4}	4.30	8.54×10^{-6}	5.30	5.79×10^{-8}
3.35	4.04×10^{-4}	4.35	6.81×10^{-6}	5.35	4.40×10^{-8}
3.40	3.37×10^{-4}	4.40	5.41×10^{-6}	5.40	3.33×10^{-8}
3.45	2.80×10^{-4}	4.45	4.29×10^{-6}	5.45	2.52×10^{-8}
3.50	2.33×10^{-4}	4.50	3.40×10^{-6}	5.50	1.90×10^{-8}
3.55	1.93×10^{-4}	4.55	2.68×10^{-6}	5.55	1.43×10^{-8}
3.60	1.59×10^{-4}	4.60	2.11×10^{-6}	5.60	1.07×10^{-8}
3.65	1.31×10^{-4}	4.65	1.66×10^{-6}	5.65	8.03×10^{-9}
3.70	1.08×10^{-4}	4.70	1.30×10^{-6}	5.70	6.00×10^{-9}
3.75	8.84×10^{-5}	4.75	1.02×10^{-6}	5.75	4.47×10^{-9}
3.80	7.23×10^{-5}	4.80	7.93×10^{-7}	5.80	3.32×10^{-9}
3.85	5.91×10^{-5}	4.85	6.17×10^{-7}	5.85	2.46×10^{-9}
3.90	4.81×10^{-5}	4.90	4.79×10^{-7}	5.90	1.82×10^{-9}
3.95	3.91×10^{-5}	4.95	3.71×10^{-7}	4.95	1.34×10^{-9}

5. 误差函数互补函数表

误差函数互补函数表见表 A-3。

表 A-3　误差函数互补函数表

x	$erf(x)$	$erfc(x)$	x	$erf(x)$	$erfc(x)$
0.05	0.05637	0.94363	0.65	0.64203	0.35797
0.10	0.11246	0.88745	0.70	0.67780	0.32220
0.15	0.16799	0.83201	0.75	0.71115	0.28885
0.20	0.22270	0.77730	0.80	0.74210	0.25790
0.25	0.27632	0.72368	0.85	0.77066	0.22934
0.30	0.32862	0.67138	0.90	0.79691	0.20309
0.35	0.37938	0.62062	0.95	0.82089	0.17911
0.40	0.42839	0.57163	1.00	0.84270	0.15730
0.45	0.47548	0.52452	1.05	0.86244	0.13756
0.50	0.52050	0.47950	1.10	0.88020	0.11980
0.55	0.56332	0.43668	1.15	0.89912	0.10388
0.60	0.60385	0.39615	1.20	0.91031	0.08969

（续）

x	$erf(x)$	$erfc(x)$	x	$erf(x)$	$erfc(x)$
1.25	0.92290	0.07710	2.25	0.99854	0.00146
1.30	0.93401	0.06599	2.30	0.99886	0.00114
1.35	0.94376	0.05624	2.35	0.99911	8.9×10^{-4}
1.40	0.95228	0.04772	2.40	0.99931	6.9×10^{-4}
1.45	0.95969	0.04031	2.45	0.99947	5.3×10^{-4}
1.50	0.96610	0.03390	2.50	0.99959	4.1×10^{-4}
1.55	0.97162	0.02838	2.55	0.99969	3.1×10^{-4}
1.60	0.97635	0.02365	2.60	0.99976	2.4×10^{-4}
1.65	0.98037	0.01963	2.65	0.99982	1.8×10^{-4}
1.70	0.98379	0.01621	2.70	0.99987	1.3×10^{-4}
1.75	0.98667	0.01333	2.75	0.99990	1×10^{-4}
1.80	0.98909	0.01091	2.80	0.999925	7.5×10^{-5}
1.85	0.99111	0.00889	2.85	0.999944	5.6×10^{-5}
1.90	0.99279	0.00721	2.90	0.999959	4.1×10^{-5}
1.95	0.99418	0.00582	2.95	0.999970	3×10^{-5}
2.00	0.99532	0.00468	3.00	0.999978	2.2×10^{-5}
2.05	0.99626	0.00374	3.50	0.999993	7×10^{-7}
2.10	0.99702	0.00298	4.00	0.999999984	1.6×10^{-8}
2.15	0.99763	0.00237	4.50	0.9999999998	2×10^{-10}
2.20	0.99814	0.00186	5.00	0.9999999999985	1.5×10^{-12}

附录 B 缩写词中英文对照表

序号	缩写词	英文词组名称	中文
1	AAL	ATM Adaptation Layer	ATM 适配层
2	ADSL	Asymmetrical Digital Subscriber Line	非对称式数字用户线路
3	AMPS	Advanced Mobile Phone Service	先进移动式电话服务
4	ANSI	American National Standards Institute	美国国家标准协会
5	APK	Amplitude-Phase Hybrid Keying	幅度相位联合键控
6	ARQ	Automatic Repeat Request	自动请求重发
7	ASCII	American Standard Code for Information Interchange	美国信息交换标准代码
8	ASK	Amplitude Shift Keying	幅移键控
9	ATDM	Asynchronous Time Division Multiplex	异步时分多路复用
10	ATM	Asynchronous Transfer Mode	异步转换模式
11	B-ISDN	Broadband-ISDN	宽带终合业务数字网
12	BRI	Basic Rate Interface	基本速率接口

（续）

序号	缩写词	英文词组名称	中文
13	CATV	Community Antenna Television	广电有线电视网络
14	CBR	Constant Bit Rate	恒定比特率
15	CCITT	International Telephone and Telegraph Consultative Committee	国际电报电话咨询委员会
16	CCP	Communication Control Processor	通信控制器
17	CCS	Centre Computer System	中央计算机系统
18	CDM	Code Division Multiplexing	码分多路复用
19	CDMA	Code Division Multiplexing Access	码分多址
20	CRC	Cyclic Redundancy Check	循环冗余校验
21	DC	Data Circuit	数据电路
22	DCE	Data Circuit Equipment	数据电路设备
23	DCS	Digital Cross-Connect System	数字交叉连接系统
24	DDN	Digital Data Network	数字数据网
25	DL	Data Link	数据链路
26	DSP	Digital Signal Processor	数字信号处理
27	DTE	Data Terminal Equipment	数据终端设备
28	EBCDIC	Extended Binary Coded Decimal Interchange Code	广义二进制编码的十进制交换码
29	EIA	Electronic Industries Association	美国电子工业协会
30	FDM	Frequency Division Multiplexing	频分多路复用
31	FEC	Forward Error Correction	前向纠错
32	FPS	Fast Packet Switching	快速分组交换
33	FR	Frame Relay	帧中继
34	FSK	Frequency Shift Keying	频移键控
35	GSM	Global System for Mobile Communications	全球移动通信系统
36	HDLC	High-Level Data Link Control	高级数据链路控制
37	HEC	Header Error Control	首部差错控制
38	IP	Internet Protocol	互联网协议
39	ISDN	Integrated Services Digital Network	综合业务数字网
40	ISO	International Organization for Standardization	国际标准化组织
41	ITU	International Telecommunication Union	国际电信联盟
42	ITU-T	ITU Telecommunication Standardization Sector	国际电联电信标准化部门
43	LAN	Local Area Network	局域网
44	LAPB	Link Access Procedure Balanced	平衡链路接入规程
45	LLC	Logical Link Control	逻辑链路控制
46	MAN	Metropolitan Area Network	城域网
47	PAD	Packet Assembler/Disassembler	分组拆装设备
48	PAM	Pluggable Authentication Module	脉冲调幅
49	PCM	Pulse Code Modulation	脉冲编码调制

（续）

序号	缩写词	英文词组名称	中文
50	PDH	Plesiochronous Digital Hierarchy	准同步数字系列
51	PSK	Phase Shift Keying	相移键控
52	PSPDN	Packet-Switched Public Data Network	分组交换公用数据网
53	PSTN	Public Switched Telephone Network	公用电话交换网
54	PVC	Permanent Virtual Circuit	永久虚电路
55	QAM	Quartered Amplitude Modulation	正交调幅
56	QoS	Quality of Service	服务质量
57	SDH	Synchronous Digital Hierarchy	同步数字体系
58	SDM	Space Division Multiplex	空分多路复用
59	STP	Shielded Twisted Pair	屏蔽双绞线
60	STDM	Statistical Time Division Multiplexing	统计时分多路复用
61	SVC	Switched Virtual Connection	交换虚连接
62	TDM	Time-Division Multiplexing	时分多路复用
63	TDMA	Time Division Multiple Access	时分多址技术
64	UTP	Unshielded Twisted Pair	非屏蔽双绞线
65	VC	Virtual Channel, Circuit, or Connection	虚通道
66	VCI	Virtual Channel Identifier	虚通路标识符
67	VPI	Virtual Path Identifier	虚通道标识符
68	VPN	Virtual Private Network	虚拟专用网
69	WAN	Wide Area Network	广域网
70	WDM	Wave Division Multiplexing	波分多路复用
71	DSL	Digital Subscriber Line	数字用户线路

参 考 文 献

[1] 毛京丽，李文海. 数据通信原理[M]. 2 版. 北京：北京邮电大学出版社，2007.

[2] 杨世平，申普兵，何殿华，等. 数据通信原理[M]. 长沙：国防科技大学出版社，2001.

[3] 倪维桢. 数据通信原理[M]. 北京：中国人民大学出版社，1999.

[4] 蒋占军. 数据通信技术教程[M]. 2 版. 北京：机械工业出版社，2005.

[5] 王兴亮. 数字通信原理与技术[M]. 2 版. 西安：西安电子科技大学出版社，2006.

[6] 冯博琴. 计算机网络与通信[M]. 北京：经济科学出版社，2000.

[7] 李腊元，王景中. 计算机网络[M]. 武汉：武汉理工大学出版社，2003.

[8] 王福昌. 通信原理辅导与习题解答[M]. 武汉：华中科技大学出版社，2006.

[9] 钱学荣，王禾. 通信原理学习指导[M]. 北京：电子工业出版社，2001.

[10] 杨心强，陈国友. 数据通信与计算机网络[M]. 3 版. 北京：电子工业出版社，2007.

[11] 储钟圻. 数字通信导论[M]. 北京：机械工业出版社，2002.

[12] 沈越泓，高媛媛. 通信原理[M]. 北京：机械工业出版社，2004.

[13] 王恩波，芦效峰，马进来. 实用计算机网络技术[M]. 北京：高等教育出版社，2000.

[14] 牛伟，郭世泽，吴志军. 无线局域网[M]. 北京：人民邮电出版社，2003.

[15] 樊昌信，张甫翔，徐炳祥，等. 通信原理[M]. 5 版. 北京：国防工业出版社，2001.

[16] 张辉，曹丽娜. 通信原理学习指导[M]. 西安：西安电子科技大学出版社，2003.

[17] 张辉，曹丽娜，任光亮，等. 数据通信与网络[M]. 北京：人民邮电出版社，2007.

[18] 冯玉珉. 通信系统原理[M]. 北京：清华大学出版社，2003.

[19] 冯玉珉，卢燕飞，郭宇春，等. 通信系统原理学习指南[M]. 北京：清华大学出版社，2003.

[20] 达新宇，林家薇，张德纯. 数据通信原理与技术[M]. 北京：电子工业出版社，2003.

[21] 鲜继清，张德民. 现代通信系统[M]. 西安：西安电子科技大学出版社，2003.

[22] 陈生潭，郭宝龙，李学武，等. 信号与系统[M]. 西安：西安电子科技大学出版社，2001.

[23] 敖志刚. 现代网络新技术概论[M]. 北京：人民邮电出版社，2009.

[24] 贾振堂，陈琳，袁三男，等. 现代通信新技术[M]. 北京：中国电力出版社，2016.

[25] 王建平，余根坚，李晓颖，等. 无线网络技术[M]. 北京：清华大学出版社，2013.